高等学校计算机应用规划教材

U0269080

AutoCAD 建筑制图基础教程

(2008 版，第 2 版)

王永皎　徐　欣　李金莱　主编

清华大学出版社

北　京

内 容 简 介

本书依据目前最新的《房屋建筑制图统一标准》(GB/T50001-2010)和《建筑制图标准》(GB/T50104-2010)编写，系统地介绍了使用中文版 AutoCAD 2008 进行建筑制图的方法。全书共 17 章，主要包括 AutoCAD 使用基础、绘制建筑图形前的准备工作、绘制与编辑建筑平面图形、精确绘制图形、填充建筑图形、注释建筑图形、建筑图形尺寸标注与编辑、使用块和 AutoCAD 设计中心、绘制三维图形、建筑图纸绘制标准与样板图绘制、绘制建筑总平面图、绘制建筑平面图、绘制建筑立面图、绘制建筑剖面图和绘制建筑详图，以及输出建筑图形等内容。

本书结构清晰，语言简练，实例丰富，既可作为高等院校建筑制图相关课程的教材，也可作为建筑绘图人员的参考书。

本书各章对应的素材和电子教案可以通过 http://www.tupwk.com.cn/downpage 下载。

本书封面贴有清华大学出版社防伪标签，无标签者不得销售。

版权所有，侵权必究。侵权举报电话：010-62782989　13701121933

图书在版编目(CIP)数据

AutoCAD 建筑制图基础教程：2008 版 / 王永皎，徐欣，李金莱　主编. —2 版. —北京：清华大学出版社，2018

(高等学校计算机应用规划教材)

ISBN 978-7-302-50119-0

Ⅰ. ①A… Ⅱ. ①王… ②徐… ③李… Ⅲ. ①建筑制图－计算机辅助设计－AutoCAD 软件－高等学校－教材 Ⅳ. ①TU204

中国版本图书馆 CIP 数据核字(2018)第 103260 号

责任编辑：王　定
封面设计：牛艳敏
版式设计：思创景点
责任校对：孔祥峰
责任印制：宋　林

出版发行：清华大学出版社
　　　　网　　　址：http://www.tup.com.cn，http://www.wqbook.com
　　　　地　　　址：北京清华大学学研大厦 A 座　　　　　　　邮　　编：100084
　　　　社 总 机：010-62770175　　　　　　　　　　　　　　邮　　购：010-62786544
　　　　投稿与读者服务：010-62776969，c-service@tup.tsinghua.edu.cn
　　　　质 量 反 馈：010-62772015，zhiliang@tup.tsinghua.edu.cn
印 装 者：三河市国英印务有限公司
经　　销：全国新华书店
开　　本：185mm×260mm　　　　印　　张：21.5　　　　字　　数：550 千字
版　　次：2009 年 3 月第 1 版　　2018 年 5 月第 2 版　　印　　次：2018 年 5 月第 1 次印刷
印　　数：1～3000
定　　价：58.00 元

产品编号：075100-01

第二版前言

由 Autodesk 公司开发的 AutoCAD 是一款应用广泛的计算机绘图软件,具有使用方便、体系结构开放等特点,深受广大工程技术人员的青睐。AutoCAD 2008 版在运行速度、图形处理和网络功能等方面都有着明显的优势。

本书结合《房屋建筑制图统一标准》(GB/T50001-2010)、《总图制图标准》(GB/T50103-2010)、《建筑制图标准》(GB/T50104-2010)、《房屋建筑 CAD 制图统一规则》(GB/T18112-2000)这 4 个标准以及相关的建筑设计规范,由浅入深地向读者介绍了 AutoCAD 2008 在建筑制图中的各种实际应用,让读者在逐步掌握 AutoCAD 绘图技巧的同时熟悉建筑制图标准及相关的建筑设计规范,养成良好的建筑制图习惯。

本书全面翔实地介绍了 AutoCAD 的功能及使用方法。通过本书的学习,读者可以把基本知识和实际操作结合起来,快速、全面地掌握 AutoCAD 2008 的使用方法和绘图技巧,达到融会贯通、灵活运用的目的。

全书共 17 章,主要包括 AutoCAD 使用基础、绘制建筑图形前的准备工作、绘制与编辑建筑平面图形、精确绘制图形、填充建筑图形、注释建筑图形、建筑图形尺寸标注与编辑、块和 AutoCAD 设计中心、绘制三维图形、建筑图纸绘制标准与样板图绘制、绘制建筑总平面图、绘制建筑平面图、绘制建筑立面图、绘制建筑剖面图和绘制建筑详图,以及输出建筑图形等内容。

本书是作者多年教学经验与科研成果的结晶,是在第一版的基础上,结合近年来教师和读者的反馈意见,对第一版中存在的问题作了改进和修订,补充了一些建筑规范和 AutoCAD 的综合应用,并对习题做了扩充。本书既可作为高等院校相关专业的教材,也可作为从事计算机绘图技术研究与应用的技术人员的参考书。

除封面署名作者外,参与本书编写的人员还有何美英、陈笑、尹辉、程凤娟、卫权岗、赵玉娟、孔祥亮、杜静芬、孙红丽等人。

由于作者水平有限,书中难免有不足之处,欢迎广大读者批评指正。

服务邮箱:wkservice@ vip.163.com。

作　者
2018 年 2 月

第一版前言

由 Autodesk 公司开发的 AutoCAD 是当前最为流行的计算机绘图软件之一。由于 AutoCAD 具有使用方便、体系结构开放等特点,深受广大工程技术人员的青睐。其 2008 版在运行速度、图形处理和网络功能等方面都达到了新的高度。

本书是介绍 AutoCAD 2008 中文版在建筑制图中的应用的基础教程。结合《房屋建筑制图统一标准》GB/T 50001-2001、《总图制图标准》GB/T 50103-2001、《建筑制图标准》GB/T 50104-2001、《房屋建筑 CAD 制图统一规则》GB/T18112-2000 这 4 个标准以及相关的建筑设计规范,本书由浅入深地向读者介绍了 AutoCAD 2008 在建筑制图中的各种实际应用,让读者在逐步掌握 AutoCAD 绘图技巧的同时熟悉建筑制图标准及相关的建筑设计规范,养成良好的建筑制图习惯。

本书全面翔实地介绍了 AutoCAD 的功能及使用方法。通过本书的学习,读者可以把基本知识和实际操作结合起来,快速、全面地掌握 AutoCAD 2008 的使用方法和绘图技巧,达到融会贯通、灵活运用的目的。

本书共分 17 章,从 AutoCAD 绘图基础和绘图准备工作开始,分别介绍了建筑平面图形的绘制和编辑,精确绘制建筑图形,图案填充的使用,文字和表格的创建,图形尺寸的标注,块和设计中心的使用,建筑三维图形的绘制和编辑,建筑图形的输出等,并以综合实例的形式详细介绍了建筑样板图、建筑总平面图、建筑平面图、建筑立面图、建筑剖面图和建筑详图的绘制过程。

本书是作者在总结多年教学经验与科研成果的基础上编写而成的,它既可作为高等院校相关专业的教材,也可作为从事计算机绘图技术研究与应用的技术人员的参考书。

除封面署名作者外,参与本书编写的人员还有洪妍、方峻、曹小益、何亚军、王通、严晓雯、张立浩、曹小震、孔祥亮、陈笑、陈晓霞、牛静敏、季雄、牛艳敏等人。由于作者水平有限,加之创作时间仓促,本书难免有不足之处,欢迎广大读者批评指正。

服务邮箱:wkservice@vip.163.com。

作 者
2008 年 12 月

目　　录

第 1 章　AutoCAD 2008 使用基础 ……… 1

1.1　AutoCAD 在建筑制图中的
　　　应用 …………………………… 1

1.2　AutoCAD 2008 的界面组成 ……… 2

　1.2.1　标题栏 ………………………… 4

　1.2.2　菜单栏 ………………………… 5

　1.2.3　"面板"选项板 ……………… 5

　1.2.4　工具栏 ………………………… 5

　1.2.5　绘图窗口 ……………………… 6

　1.2.6　命令行与文本窗口 …………… 6

　1.2.7　状态栏 ………………………… 7

1.3　AutoCAD 2008 的工作空间 ……… 8

1.4　管理图形文件 …………………… 9

　1.4.1　创建新图形文件 ……………… 9

　1.4.2　打开图形文件 ………………… 9

　1.4.3　保存图形文件 ………………… 10

　1.4.4　加密保护绘图数据 …………… 10

　1.4.5　关闭图形文件 ………………… 11

1.5　使用命令与系统变量 …………… 11

　1.5.1　使用鼠标操作执行命令 ……… 11

　1.5.2　使用键盘输入命令 …………… 12

　1.5.3　使用"命令行" ……………… 12

　1.5.4　使用"AutoCAD 文本
　　　　　窗口" …………………… 12

　1.5.5　使用透明命令 ………………… 13

　1.5.6　使用系统变量 ………………… 13

　1.5.7　命令的重复、撤销与重做 …… 13

1.6　思考练习 ………………………… 14

第 2 章　绘制建筑图形前的准备工作 …… 15

2.1　设置绘图环境 …………………… 15

　2.1.1　设置参数选项 ………………… 15

　2.1.2　设置图形单位 ………………… 16

　2.1.3　设置图形界限 ………………… 18

　2.1.4　自定义工具栏 ………………… 18

2.2　使用坐标系 ……………………… 20

　2.2.1　认识世界坐标系与用户
　　　　　坐标系 ………………… 20

　2.2.2　坐标的表示方法 ……………… 21

　2.2.3　控制坐标的显示 ……………… 21

　2.2.4　创建坐标系 …………………… 22

　2.2.5　使用正交用户坐标系 ………… 23

　2.2.6　命名用户坐标系 ……………… 23

2.3　创建和管理图层 ………………… 23

　2.3.1　"图层特性管理器"对话框的
　　　　　组成 …………………… 24

　2.3.2　创建新图层 …………………… 24

　2.3.3　设置图层颜色 ………………… 24

　2.3.4　使用与管理线型 ……………… 26

　2.3.5　设置图层线宽 ………………… 27

　2.3.6　设置图层特性 ………………… 29

　2.3.7　设置为当前层 ………………… 30

　2.3.8　使用"图层过滤器特性"对话
　　　　　框过滤图层 …………… 30

　2.3.9　转换图层 ……………………… 32

　2.3.10　改变对象所在图层 ………… 33

　2.3.11　使用图层工具管理图层 …… 33

2.4　重画与重生成图形 ……………… 34

　2.4.1　重画图形 ……………………… 34

　2.4.2　重生成图形 …………………… 35

2.5　缩放视图 ………………………… 35

　2.5.1　"缩放"菜单和工具栏 ……… 35

2.5.2　实时缩放视图 ·················· 35

2.5.3　窗口缩放视图 ·················· 36

2.5.4　动态缩放视图 ·················· 36

2.5.5　设置视图中心点 ··············· 37

2.6　平移视图 ···························· 37

2.6.1　"平移"菜单 ··················· 37

2.6.2　实时平移 ······················· 37

2.6.3　定点平移 ······················· 38

2.7　使用鸟瞰视图 ···················· 38

2.7.1　使用鸟瞰视图观察图形 ····· 38

2.7.2　改变鸟瞰视图中图像大小 ··· 39

2.7.3　改变鸟瞰视图的更新状态 ··· 39

2.8　控制可见元素的显示 ············ 40

2.8.1　控制填充显示 ·················· 40

2.8.2　控制线宽显示 ·················· 40

2.8.3　控制文字快速显示 ············ 40

2.9　思考练习 ··························· 41

第 3 章　绘制建筑平面图形 ··········· 42

3.1　绘制点对象 ······················· 42

3.1.1　绘制单点和多点 ··············· 42

3.1.2　定数等分对象 ·················· 43

3.1.3　定距等分对象 ·················· 43

3.2　绘制直线、射线和构造线 ······ 44

3.2.1　绘制直线 ······················· 44

3.2.2　绘制射线 ······················· 45

3.2.3　绘制构造线 ···················· 45

3.3　绘制矩形和正多边形 ············ 46

3.3.1　绘制矩形 ······················· 46

3.3.2　绘制正多边形 ·················· 48

3.4　绘制圆、圆弧、椭圆和
椭圆弧 ······························ 48

3.4.1　绘制圆 ·························· 48

3.4.2　绘制圆弧 ······················· 49

3.4.3　绘制椭圆 ······················· 50

3.4.4　绘制椭圆弧 ···················· 51

3.5　绘制与编辑多线 ················· 52

3.5.1　绘制多线 ······················· 52

3.5.2　使用"多线样式"对话框 ······ 53

3.5.3　创建多线样式 ·················· 54

3.5.4　修改多线样式 ·················· 55

3.5.5　编辑多线 ······················· 55

3.6　绘制与编辑多段线 ·············· 58

3.6.1　绘制多段线 ···················· 58

3.6.2　编辑多段线 ···················· 60

3.7　绘制与编辑样条曲线 ············ 62

3.7.1　绘制样条曲线 ·················· 62

3.7.2　编辑样条曲线 ·················· 62

3.8　绘制修订云线 ···················· 63

3.9　思考练习 ··························· 64

第 4 章　编辑建筑平面图形 ··········· 66

4.1　选择对象 ··························· 66

4.1.1　选择对象的方法 ··············· 66

4.1.2　过滤选择 ······················· 67

4.1.3　快速选择 ······················· 69

4.2　变换对象 ··························· 70

4.2.1　删除对象 ······················· 70

4.2.2　移动对象 ······················· 71

4.2.3　旋转对象 ······················· 71

4.2.4　对齐对象 ······················· 72

4.3　创建对象副本 ···················· 72

4.3.1　复制对象 ······················· 72

4.3.2　阵列对象 ······················· 73

4.3.3　镜像对象 ······················· 75

4.3.4　偏移对象 ······················· 75

4.4　修整对象 ··························· 77

4.4.1　修剪对象 ······················· 77

4.4.2　延伸对象 ······················· 77

4.4.3　缩放对象 ······················· 78

4.4.4　拉伸对象 ······················· 79

4.4.5　拉长对象 ······················· 79

4.4.6　倒角对象 ······················· 79

4.4.7　圆角对象 ······················· 80

4.4.8　打断对象 ······ 81

4.4.9　合并对象 ······ 82

4.4.10　分解对象 ······ 83

4.5　使用夹点编辑图形对象 ······ 83

4.5.1　拉伸对象 ······ 83

4.5.2　移动对象 ······ 83

4.5.3　旋转对象 ······ 83

4.5.4　缩放对象 ······ 84

4.5.5　镜像对象 ······ 84

4.6　对象编组 ······ 84

4.6.1　创建对象编组 ······ 84

4.6.2　修改编组 ······ 85

4.7　编辑对象特性 ······ 86

4.7.1　打开"特性"选项板 ······ 86

4.7.2　"特性"选项板的功能 ······ 87

4.8　思考练习 ······ 88

第5章　精确绘制图形 ······ 90

5.1　使用捕捉、栅格和正交功能
定位点 ······ 90

5.1.1　设置栅格和捕捉 ······ 90

5.1.2　GRID 与 SNAP 命令 ······ 91

5.1.3　使用正交模式 ······ 92

5.2　使用对象捕捉功能 ······ 93

5.2.1　打开对象捕捉功能 ······ 93

5.2.2　运行和覆盖捕捉模式 ······ 94

5.3　使用自动追踪 ······ 95

5.3.1　极轴追踪与对象捕捉追踪 ······ 96

5.3.2　使用临时追踪点和捕捉自
功能 ······ 97

5.3.3　使用自动追踪功能绘图 ······ 97

5.4　使用动态输入 ······ 97

5.4.1　启用指针输入 ······ 97

5.4.2　启用标注输入 ······ 98

5.4.3　显示动态提示 ······ 98

5.5　思考练习 ······ 99

第6章　填充建筑图形 ······ 100

6.1　建筑制图规范对于填充的
要求 ······ 100

6.2　设置图案填充 ······ 100

6.2.1　类型和图案 ······ 101

6.2.2　角度和比例 ······ 102

6.2.3　图案填充原点 ······ 103

6.2.4　边界 ······ 103

6.2.5　选项及其他功能 ······ 103

6.3　设置孤岛 ······ 105

6.4　设置渐变色填充 ······ 106

6.5　编辑图案填充 ······ 108

6.6　思考练习 ······ 110

第7章　注释建筑图形 ······ 111

7.1　建筑制图对文字的要求 ······ 111

7.2　创建文字样式 ······ 112

7.2.1　设置样式名 ······ 112

7.2.2　设置字体 ······ 113

7.2.3　设置文字效果 ······ 113

7.2.4　预览与应用文字样式 ······ 113

7.3　创建与编辑单行文字 ······ 114

7.3.1　创建单行文字 ······ 114

7.3.2　使用文字控制符 ······ 118

7.3.3　编辑单行文字 ······ 118

7.4　创建与编辑多行文字 ······ 119

7.4.1　创建多行文字 ······ 119

7.4.2　编辑多行文字 ······ 122

7.5　创建表格样式和表格 ······ 123

7.5.1　新建表格样式 ······ 123

7.5.2　设置表格的数据、列标题和
标题样式 ······ 124

7.5.3　管理表格样式 ······ 125

7.5.4　创建表格 ······ 125

7.5.5　编辑表格和表格单元 ······ 127

7.6　思考练习 ······ 128

第 8 章　建筑图形尺寸标注与编辑⋯⋯**130**

8.1　建筑制图对尺寸标注的要求⋯ 130

　　8.1.1　尺寸标注概述⋯⋯⋯⋯ 130

　　8.1.2　尺寸界线、尺寸线及尺寸起止

　　　　　符号⋯⋯⋯⋯⋯⋯⋯⋯ 131

　　8.1.3　尺寸数字⋯⋯⋯⋯⋯⋯ 131

　　8.1.4　尺寸的排列与布置⋯⋯ 131

　　8.1.5　半径、直径、球的尺寸

　　　　　标注⋯⋯⋯⋯⋯⋯⋯⋯ 132

　　8.1.6　角度、弧度、弧长的标注⋯⋯ 133

　　8.1.7　薄板厚度、正方形、坡度、

　　　　　非圆曲线等尺寸标注⋯⋯ 133

　　8.1.8　尺寸的简化标注⋯⋯⋯ 134

　　8.1.9　标高⋯⋯⋯⋯⋯⋯⋯⋯ 135

8.2　创建与设置标注样式⋯⋯⋯ 135

　　8.2.1　新建标注样式⋯⋯⋯⋯ 136

　　8.2.2　设置线⋯⋯⋯⋯⋯⋯⋯ 136

　　8.2.3　设置符号和箭头⋯⋯⋯ 138

　　8.2.4　设置文字⋯⋯⋯⋯⋯⋯ 140

　　8.2.5　设置调整⋯⋯⋯⋯⋯⋯ 142

　　8.2.6　设置主单位⋯⋯⋯⋯⋯ 143

　　8.2.7　设置单位换算⋯⋯⋯⋯ 144

　　8.2.8　设置公差⋯⋯⋯⋯⋯⋯ 144

8.3　长度型尺寸标注⋯⋯⋯⋯⋯ 146

　　8.3.1　线性标注⋯⋯⋯⋯⋯⋯ 146

　　8.3.2　对齐标注⋯⋯⋯⋯⋯⋯ 147

　　8.3.3　弧长标注⋯⋯⋯⋯⋯⋯ 148

　　8.3.4　基线标注⋯⋯⋯⋯⋯⋯ 148

　　8.3.5　连续标注⋯⋯⋯⋯⋯⋯ 149

8.4　半径、直径和圆心标注⋯⋯⋯ 149

　　8.4.1　半径标注⋯⋯⋯⋯⋯⋯ 150

　　8.4.2　折弯标注⋯⋯⋯⋯⋯⋯ 150

　　8.4.3　直径标注⋯⋯⋯⋯⋯⋯ 150

　　8.4.4　圆心标记⋯⋯⋯⋯⋯⋯ 151

8.5　角度标注与其他类型的标注⋯ 151

　　8.5.1　角度标注⋯⋯⋯⋯⋯⋯ 151

　　8.5.2　多重引线标注⋯⋯⋯⋯ 152

　　8.5.3　坐标标注⋯⋯⋯⋯⋯⋯ 154

　　8.5.4　快速标注⋯⋯⋯⋯⋯⋯ 154

　　8.5.5　标注间距和标注打断⋯⋯ 155

8.6　编辑标注对象⋯⋯⋯⋯⋯⋯ 155

　　8.6.1　编辑标注⋯⋯⋯⋯⋯⋯ 155

　　8.6.2　编辑标注文字的位置⋯⋯ 156

　　8.6.3　替代标注⋯⋯⋯⋯⋯⋯ 156

　　8.6.4　更新标注⋯⋯⋯⋯⋯⋯ 156

　　8.6.5　尺寸关联⋯⋯⋯⋯⋯⋯ 157

8.7　思考练习⋯⋯⋯⋯⋯⋯⋯⋯ 157

第 9 章　块和 AutoCAD 设计中心⋯⋯**158**

9.1　创建与编辑块⋯⋯⋯⋯⋯⋯ 158

　　9.1.1　创建块⋯⋯⋯⋯⋯⋯⋯ 158

　　9.1.2　插入块⋯⋯⋯⋯⋯⋯⋯ 159

　　9.1.3　存储块⋯⋯⋯⋯⋯⋯⋯ 160

　　9.1.4　设置插入基点⋯⋯⋯⋯ 162

　　9.1.5　块与图层的关系⋯⋯⋯ 162

9.2　编辑与管理块属性⋯⋯⋯⋯ 162

　　9.2.1　块属性的特点⋯⋯⋯⋯ 162

　　9.2.2　创建并使用带有属性的块⋯⋯ 163

　　9.2.3　在图形中插入带属性

　　　　　定义的块⋯⋯⋯⋯⋯⋯ 164

　　9.2.4　修改属性定义⋯⋯⋯⋯ 164

　　9.2.5　编辑块属性⋯⋯⋯⋯⋯ 165

　　9.2.6　块属性管理器⋯⋯⋯⋯ 166

　　9.2.7　使用 ATTEXT 命令提取

　　　　　属性⋯⋯⋯⋯⋯⋯⋯⋯ 167

9.3　使用 AutoCAD 设计中心⋯⋯ 167

　　9.3.1　AutoCAD 设计中心的功能⋯ 168

　　9.3.2　观察图形信息⋯⋯⋯⋯ 168

　　9.3.3　在"设计中心"中查找

　　　　　内容⋯⋯⋯⋯⋯⋯⋯⋯ 169

　　9.3.4　使用设计中心的图形⋯⋯ 170

9.4　思考练习⋯⋯⋯⋯⋯⋯⋯⋯ 171

第 10 章　绘制建筑三维图形 …………172

　10.1　三维绘图基础 ……………… 172
　　10.1.1　了解三维绘图的基本
　　　　　　术语 ……………… 172
　　10.1.2　建立用户坐标系 …… 172
　　10.1.3　设立视图观测点 …… 173
　　10.1.4　动态观察 …………… 174
　　10.1.5　观察三维图形 ……… 175
　10.2　绘制三维网格 ……………… 177
　　10.2.1　平面曲面 …………… 177
　　10.2.2　三维面与多边三维面 … 177
　　10.2.3　三维网格 …………… 178
　　10.2.4　旋转网格 …………… 178
　　10.2.5　平移网格 …………… 178
　　10.2.6　直纹网格 …………… 179
　　10.2.7　边界网格 …………… 179
　10.3　绘制基本实体 ……………… 180
　　10.3.1　多段体 ……………… 180
　　10.3.2　长方体与楔体 ……… 180
　　10.3.3　圆柱体与圆锥体 …… 181
　　10.3.4　球体与圆环体 ……… 183
　　10.3.5　棱锥面 ……………… 183
　10.4　通过二维图形创建实体 …… 184
　　10.4.1　二维图形拉伸成实体 … 184
　　10.4.2　将二维图形旋转成实体 … 185
　　10.4.3　二维图形扫掠成实体 … 185
　　10.4.4　将二维图形放样成实体 … 186
　　10.4.5　根据标高和厚度绘制
　　　　　　三维图形 …………… 187
　10.5　三维实体的布尔运算 ……… 188
　　10.5.1　对对象求并集 ……… 188
　　10.5.2　对对象求差集 ……… 189
　　10.5.3　对对象求交集 ……… 189
　10.6　三维操作 …………………… 189
　　10.6.1　三维移动 …………… 190
　　10.6.2　三维阵列 …………… 190

　　10.6.3　三维镜像 …………… 191
　　10.6.4　三维旋转 …………… 191
　　10.6.5　三维对齐 …………… 192
　10.7　编辑三维实体对象 ………… 192
　　10.7.1　分解实体 …………… 192
　　10.7.2　对实体修倒角和圆角 … 193
　　10.7.3　剖切实体 …………… 193
　　10.7.4　加厚 ………………… 194
　　10.7.5　编辑实体面 ………… 194
　　10.7.6　编辑实体边 ………… 194
　　10.7.7　实体压印、清除、分割、
　　　　　　抽壳与检查 ………… 195
　10.8　思考练习 …………………… 195

第 11 章　建筑图纸绘制标准与样板图
　　　　　绘制 …………………… 197

　11.1　图幅图框与绘图比例 ……… 197
　　11.1.1　图幅图框 …………… 197
　　11.1.2　标题栏与会签栏 …… 199
　　11.1.3　绘图比例 …………… 200
　11.2　常用建筑制图符号 ………… 200
　　11.2.1　定位轴线编号和标高 … 201
　　11.2.2　索引符号、零件符号与
　　　　　　详图符号 …………… 202
　　11.2.3　指北针 ……………… 203
　　11.2.4　连接符号 …………… 204
　　11.2.5　对称符号 …………… 204
　　11.2.6　图名 ………………… 204
　　11.2.7　剖面和断面的剖切符号 … 204
　　11.2.8　建筑施工图中的文字
　　　　　　级配 ………………… 205
　11.3　建筑图纸中对线型和线宽的
　　　　要求 ………………………… 205
　11.4　建筑制图中平、立、剖面图的
　　　　线型 ………………………… 206
　11.5　CAD 制图统一规则关于图层的
　　　　管理 ………………………… 207

11.5.1 图层的命名规定·········207

11.5.2 图层的命名格式·········207

11.6 创建样板图·············· 208

11.6.1 设置绘图界限·········209

11.6.2 绘制图框·············209

11.6.3 添加图框文字·········211

11.6.4 创建尺寸标注样式·····214

11.7 使用样板图·············· 216

11.8 思考练习················ 217

第 12 章 绘制建筑总平面图·········218

12.1 建筑总平面图概述······· 218

12.1.1 建筑总平面图的绘制
内容··················218

12.1.2 建筑总平面图的绘制
步骤··················219

12.2 建筑总平面图绘制实例······· 219

12.2.1 设置绘图环境·········219

12.2.2 创建网格并绘制主要
道路··················221

12.2.3 绘制建筑物图块·······223

12.2.4 插入建筑物···········229

12.2.5 插入停车场···········231

12.2.6 补充道路···········231

12.2.7 绘制绿化···········232

12.2.8 添加文字说明·········234

12.3 思考练习················ 235

第 13 章 绘制建筑平面图·········236

13.1 建筑平面图概述········· 236

13.2 绘制二层平面图········· 237

13.2.1 创建图层···········237

13.2.2 绘制轴线和辅助线·····238

13.2.3 绘制墙体···········240

13.2.4 绘制柱子···········241

13.2.5 创建门窗洞·········243

13.2.6 创建窗户···········244

13.2.7 创建门·············248

13.2.8 绘制阳台···········248

13.2.9 绘制楼梯···········249

13.2.10 绘制家具··········251

13.2.11 创建说明文字·······254

13.2.12 添加尺寸标注和轴线
编号················254

13.2.13 添加标高和图题·····258

13.3 绘制底层平面图········· 259

13.3.1 创建墙体···········259

13.3.2 创建门窗···········260

13.3.3 绘制楼梯···········262

13.3.4 绘制散水···········263

13.3.5 绘制沙发···········264

13.3.6 插入家具···········266

13.3.7 添加功能说明文字·····268

13.3.8 创建尺寸标注·······269

13.4 思考练习················ 271

第 14 章 绘制建筑立面图·········273

14.1 建筑立面图概述········· 273

14.2 绘制立面图············· 273

14.2.1 绘制辅助线和轴线·····274

14.2.2 绘制地坪线和轮廓线···274

14.2.3 绘制装饰线·········275

14.2.4 绘制立面图门效果·····277

14.2.5 绘制立面图窗效果·····279

14.2.6 创建标高以及其他·····281

14.3 思考练习················ 282

第 15 章 绘制建筑剖面图·········284

15.1 建筑剖面图概述········· 284

15.2 绘制剖面图············· 285

15.2.1 绘制轴线和辅助线·····285

15.2.2 绘制地坪线·········286

15.2.3 绘制墙线和楼面板线······286

15.2.4 绘制梁·············287

15.2.5 绘制剖面图窗·················288

15.2.6 绘制楼梯间剖面图·········288

15.2.7 绘制门·····························291

15.2.8 绘制阳台剖面·················292

15.2.9 绘制屋顶·······················293

15.2.10 绘制其他内容···············295

15.3 思考练习····························296

第16章 绘制建筑详图·················297

16.1 建筑详图概述·····················297

16.2 绘制外墙身详图··················298

16.2.1 提取与修剪外墙轮廓·······298

16.2.2 修改墙身轮廓·················299

16.2.3 修改地面·······················301

16.2.4 修改楼板·······················302

16.2.5 填充外墙·······················302

16.2.6 尺寸标注·······················303

16.2.7 添加文字说明·················305

16.3 绘制楼梯详图·····················305

16.3.1 绘制楼梯平面详图···········305

16.3.2 绘制楼梯剖面详图···········309

16.3.3 绘制踏手、扶手、栏杆
详图·····························312

16.4 思考练习····························313

第17章 输出建筑图形·················315

17.1 创建和管理布局··················315

17.1.1 在模型空间与图形空间
之间切换·····················315

17.1.2 使用布局向导创建布局·····316

17.1.3 管理布局·······················318

17.1.4 布局的页面设置·············319

17.2 使用浮动视口·····················321

17.2.1 删除、新建和调整浮动
视口····························321

17.2.2 相对图纸空间比例缩放
视图····························322

17.2.3 在浮动视口中旋转视图·····322

17.2.4 创建特殊形状的浮动
视口····························323

17.3 打印图形····························323

17.3.1 打印预览·······················323

17.3.2 输出图形·······················324

17.4 发布 DWF 文件···················325

17.4.1 输出 DWF 文件···············325

17.4.2 在外部浏览器中浏览 DWF
文件····························326

17.5 将图形发布到 Web 页··········326

17.6 思考练习····························329

第1章 AutoCAD 2008使用基础

AutoCAD 是美国 Autodesk 公司开发的一款面向大众的计算机辅助设计软件，也是当今最优秀、最流行的计算机辅助设计软件之一，它拥有众多的应用领域和广泛的用户群。无论是普通用户还是高端用户，都可以利用 AutoCAD 来为自己的设计工作服务。

目前，AutoCAD 主要运用于工程设计领域，包括建筑设计、装饰装修设计、机械设计、模具设计、工业设计等众多领域。由于 AutoCAD 操作简便易学，用户可以通过短时间的学习来快速掌握该软件的使用方法，所以它成为当今广受用户欢迎的计算机辅助设计软件。

本章首先简要介绍 AutoCAD 2008 的界面组成和工作空间，然后介绍如何管理图形文件和使用命令与系统变量，帮助用户了解 AutoCAD 2008 的基本功能，为后面学习建筑制图打下坚实的基础。

1.1 AutoCAD 在建筑制图中的应用

经过十几年的发展，AutoCAD 建筑制图在中国得到了广泛的应用。几乎所有的设计院都采用 AutoCAD 绘图，各高等院校、中职中专以及培训机构都开设了 AutoCAD 建筑制图的相关课程。AutoCAD 2008 版本在界面设计、三维建模和渲染等方面进行了加强，可以帮助用户更好地从事建筑图形设计。

AutoCAD 2008 的"绘图"菜单中包含丰富的绘图命令，使用这些命令可以绘制直线、构造线、多段线、圆、矩形、多边形、椭圆等建筑图形中的基本图形，也可以将绘制的图形转换为面域，对其进行填充。如果再借助于"修改"菜单中的各种命令，还可以绘制出各种各样复杂的二维建筑图形。图 1-1 所示为使用 AutoCAD 绘制的二维建筑图形。

图 1-1 二维建筑图形

AutoCAD 的"标注"菜单中包含一套完整的尺寸标注和编辑命令，使用它们可以在图形的各个方向上创建各种类型的标注，也可以方便、快速地以一定格式创建符合建筑行业标准的标注，图 1-2 所示为使用各种尺寸标注和编辑命令标注的建筑图形。

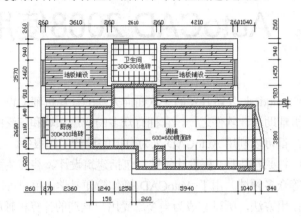

图 1-2　标注建筑图形

此外，综合使用 AutoCAD 2008 的各项功能，用户可以绘制各种建筑设计图，例如建筑总平面图、建筑平面图、建筑立面图、建筑剖面图等。简要介绍 AutoCAD 2008 的基本操作之后，本书将花费大量的篇幅来介绍如何绘制这些建筑设计图。图 1-3 所示为使用 AutoCAD 2008 绘制的建筑总平面图。

图 1-3　建筑总平面图

1.2　AutoCAD 2008 的界面组成

成功安装中文版 AutoCAD 2008 之后，选择"开始"|"程序"| Autodesk | AutoCAD 2008-Simplified Chinese | AutoCAD 2008 命令，或双击桌面上的快捷图标，均可启动 AutoCAD 软件。第一次启动 AutoCAD 2008 时，会打开"新功能专题研习"对话框，如图 1-4 所示。选择该对话框提供的 3 个单选按钮中的一个，单击"确定"按钮，即可进入 AutoCAD 2008 工作界面。

图 1-4　"新功能专题研习"对话框

AutoCAD 2008 工作界面中大部分元素的用法和功能与 Windows 应用程序一样，初始界面如图 1-5 所示。

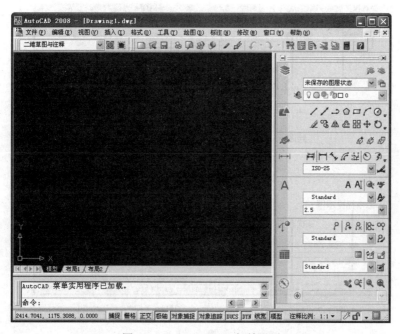

图 1-5　AutoCAD 2008 初始界面

AutoCAD 2008 初始界面中的绘图区是黑色的，这不符合一般人的使用习惯。选择"工具"|"选项"命令，打开"选项"对话框。在该对话框中选择"显示"选项卡，单击"颜色"按钮，打开"图形窗口颜色"对话框，在"颜色"下拉列表框中选择"白"选项，如图 1-6 所示。然后单击"应用并关闭"按钮，返回到"选项"对话框，单击"确定"按钮，将绘图区设置为白色，效果如图 1-7 所示。

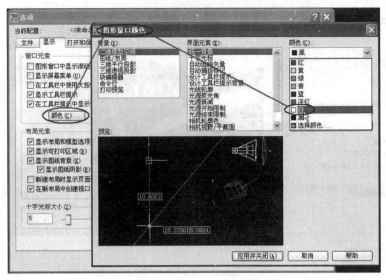

图 1-6　设置绘图区颜色

　　AutoCAD 2008 的工作界面主要包括标题栏、菜单栏、"面板"选项板(控制台)、工具栏、绘图区、命令行提示区和状态栏等，如图 1-7 所示，下面分别介绍这些界面元素。

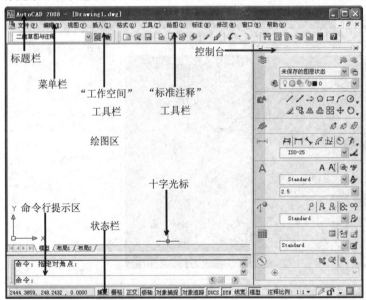

图 1-7　AutoCAD 2008 的"二维草图与注释"工作空间

1.2.1　标题栏

　　标题栏位于应用程序窗口的最上面，用于显示当前正在运行的程序名及文件名等信息，如果是 AutoCAD 默认的图形文件，其名称为 DrawingN.dwg(N 是数字)。单击标题栏右端的 ▭▭▣ 按钮，可以最小化、最大化或关闭应用程序窗口。标题栏最左边是应用程序的小图标，单击它将会弹出一个 AutoCAD 窗口控制下拉菜单，可以执行最小化或最大化窗口、恢复窗口、移动窗口、关闭 AutoCAD 等操作。

1.2.2　菜单栏

中文版 AutoCAD 2008 的菜单栏由"文件""编辑""视图"等菜单组成，它们几乎包括了 AutoCAD 中全部的功能和命令。图 1-8 所示为 AutoCAD 2008 的"视图"菜单。

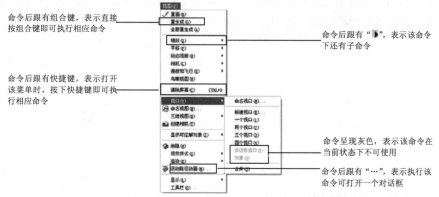

命令后跟有组合键，表示直接按组合键即可执行相应命令

命令后跟有快捷键，表示打开该菜单时，按下快捷键即可执行相应命令

命令后跟有"▶"，表示该命令下还有子命令

命令呈现灰色，表示该命令在当前状态下不可使用

命令后跟有"…"，表示执行该命令可打开一个对话框

图 1-8　AutoCAD 2008 的"视图"菜单

1.2.3　"面板"选项板

面板是一种特殊的选项板，用于显示与基于任务的工作空间关联的按钮和控件，AutoCAD 2008 增强了该功能。它包含 9 个新的控制台，更易于访问图层、注解缩放、文字、标注、多重引线、表格、二维导航、对象特性以及块属性等多种控制，提高工作效率。

如果要显示或隐藏面板中的控制台，可在面板上右击，在弹出的快捷菜单中选择命令来控制是否显示相应控制台，如图 1-9 所示。

图 1-9　"面板"选项板快捷菜单

注意：

在"面板"选项板的某个控制台中，如果没有足够的空间在一行中显示所有工具按钮，将显示一个黑色下箭头按钮▌(称为上溢控件)，单击该按钮可以显示其他的工具按钮。

1.2.4　工具栏

工具栏是应用程序调用命令的另一种方式，它包含许多由图标表示的命令按钮。在

AutoCAD 中，系统共提供了 20 多个已命名的工具栏。默认情况下，"工作空间"和"标准注释"工具栏处于打开状态。图 1-10 所示为处于浮动状态下的"工作空间"工具栏和"标准注释"工具栏。

如果要显示当前隐藏的工具栏，可在任意工具栏上右击，此时将弹出一个快捷菜单，通过选择命令可以显示或关闭相应的工具栏，如图 1-11 所示。

图 1-10　"工作空间"和"标准注释"工具栏　　　　图 1-11　工具栏快捷菜单

1.2.5　绘图窗口

在 AutoCAD 中，绘图窗口是绘图工作区域，所有的绘图结果都反映在这个窗口中。可以根据需要关闭其周围和里面的各个工具栏，以增大绘图空间。如果图纸比较大，并且需要查看未显示部分，可以单击窗口右边与下边滚动条上的箭头或拖动滚动条上的滑块来移动图纸。

在绘图窗口中除了显示当前的绘图结果外，还显示了当前使用的坐标系类型以及坐标原点、X 轴、Y 轴、Z 轴的方向等。默认情况下，坐标系为世界坐标系(WCS)。

绘图窗口的下方有"模型"和"布局"选项卡，单击相应的标签可以在模型空间或图纸空间之间来回切换。

1.2.6　命令行与文本窗口

"命令行"窗口位于绘图窗口的底部，用于接收输入的命令，并显示 AutoCAD 提示信息。在 AutoCAD 2008 中，"命令行"窗口可以拖放为浮动窗口，如图 1-12 所示。

处于浮动状态的"命令行"窗口随拖放位置的不同，其标题显示的方向也不同，图 1-12 所示为"命令行"窗口靠近绘图窗口左边时的显示情况。如果将"命令行"窗口拖放到绘图窗口的右边，这时"命令行"窗口的标题栏将位于右边，如图 1-13 所示。

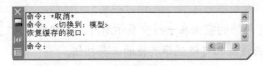 

图 1-12　AutoCAD 2008 的"命令行"窗口　　　图 1-13　"命令行"窗口位于绘图窗口右边时的状态

AutoCAD 文本窗口是记录 AutoCAD 命令的窗口，是放大的"命令行"窗口，它记录了已

执行的命令，也可以用来输入新命令。在 AutoCAD 2008 中，可以选择"视图"|"显示"|"文本窗口"命令、执行 TEXTSCR 命令或按 F2 键来打开 AutoCAD 文本窗口，它记录了对文档进行的所有操作，如图 1-14 所示。

图 1-14　AutoCAD 文本窗口

1.2.7　状态栏

状态栏如图 1-15 所示，用来显示 AutoCAD 当前的状态，如当前光标的坐标、命令和按钮的说明等。

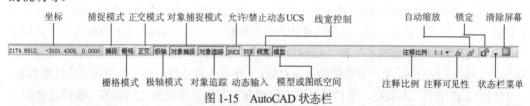

图 1-15　AutoCAD 状态栏

在绘图窗口中移动光标时，状态栏的"坐标"区将动态地显示当前坐标值。坐标显示取决于所选择的模式和程序中运行的命令，共有"相对""绝对"和"无" 3 种模式。

状态栏中还包括"捕捉""栅格""正交""极轴""对象捕捉""对象追踪"、DUCS、DYN、"线宽""模型"(或"图纸")10 个功能按钮，这些按钮的功能分别如下。

- "捕捉"按钮：单击该按钮，打开捕捉设置，此时光标只能在 X 轴、Y 轴或极轴方向移动固定的距离(即精确移动)。可以选择"工具"|"草图设置"命令，在打开的"草图设置"对话框的"捕捉和栅格"选项卡中设置 X 轴、Y 轴或极轴捕捉间距。
- "栅格"按钮：单击该按钮，打开栅格显示，此时屏幕上将布满小点。其中，栅格的 X 轴和 Y 轴间距也可通过"草图设置"对话框的"捕捉和栅格"选项卡进行设置。
- "正交"按钮：单击该按钮，打开正交模式，此时只能绘制垂直直线或水平直线。
- "极轴"按钮：单击该按钮，打开极轴追踪模式。在绘制图形时，系统将根据设置显示一条追踪线，可在该追踪线上根据提示精确移动光标，从而进行精确绘图。默认情况下，系统预设了 4 个极轴，与 X 轴的夹角分别为 0°、90°、180°、270°(即角增量为 90°)。可以使用"草图设置"对话框的"极轴追踪"选项卡设置角度增量。
- "对象捕捉"按钮：单击该按钮，打开对象捕捉模式。因为所有几何对象都有一些决定其形状和方位的关键点，所以，在绘图时可以利用对象捕捉功能，自动捕捉这些关键点。可以使用"草图设置"对话框的"对象捕捉"选项卡设置对象的捕捉模式。

- "对象追踪"按钮：单击该按钮，打开对象追踪模式，可以捕捉对象上的关键点，并沿正交方向或极轴方向拖动光标，此时可以显示光标当前位置与捕捉点之间的相对关系。若找到符合要求的点，直接单击即可。
- DUCS 按钮：单击该按钮，可以允许或禁止动态 UCS。
- DYN 按钮：单击该按钮，将在绘制图形时自动显示动态输入文本框，方便用户在绘图时设置精确数值。
- "线宽"按钮：单击该按钮，打开线宽显示。在绘图时如果为图层和所绘图形设置了不同的线宽，打开该开关，可以在屏幕上显示线宽，以标识各种具有不同线宽的对象。
- "模型"(或"图纸")按钮：单击该按钮，可以在模型空间或图纸空间之间切换。

此外，在状态栏中单击"清除屏幕"图标，可以清除 AutoCAD 窗口中的工具栏和选项板等界面元素，使 AutoCAD 的绘图窗口全屏显示；单击"注释比例"按钮，可以更改可注解对象的注释比例；单击"注释可见性"按钮，可以用来设置仅显示当前比例的可注解对象或显示所有比例的可注解对象；单击"自动缩放"按钮，可以在设置注释比例更改时自动将比例添加至可注解对象。

1.3　AutoCAD 2008 的工作空间

工作空间是经过分组和组织的菜单栏、工具栏、选项板的组合，使用工作空间时，只会显示特定的菜单栏、工具栏和选项板，从而方便用户执行操作。中文版 AutoCAD 2008 为用户提供了"二维草图与注释""三维建模"和"AutoCAD 经典"3 种工作空间，默认情况下打开的是"二维草图与注释"工作空间，上一节介绍的 AutoCAD 工作界面就是处于该工作空间下的标准界面。

利用"工作空间"工具栏，用户可以很方便地在不同的工作空间之间切换，选择适合的工作空间来进行绘图。如果工作界面中没有显示"工作空间"工具栏，可在任意工具栏上右击，在弹出的快捷菜单中选择 ACAD|"工作空间"命令，即可打开"工作空间"工具栏，如图 1-16 所示。在该工具栏中，用户可以在其中的下拉列表框中选择一种工作空间。例如，如果需要创建三维模型，则可以选择"三维建模"工作空间，此时 AutoCAD 的工作界面中将只显示与三维建模相关的工具栏、菜单栏和选项板，如图 1-17 所示。

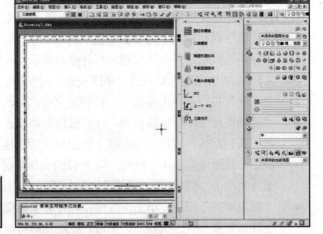

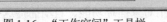

图 1-16　"工作空间"工具栏　　　　　　　　图 1-17　"三维建模"工作空间

1.4　管理图形文件

在 AutoCAD 中，图形文件管理一般包括创建新图形文件、打开已有的图形文件、保存图形文件、加密图形文件及关闭图形文件等。

1.4.1　创建新图形文件

选择"文件"|"新建"命令，或在"标准注释"工具栏中单击"新建"按钮，可以创建新图形文件，此时将打开"选择样板"对话框，如图 1-18 所示。

在"选择样板"对话框中，可以在样板列表框中选中某一个样板文件，这时在右侧的"预览"框中将显示出该样板的预览图像，单击"打开"按钮，可以将选中的样板文件作为样板来创建新图形。例如，以样板文件 Tutorial-mMfg 创建新图形文件后，可以得到如图 1-19 所示的效果。样板文件中通常包含与绘图相关的一些通用设置，如图层、线型、文字样式等，使用样板创建新图形不仅提高了绘图的效率，而且还保证了图形的一致性。

図 1-18　"选择样板"对话框　　　　　　　　図 1-19　创建新图形文件

1.4.2　打开图形文件

选择"文件"|"打开"命令，或在"标准注释"工具栏中单击"打开"按钮，此时将打开"选择文件"对话框，如图 1-20 所示。

図 1-20　"选择文件"对话框

在"选择文件"对话框的文件列表框中，选择需要打开的图形文件，在右侧的"预览"框中将显示出该图形的预览图像。在默认情况下，打开的图形文件的格式都为.dwg 格式。可以以"打开""以只读方式打开""局部打开"和"以只读方式局部打开"4 种方式打开图形文件。如果以"打开"和"局部打开"方式打开图形文件，则可以对该图形文件进行编辑；如果以"以只读方式打开"和"以只读方式局部打开"方式打开图形文件，则不能对该图形文件进行编辑。

1.4.3　保存图形文件

在 AutoCAD 中，可以使用多种方式将所绘图形以文件形式存入磁盘。例如，可以选择"文件"|"保存"命令，或在"标准注释"工具栏中单击"保存"按钮 ，以当前使用的文件名保存图形；也可以选择"文件"|"另存为"命令，将当前图形以新的名称保存。

在第一次保存创建的图形时，系统将打开"图形另存为"对话框，如图 1-21 所示。默认情况下，文件以"AutoCAD 2007 图形(*.dwg)"格式保存，也可以在"文件类型"下拉列表框中选择其他格式。

图 1-21　"图形另存为"对话框

1.4.4　加密保护绘图数据

在 AutoCAD 2008 中，可以使用密码保护功能对文件进行加密保存，没有正确密码的用户将不能打开该文件进行操作。

选择"文件"|"保存"或"文件"|"另存为"命令时，将打开"图形另存为"对话框。在该对话框中选择"工具"|"安全选项"命令，此时将打开"安全选项"对话框，如图 1-22 所示。在"密码"选项卡中，可以在"用于打开此图形的密码或短语"文本框中输入密码，然后单击"确定"按钮，打开"确认密码"对话框，在"再次输入用于打开此图形的密码"文本框中输入确认密码，如图 1-23 所示。输入完成后，单击"确定"按钮关闭"确认密码"对话框。

图 1-22　"安全选项"对话框

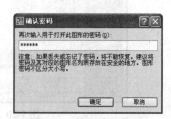

图 1-23　输入确认密码

为文件设置了密码后，在打开文件时系统将打开"密码"对话框，如图 1-24 所示，要求输入正确的密码，否则将无法打开，这对于需要保密的图纸非常重要。

进行加密设置时，可以选择 40 位、128 位等多种加密长度。用户可在"密码"选项卡中单击"高级选项"按钮，打开"高级选项"对话框，在"选择密钥长度"下拉列表框中设置加密长度，如图 1-25 所示。

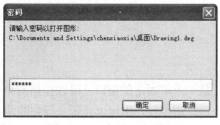

图 1-24　"密码"对话框

图 1-25　设置加密长度

1.4.5　关闭图形文件

选择"文件" | "关闭"命令，或在绘图窗口中单击"关闭"按钮 ，可以关闭当前图形文件。

关闭图形文件时，如果当前图形文件没有保存，系统将弹出 AutoCAD 警告对话框，询问是否保存文件，如图 1-26 所示。此时，单击"是(Y)"按钮或直接按 Enter 键，可以保存当前图形文件并将其关闭；单击"否(N)"按钮，可以关闭当前图形文件但不保存；单击"取消"按钮，取消关闭当前图形文件操作，即不保存也不关闭。

如果当前所编辑的图形文件没有命名，那么单击"是(Y)"按钮后，AutoCAD 会打开"图形另存为"对话框，要求确定图形文件存放的位置和名称，按照在"保存图形文件"一节中介绍的步骤进行操作即可。

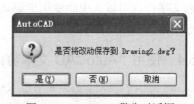

图 1-26　AutoCAD 警告对话框

1.5　使用命令与系统变量

在 AutoCAD 中，菜单命令、工具按钮、命令和系统变量都是相互对应的。可以选择某一菜单命令，或单击某个工具按钮，或在命令行中输入命令和系统变量来执行相应命令。可以说，命令是 AutoCAD 绘制与编辑图形的核心。

1.5.1　使用鼠标操作执行命令

在绘图窗口中，光标通常显示为"十"字线形式。当光标移至菜单选项、工具或对话框内时，它会变成箭头形式。无论光标是"十"字线形式还是箭头形式，当单击或者按动鼠标键时，都会执行相应的命令或动作。在 AutoCAD 中，鼠标键是按照下述规则定义的。

- 拾取键：通常指鼠标左键，用于指定屏幕上的点，也可以用来选择 Windows 对象、AutoCAD 对象、工具栏按钮和菜单命令等。
- 回车键：指鼠标右键，相当于 Enter 键，用于结束当前使用的命令，此时系统将根据当前绘图状态弹出不同的快捷菜单。

● 弹出菜单：当使用 Shift 键和鼠标右键的组合时，系统将弹出一个快捷菜单，用于设置捕捉点的方法。对于 3 键鼠标，弹出按钮通常是鼠标的中键。

1.5.2　使用键盘输入命令

在 AutoCAD 2008 中，大部分的绘图、编辑功能都需要通过键盘输入来完成。通过键盘可以输入命令、系统变量。此外，键盘还是输入文本对象、数值参数、点的坐标或进行参数选择的唯一方法。

1.5.3　使用"命令行"

在 AutoCAD 2008 中，默认情况下"命令行"是一个可固定的窗口，可以在当前命令行提示下输入命令、对象参数等内容。对于大多数命令，"命令行"中可以显示执行完的两条命令提示(也叫命令历史)，而对于一些输出命令，例如 TIME、LIST 命令，需要在放大的"命令行"或"AutoCAD 文本窗口"中显示。

在"命令行"窗口中右击，AutoCAD 将显示一个快捷菜单，如图 1-27 所示。通过它可以选择最近使用过的 6 个命令、复制选定的文字或全部命令历史记录、粘贴文字，以及打开"选项"对话框。

图 1-27　命令行快捷菜单

在命令行中，还可以使用 BackSpace 或 Delete 键删除命令行中的文字；也可以选中命令历史记录，并执行"粘贴到命令行"命令，将其粘贴到命令行中。

1.5.4　使用"AutoCAD 文本窗口"

"AutoCAD 文本窗口"是一个浮动窗口，可以在其中输入命令或查看命令提示信息，更便于查看执行的命令历史。由于"AutoCAD 文本窗口"中的内容是只读的，因此不能对其进行修改，但可以将它们复制并粘贴到命令行以重复执行前面的操作，或粘贴到其他应用程序中(例如 Word)。

默认情况下，"AutoCAD 文本窗口"处于关闭状态，可以选择"视图"|"显示"|"文本窗口"命令打开它，也可以按 F2 键来显示或隐藏它。在"AutoCAD 文本窗口"中，使用"编辑"菜单中的命令(如图 1-28 所示)，也可以选择最近使用过的命令、复制选定的文字等操作。

在文本窗口中，可以查看当前图形的全部命令历史记录，如果要浏览命令文字，可使用窗口滚动条或命令窗口浏览键，例如 Home、PageUp、PageDown 等。如果要复制文本到命令行，可在该窗口中选择要复制的命令，然后选择"编辑"|"粘贴到命令行"命令；也可以右击选中的文字，在弹出的快捷菜单中选择"粘贴到命令行"命令将复制的内容粘贴到命令行中。

图 1-28　"AutoCAD 文本窗口"的"编辑"菜单

1.5.5　使用透明命令

在 AutoCAD 中，透明命令是指在执行其他命令的过程中可以执行的命令。常使用的透明命令多为修改图形设置的命令、绘图辅助工具命令，例如 SNAP、GRID、ZOOM 等命令。

要以透明方式使用命令，应在输入命令之前输入单引号(')。在命令行中，透明命令的提示前有一个双折号(>>)。完成透明命令后，将继续执行原命令。

1.5.6　使用系统变量

在 AutoCAD 中，系统变量用于控制某些功能和设计环境、命令的工作方式，它可以打开或关闭捕捉、栅格或正交等绘图模式，设置默认的填充图案，或存储当前图形和 AutoCAD 配置的有关信息。

系统变量通常是 6~10 个字符长的缩写名称。许多系统变量有简单的开关设置。例如 GRIDMODE 系统变量用来显示或关闭栅格，当在命令行的"输入 GRIDMODE 的新值<1>:"提示下输入 0 时，可以关闭栅格显示；输入 1 时，可以打开栅格显示。有些系统变量则用来存储数值或文字，例如 DATE 系统变量用来存储当前日期。

可以在对话框中修改系统变量，也可以直接在命令行中修改系统变量。例如要使用 ISOLINES 系统变量修改曲面的线框密度，可在命令行提示下输入该系统变量名称并按 Enter 键，然后输入新的系统变量值并按 Enter 键即可，详细操作如下。

> 命令: ISOLINES　(输入系统变量名称)
> 输入 ISOLINES 的新值 <4>: 32　(输入系统变量的新值)

1.5.7　命令的重复、撤销与重做

在 AutoCAD 中，可以方便地重复执行同一条命令，或撤销前面执行的一条或多条命令。此外，撤销前面执行的命令后，还可以通过重做来恢复前面执行的命令。

1. 重复命令

可以使用多种方法来重复执行 AutoCAD 命令。例如，要重复执行上一个命令，可以按 Enter 键或空格键，或在绘图区域中右击，在弹出的快捷菜单中选择"重复"命令。要重复执行最近使用的 6 个命令中的某一个命令，可以在命令窗口或文本窗口中右击，在弹出的快捷菜单中选择"近期使用的命令"的 6 个子命令之一。要多次重复执行同一个命令，可以在命令提示下输入 MULTIPLE 命令，然后在命令行的"输入要重复的命令名："提示下输入需要重复执行的命令，这样，AutoCAD 将重复执行该命令，直到按 Esc 键为止。

2. 终止命令

在命令执行过程中，可以随时按 Esc 键终止执行任何命令，因为 Esc 键是 Windows 程序用于取消操作的标准键。

3. 撤销前面所进行的操作

有多种方法可以放弃最近一个或多个操作，最简单的就是使用 UNDO 命令来放弃单个操作，也可以一次撤销前面进行的多步操作。这时可在命令提示行中输入 UNDO 命令，然后在

命令行中输入要放弃的操作数目。例如，要放弃最近的 5 个操作，应输入 5。AutoCAD 将显示放弃的命令或系统变量设置。

执行 UNDO 命令，命令提示行显示如下信息。

输入要放弃的操作数目或 [自动(A)/控制(C)/开始(BE)/结束(E)/标记(M)/后退(B)] <1>:

此时，可以使用"标记(M)"选项来标记一个操作，然后用"后退(B)"选项放弃在标记的操作之后执行的所有操作；也可以使用"开始(BE)"选项和"结束(E)"选项来放弃一组预先定义的操作。

如果要重做使用 UNDO 命令放弃的最后一个操作，可以使用 REDO 命令或选择"编辑"|"重画"命令。

注意：

在 AutoCAD 的命令行中，可以通过输入命令执行相应的菜单命令。此时，输入的命令可以是大写、小写或同时使用大小写，本书统一使用大写。

1.6 思考练习

1. AutoCAD 在建筑制图中有哪些应用？
2. AutoCAD 的工作界面包括哪几部分，分别有什么作用？
3. AutoCAD 2008 有哪几种工作空间，如何切换它们？
4. 在 AutoCAD 绘图环境中，试着打开或关闭某些工具栏，并调整工具栏在工作界面的位置。
5. 请说明 AutoCAD 工作界面的状态栏中 10 个控制按钮的主要功能。
6. 在 AutoCAD 2008 中打开一个图形文件的方式有几种？有何区别？
7. AutoCAD 2008 提供了一些示例图形文件(位于 AutoCAD 2008 安装目录下的 Sample 子目录)，打开并浏览这些图形，试着将某些图形文件换名保存在自己的目录中。
8. 在 AutoCAD 2008 中如何对图形文件进行加密保存？
9. 在 AutoCAD 2008 的安装目录的 Sample 子目录中提供了一些图例文件。试依次打开该目录中的 AutoCAD 图形：Colorwh.dwg、Blocks and Tables-Imperial.dwg、Hummer Elevation.dwg 和 Welding Fixture Model.dwg 等，然后通过"窗口"菜单分别层叠排列各窗口、水平平铺各窗口、垂直平铺各窗口(打开或重新排列图形 Colorwh.dwg、Blocks and Tables-Imperial.dwg、Hummer Elevation.dwg 和 Welding Fixture Model.dwg 时需要较长的时间，如果读者的计算机速度较慢，可打开其他图形进行此操作)。

第2章 绘制建筑图形前的准备工作

了解 AutoCAD 2008 的基本操作之后，为了规范建筑图形的绘制，提高绘图效率，本章将介绍绘图环境、坐标系统和图层的设置方法。此外，建筑图形一般规模较大，为了从不同的观察位置和角度查看建筑图形的整体和特定细节，本章将介绍如何灵活地控制 AutoCAD 提供的各种视图。

2.1 设置绘图环境

使用 AutoCAD 绘制的建筑图形一般都具有精确的尺寸要求，为了实现精确绘图，需要对绘图单位、绘图界限和工具栏等绘图环境进行必要的设置。

2.1.1 设置参数选项

选择"工具"|"选项"命令，将打开"选项"对话框。在该对话框中包含"文件""显示""打开和保存""打印和发布""系统""用户系统配置""草图""三维建模""选择"和"配置" 10 个选项卡，如图 2-1 所示。

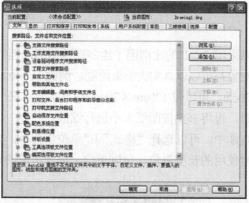

图 2-1 "选项"对话框

- "文件"选项卡：用于确定 AutoCAD 搜索支持文件、驱动程序文件、菜单文件和其他文件时的路径以及用户定义的一些设置。
- "显示"选项卡：用于设置窗口元素、布局元素、显示精度、显示性能、十字光标大小和参照编辑的褪色度等显示属性。
- "打开和保存"选项卡：用于设置是否自动保存文件，自动保存文件时的时间间隔，是否维护日志，以及是否加载外部参照等。
- "打印和发布"选项卡：用于设置 AutoCAD 的输出设备。默认情况下，输出设备为 Windows 打印机。但在很多情况下，为了输出较大幅面的图形，也可能使用专门的绘图仪。

- "系统"选项卡：用于设置当前三维图形的显示特性，设置定点设备、是否显示 OLE 特性对话框、是否显示所有警告信息、是否检查网络连接、是否显示启动对话框、是否允许长符号名等。
- "用户系统配置"选项卡：用于设置是否使用快捷菜单和对象的排序方式。
- "草图"选项卡：用于设置自动捕捉、自动追踪、自动捕捉标记框颜色和大小、靶框大小。
- "三维建模"选项卡：用于对三维绘图模式下的三维十字光标、UCS 图标、动态输入、三维对象、三维导航等选项进行设置。
- "选择"选项卡：用于设置选择集模式、拾取框大小以及夹点大小等。
- "配置"选项卡：用于实现新建系统配置文件、重命名系统配置文件以及删除系统配置文件等操作。

【练习 2-1】使用"选项"对话框，设置在绘图窗口中显示屏幕菜单，从而方便选择菜单命令。

(1) 选择"工具"|"选项"命令，打开图 2-1 所示的"选项"对话框。

(2) 选择"显示"选项卡，在"窗口元素"选项区域中选中"显示屏幕菜单"复选框，此时绘图窗口中将显示屏幕菜单，如图 2-2 所示。

(3) 单击"确定"按钮，关闭"选项"对话框。在绘图窗口的屏幕菜单中单击某个选项，即可执行相应的菜单命令。

图 2-2　屏幕菜单

2.1.2　设置图形单位

在 AutoCAD 中，可以采用 1∶1 的比例因子绘制建筑图形，因此所有的直线、圆和其他对象都可以以真实大小来绘制。例如，一个书桌的长为 120cm，宽为 70cm，可以按 120cm×70cm 的真实大小来绘制该书桌，在需要打印时，再将书桌按图纸大小进行缩放。

在中文版 AutoCAD 2008 中，可以选择"格式"|"单位"命令，在打开的"图形单位"对话框中设置绘制建筑图形时使用的长度单位、角度单位，以及单位的显示格式和精度等参数，如图 2-3 所示。

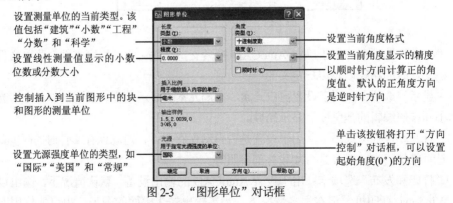

图 2-3　"图形单位"对话框

在长度的测量单位类型中，"工程"和"建筑"类型是以英尺和英寸显示，每一图形单位代表 1 英寸。其他类型，如"科学"和"分数"没有这样的设定，每个图形单位都可以代表任何真实的单位。

如果在创建块或图形时使用的单位与该选项指定的单位不同，则在插入这些块或图形时，将对其按比例缩放。插入比例是源块或图形使用的单位与目标图形使用的单位之比。如果插入块时不按指定单位缩放，请选择"无单位"选项。

注意：

在"长度"或"角度"选项区域中选择设置了长度或角度的类型与精度后，在"输出样例"选项区域中将显示它们对应的样例。

在"图形单位"对话框中，单击"方向"按钮，可以利用打开的"方向控制"对话框设置起始角度(0°)的方向，如图 2-4 所示。默认情况下，角度的 0°方向是指向右(即正东方或 3 点钟)的方向，如图 2-5 所示。逆时针方向为角度增加的正方向。

图 2-4　"方向控制"对话框

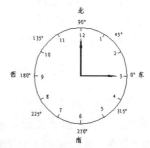

图 2-5　默认的 0°方向

在"方向控制"对话框中，当选中"其他"单选按钮时，可以单击"拾取角度"按钮 ，切换到图形窗口中，通过拾取两个点来确定基准角度的 0°方向。

在"图形单位"对话框中完成所有的图形单位设置后，单击"确定"按钮，可将设置的单位应用到当前图形并关闭该对话框。此外，也可以使用 UNITS 命令来设置图形单位，这时将自动激活文本窗口。

【练习 2-2】 设置图形单位，要求长度单位为小数点后两位，角度单位为十进制度数后一位小数，并以图 2-6 所示经过矩形与圆的交点的直线(从右上角到左下角)方向为角度的基准角度。

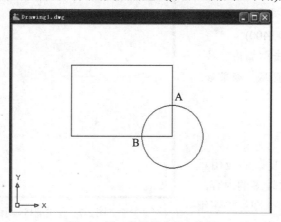

图 2-6　用于设置基准角度的圆

(1) 选择"格式" | "单位"命令，打开"图形单位"对话框。

(2) 在"长度"选项区域的"类型"下拉列表框中选择"小数"，在"精度"下拉列表框中选择 0.00。

(3) 在"角度"选项区域的"类型"下拉列表框中选择"十进制度数"，在"精度"下拉列表框中选择 0.0。

(4) 单击"方向"按钮，打开"方向控制"对话框，并在"基准角度"选项区域中选中"其他"单选按钮。

(5) 单击"拾取角度"按钮 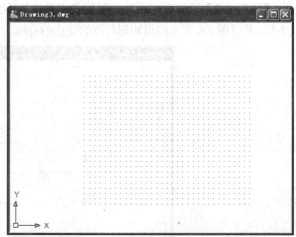，切换到绘图窗口，然后单击交点 A 和 B，这时"方向控制"对话框的"角度"文本框中将显示角度值 225°。

(6) 单击"确定"按钮，依次关闭"方向控制"对话框和"图形单位"对话框。

2.1.3　设置图形界限

图形界限就是绘图区域，也称为图限，用户只能在设置的图形界限中绘制建筑图形。在中文版 AutoCAD 2008 中，可以选择"格式" | "图形界限"命令来设置图形界限。

在世界坐标系下，图形界限由一对二维点确定，即左下角点和右上角点。执行 LIMITS 命令后，命令提示行将显示如下提示信息：

　　　指定左下角点或 [开(ON)/关(OFF)] <0.0000,0.0000>:

通过选择"开(ON)"或"关(OFF)"选项可以决定能否在图形界限之外指定一点。如果选择"开(ON)"选项，那么将打开图形界限检查，就不能在图形界限之外结束一个对象，也不能使用"移动"或"复制"命令将图形移到图形界限之外，但可以指定两个点(中心和圆周上的点)来画圆，圆的一部分可能在界限之外；如果选择"关(OFF)"选项，AutoCAD 禁止图形界限检查，可以在图限之外画对象或指定点。

【练习 2-3】以图纸左下角点(100,100)和右上角点(500,400)为图限范围，设置该图纸的图限。

(1) 选择"格式" | "图形界限"命令，发出 LIMITS 命令。

(2) 在命令行的"指定左下角点或[开(ON)/关(OFF)] <0.0000,0.0000>:"提示下，输入绘图图限的左下角点(100,100)。

(3) 在命令行的"指定右上角点 <420.0000,297.0000>:"提示下，输入绘图图限的右上角点(500,400)。

(4) 在状态栏中单击"栅格"按钮，使用栅格显示图限区域，效果如图 2-7 所示。

2.1.4　自定义工具栏

AutoCAD 是较为复杂的应用程序，它的工具栏中包含较多的内容，通常每个工具栏都由多个图标按钮组成。AutoCAD 提供了一套自定义工

图 2-7　使用栅格显示图限区域

栏命令，可以加快绘制建筑图形的过程，还能使屏幕变得更加整洁，消除不必要的干扰。

1. 定位工具栏

AutoCAD 2008 的所有工具栏都是浮动的，可以放在屏幕上的任何位置，并且可以改变大小和形状。对于任何工具栏，把光标放置在其标题栏或者其他非图标按钮的地方，可以将其拖动到需要的地方；把光标放在其边界上，当光标成为双向箭头时，可以拖动以改变工具栏的大小和形状，如图 2-8 所示。

图 2-8　改变工具栏形状

2. 自定义工具栏

绘制某个建筑图形时，用户可能经常需要一些特定的工具按钮，此时可以使用"自定义用户界面"对话框创建新的工具栏，将这些常用的工具按钮放置到该工具栏上，从而提高工作效率。

【练习 2-4】使用"自定义用户界面"对话框创建图 2-9 所示的工具栏。

(1) 选择"视图"|"工具栏"命令，打开"自定义用户界面"对话框。

(2) 单击"所有 CUI 文件中的自定义"链接，展开"所有 CUI 文件中的自定义"选项区域，如图 2-10 所示。

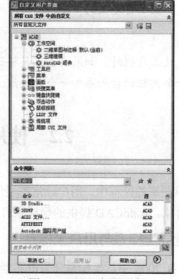

图 2-9　自定义工具栏　　　　　　　图 2-10　展开选项区域

(3) 在"所有 CUI 文件中的自定义"选项区域的列表框中右击"工具栏"节点，在弹出的快捷菜单中选择"新建工具栏"命令，此时，将展开"工具栏"节点，并且添加一个新的元素。

(4) 在新添加的元素的文本框中输入自定义工具栏名称，例如"建筑图形专用工具栏"，如图 2-11 所示。

　　(5) 在"命令列表"选项区域中的"按类别"下拉列表框中选择"绘图"命令，然后在下方对应的列表框中右击"单行文字"命令，在弹出的快捷菜单中选择"复制"命令。

　　(6) 在"所有 CUI 文件中的自定义"选项区域的列表框中右击"建筑图形专用工具栏"节点，在弹出的快捷菜单中选择"粘贴"命令，将该命令添加到新建的工具栏中，如图 2-12 所示。

图 2-11　新建工具栏

图 2-12　添加第一个工具按钮

　　(7) 重复步骤(5)和(6)，使用同样的方法添加其他工具按钮。添加完毕后，单击"应用"按钮，在绘图窗口将显示自定义的"建筑图形专用工具栏"工具栏，如图 2-9 所示。

注意：

　　在创建自定义工具栏时，如果右击工具按钮，在弹出的快捷菜单中选择"插入分隔符"命令，将会在命令按钮的后面添加一个分隔线。

2.2　使用坐标系

　　在绘制建筑图形的过程中，用户经常需要使用某个坐标系作为参照，拾取点的位置，以便精确定位某个对象。AutoCAD 提供的坐标系可以用来准确地设计并绘制图形。

2.2.1　认识世界坐标系与用户坐标系

　　在 AutoCAD 2008 中，坐标系分为世界坐标系(WCS)和用户坐标系(UCS)，在这两种坐标系下都可以通过坐标(x,y)来精确定位点。

　　默认情况下，在开始绘制新图形时，当前坐标系为世界坐标系即 WCS，它包括 X 轴和 Y 轴(如果在三维空间工作，还有一个 Z 轴)。WCS 坐标轴的交汇处显示"口"形标记，但坐标原点并不在坐标系的交汇点，而位于图形窗口的左下角，所有的位移都是相对于原点计算的，并且沿 X 轴正向及 Y 轴正向的位移规定为正方向，如图 2-13(a)图所示。

　　在 AutoCAD 中，为了能够更好地辅助绘图，经常需要修改坐标系的原点和方向，这时世界坐标系将变为用户坐标系即 UCS。UCS 的原点以及 X 轴、Y 轴、Z 轴方向都可以移动及旋转，甚至可以依赖于图形中某个特定的对象。尽管用户坐标系中 3 个轴之间仍然互相垂直，但是在方向及位置上却都更灵活。另外，UCS 没有"口"形标记。

要设置 UCS，可选择"工具"菜单中的"命名 UCS"和"新建 UCS"命令及其子命令，或执行 UCS 命令。例如，选择"工具"|"新建 UCS"|"原点"命令，在图 2-13(a)图中单击门框左下角，这时世界坐标系变为用户坐标系并移动到门框左下角，左下角的交点也就成了新坐标系的原点，如图 2-13(b)图所示。

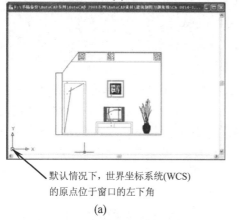
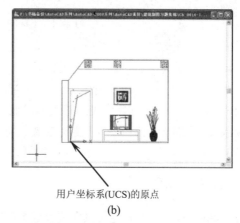

默认情况下，世界坐标系统(WCS)
的原点位于窗口的左下角

用户坐标系(UCS)的原点

(a)　　　　　　　　　　　　　　(b)

图 2-13　世界坐标系(WCS)和用户坐标系(UCS)

2.2.2　坐标的表示方法

在 AutoCAD 2008 中，点的坐标可以使用绝对直角坐标、绝对极坐标、相对直角坐标和相对极坐标 4 种方法表示，它们的特点如下。

- 绝对直角坐标：是从点(0,0)或(0,0,0)出发的位移，可以使用分数、小数或科学记数等形式表示点的 X、Y、Z 坐标值，坐标间用逗号隔开，例如点(8.3,5.8)和(3.0,5.2,8.8)等。
- 绝对极坐标：是从点(0,0)或(0,0,0)出发的位移，但给定的是距离和角度，其中距离和角度用"<"分开，且规定 X 轴正向为 0°，Y 轴正向为 90°，例如点(4.27<60)、(34<30)等。
- 相对直角坐标和相对极坐标：相对坐标是指相对于某一点的 X 轴和 Y 轴位移，或者是距离和角度。它的表示方法是在绝对坐标表达方式前加上"@"号，例如(@-13,8)和(@11<24)。其中，相对极坐标中的角度是新点和上一点连线与 X 轴的夹角。

2.2.3　控制坐标的显示

在绘图窗口中移动光标的十字指针时，状态栏上将动态地显示当前指针的坐标。在 AutoCAD 2008 中，坐标显示取决于所选择的模式和程序中运行的命令，共有 3 种模式。

- 模式 0，"关"：显示上一个拾取点的绝对坐标。此时，指针坐标将不能动态更新，只有在拾取一个新点时，显示才会更新。但是，从键盘输入一个新点坐标时，不会改变该显示方式。
- 模式 1，"绝对"：显示光标的绝对坐标，该值是动态更新的，默认情况下，显示方式是打开的。

- 模式 2，"相对"：显示一个相对极坐标。当选择该方式时，如果当前处在拾取点状态，系统将显示光标所在位置相对于上一个点的距离和角度。当离开拾取点状态时，系统将恢复到模式 1。

在实际绘图过程中，可以根据需要随时按 F6 键、Ctrl + D 键或单击状态栏的坐标显示区域，在这 3 种模式之间切换，如图 2-14 所示。

35.4456, -16.1738, 0.0000	88.1689, 19.0239 , 0.0000	22.0000<300, 0.0000
模式 0，关	模式 1，绝对	模式 2，相对极坐标

图 2-14　坐标的 3 种显示模式

注意：

当选择"模式 0"时，坐标显示呈现灰色，表示关闭坐标显示，但是仍然显示上一个拾取点的坐标。在一个空的命令提示符或不接收距离及角度输入的提示符下，只能在"模式 0"和"模式 1"之间切换。在一个接收距离及角度输入的提示符下，可以在所有模式间循环切换。

2.2.4　创建坐标系

在 AutoCAD 中，选择"工具" | "新建 UCS"命令，利用弹出菜单中的命令可以方便地创建 UCS，子命令包括世界和对象等，其意义如下。

- "世界"命令：从当前的用户坐标系恢复到世界坐标系。WCS 是所有用户坐标系的基准，不能被重新定义。
- "上一个"命令：从当前的坐标系恢复到上一个坐标系统。
- "面"命令：将 UCS 与实体对象的选定面对齐。要选择一个面，可单击该面的边界内或面的边界，被选中的面将亮显，UCS 的 X 轴将与找到的第一个面上最近的边对齐。
- "对象"命令：根据选取的对象快速简单地建立 UCS，使对象位于新的 XY 平面，其中 X 轴和 Y 轴的方向取决于选择的对象类型。该选项不能用于三维实体、三维多段线、三维网格、视口、多线、面域、样条曲线、椭圆、射线、参照线、引线和多行文字等对象。对于非三维面的对象，新 UCS 的 XY 平面与绘制该对象时生效的 XY 平面平行，但 X 轴和 Y 轴可作不同的旋转。
- "视图"命令：以垂直于观察方向(平行于屏幕)的平面为 XY 平面，建立新的坐标系，UCS 原点保持不变。常用于注释当前视图时使文字以平面方式显示。
- "原点"命令：通过移动当前 UCS 的原点，保持其 X 轴、Y 轴和 Z 轴方向不变，从而定义新的 UCS。可以在任何高度建立坐标系，如果没有给原点指定 Z 轴坐标值，将使用当前标高。
- "Z 轴矢量"命令：用特定的 Z 轴正半轴定义 UCS。需要选择两点，第一点作为新的坐标系原点，第二点决定 Z 轴的正向，XY 平面垂直于新的 Z 轴。
- "三点"命令：通过在三维空间的任意位置指定 3 点，确定新 UCS 原点及其 X 轴和 Y 轴的正方向，Z 轴由右手定则确定。其中第 1 点定义了坐标系原点，第 2 点定义了 X 轴的正方向，第 3 点定义了 Y 轴的正方向。

- X/Y/Z 命令：旋转当前的 UCS 轴来建立新的 UCS。在命令行提示信息中输入正或负的角度以旋转 UCS，用右手定则来确定绕该轴旋转的正方向。

2.2.5　使用正交用户坐标系

选择"工具"|"命名 UCS"命令，打开 UCS 对话框，在其中的"正交 UCS"选项卡中，可以从"当前 UCS"列表中选择需要使用的正交坐标系，如俯视、仰视、左视、右视、主视和后视等，如图 2-15 所示。

图 2-15　"正交 UCS"选项卡

2.2.6　命名用户坐标系

选择"工具"|"命名 UCS"命令，打开 UCS 对话框，如图 2-16 所示。切换到"命名 UCS"选项卡，并在"当前 UCS"列表中选中"世界""上一个"或某个 UCS，然后单击"置为当前"按钮，可将其置为当前坐标系，这时在该 UCS 前面将显示"▶"标记。也可以单击"详细信息"按钮，在打开的"UCS 详细信息"对话框中查看坐标系的详细信息，如图 2-17 所示。

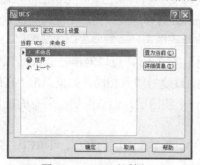
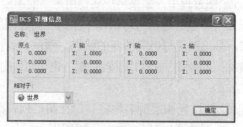

图 2-16　UCS 对话框　　　　图 2-17　"UCS 详细信息"对话框

此外，在"当前 UCS"列表中的坐标系选项上右击，将弹出一个快捷菜单，可以利用该快捷菜单重命名坐标系、删除坐标系和将坐标系置为当前坐标系。

2.3　创建和管理图层

在 AutoCAD 中，绘制的建筑图形中经常包括基准线、轮廓线、虚线、剖面线、尺寸标注以及文字说明等元素，如果用图层来管理这些元素，不仅能使图形的各种信息清晰有序，便于观察，而且也会给建筑图形的编辑、修改和输出带来方便。

2.3.1 "图层特性管理器"对话框的组成

选择"格式"|"图层"命令，打开"图层特性管理器"对话框，如图 2-18 所示。在"过滤器树"列表中显示了当前图形中所有使用的图层、组过滤器。在图层列表中，显示了图层的详细信息。

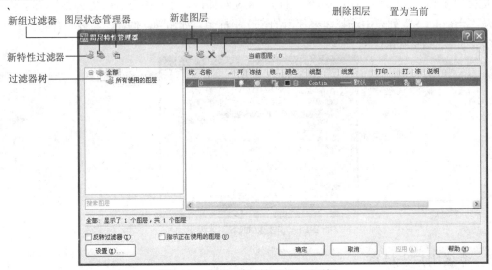

图 2-18　"图层特性管理器"对话框

2.3.2 创建新图层

开始绘制新的建筑图形时，AutoCAD 自动创建一个名为 0 的特殊图层。默认情况下，图层 0 将被指定使用 7 号颜色(白色或黑色，由背景色决定，本书中将背景色设置为白色，因此，图层颜色就是黑色)、Continuous 线型、"默认"线宽及 Normal 打印样式，用户不能删除或重命名该图层 0。在绘图过程中，如果用户要使用更多的图层来组织图形，就需要先创建新图层。

在"图层特性管理器"对话框中单击"新建图层"按钮 ，可以创建一个名为"图层 1"的新图层，且该图层与当前图层的状态、颜色、线性、线宽等设置相同。如果单击"在所有视口中都被冻结的新图层视口"按钮 ，也可以创建一个新图层，但该图层在所有的视口中都被冻结。

创建图层后，新图层的名称将显示在图层列表框中。要更改图层的名称，可单击该图层名，然后输入一个新的图层名并按 Enter 键即可。

注意:

在为创建的图层命名时，图层的名称中不能包含通配符(*和?)和空格，也不能与其他图层重名。

2.3.3 设置图层颜色

颜色在建筑图形中具有非常重要的作用，可用来表示不同的建筑元素、功能和区域。图层的颜色实际上是图层中图形对象的颜色。每个图层都拥有自己的颜色，对不同的图层可以设置相同的颜色，也可以设置不同的颜色，绘制复杂图形时就可以通过颜色很容易地区分建筑图形的各种元素。

　　新建图层后，要改变图层的颜色，可在"图层特性管理器"对话框中单击图层的"颜色"列对应的图标，打开"选择颜色"对话框，如图 2-19 所示。

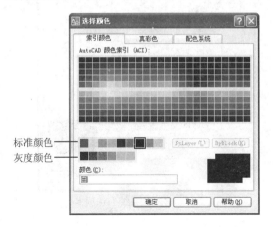

图 2-19　"选择颜色"对话框

　　在"选择颜色"对话框中，可以使用"索引颜色""真彩色"和"配色系统" 3 个选项卡为图层设置颜色，这 3 个选项卡的作用分别如下。

- "索引颜色"选项卡：可以使用 AutoCAD 的标准颜色(ACI 颜色)。在 ACI 颜色表中，每一种颜色用一个 ACI 编号(1~255 之间的整数)标识。"索引颜色"选项卡实际上是一张包含 256 种颜色的颜色表。
- "真彩色"选项卡：使用 24 位颜色定义显示 16M 色。指定真彩色时，可以使用 RGB 或 HSL 颜色模式。如果使用 RGB 颜色模式，则可以指定颜色的红、绿、蓝组合；如果使用 HSL 颜色模式，则可以指定颜色的色调、饱和度和亮度要素，如图 2-20 所示。在这两种颜色模式下，可以得到同一种所需的颜色，但是组合颜色的方式不同。

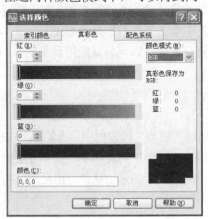 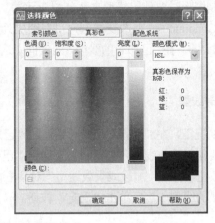

图 2-20　RGB 和 HSL 颜色模式

- "配色系统"选项卡：使用标准 Pantone 配色系统设置图层的颜色，如图 2-21 所示。

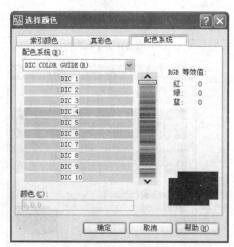

图 2-21　　"配色系统"选项卡

注意:

选择"工具" | "选项"命令，打开"选项"对话框，在"文件"选项卡的"搜索路径、文件名和文件位置"列表中展开"配色系统位置"选项，然后单击"添加"按钮，在打开的文本框中输入配色系统文件的路径，即可在系统中安装配色系统。

2.3.4　使用与管理线型

线型是指图形基本元素中线条的组成和显示方式，例如虚线和实线等。在 AutoCAD 中既有简单线型，也有由一些特殊符号组成的复杂线型，以满足不同国家或行业标准的使用要求。

1. 设置图层线型

在绘制图形时要使用线型来区分图形元素，这就需要对线型进行设置。默认情况下，图层的线型为 Continuous。要改变线型，可在图层列表中单击"线型"列的 Continuous，打开"选择线型"对话框，在"已加载的线型"列表框中选择一种线型即可将其应用到图层中，如图 2-22 所示。

2. 加载线型

默认情况下，在"选择线型"对话框的"已加载的线型"列表框中只有 Continuous 一种线型，如果要使用其他线型，必须将其添加到"已加载的线型"列表框中，具体方法如下：单击"加载"按钮，打开"加载或重载线型"对话框，如图 2-23 所示，从"可用线型"列表框中选中需要加载的线型，然后单击"确定"按钮。

注意:

AutoCAD 中的线型包含在线型库定义文件 acad.lin 和 acadiso.lin 中。其中，在英制测量系统下，使用线型库定义文件 acad.lin；在公制测量系统下，使用线型库定义文件 acadiso.lin。用户可以根据需要单击"加载或重载线型"对话框中的"文件"按钮，打开"选择线型文件"对话框，选择合适的线型库定义文件。

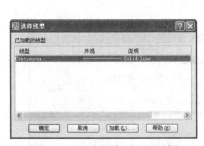

图 2-22　"选择线型"对话框

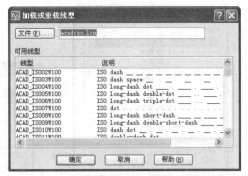

图 2-23　"加载或重载线型"对话框

3. 设置线型比例

选择"格式"|"线型"命令，打开"线型管理器"对话框，可在该对话框中设置建筑图形中的线型比例，从而改变非连续线型的外观，如图 2-24 所示。

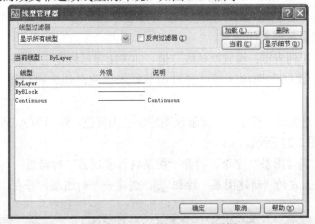

图 2-24　"线型管理器"对话框

"线型管理器"对话框显示了当前使用的线型和可选择的其他线型。当在线型列表中选择了某一线型后，可以在"详细信息"选项区域中设置线型的"全局比例因子"和"当前对象缩放比例"。其中，"全局比例因子"用于设置图形中所有线型的比例，"当前对象缩放比例"用于设置当前选中线型的比例。

2.3.5　设置图层线宽

线宽设置就是改变线条的宽度。在 AutoCAD 中，使用不同宽度的线条表现建筑图形的大小或类型，可以提高图形的表达能力和可读性。

要设置图层的线宽，可以在"图层特性管理器"对话框的"线宽"列中单击该图层对应的线宽"——默认"，打开"线宽"对话框，其中有 20 多种线宽可供选择，如图 2-25 所示。也可以选择"格式"|"线宽"命令，打开"线宽设置"对话框，通过调整线宽比例使图形中的线宽显示得更宽或更窄，如图 2-26 所示。

图 2-25 "线宽"对话框   图 2-26 "线宽设置"对话框

在"线宽设置"对话框的"线宽"列表框中选择所需线条的宽度后，还可以设置其单位和显示比例等参数，各选项的功能如下。

- "列出单位"选项区域：设置线宽的单位，可以是"毫米"或"英寸"。
- "显示线宽"复选框：设置是否按照实际线宽来显示图形，也可以单击状态栏上的"线宽"按钮来显示或关闭线宽。
- "默认"下拉列表框：设置默认线宽值，即关闭显示线宽后 AutoCAD 所显示的线宽。
- "调整显示比例"选项区域：通过调节显示比例滑块，可以设置线宽的显示比例大小。

【练习 2-5】创建图层"柱子"，要求该图层颜色为青色，线型为 ACAD_IS003W100，线宽为 0.30 毫米，如图 2-27 所示。

(1) 选择"格式"|"图层"命令，打开"图层特性管理器"对话框。

(2) 单击对话框上方的"新建图层"按钮，创建一个新图层，并在"名称"列对应的文本框中输入"柱子"。

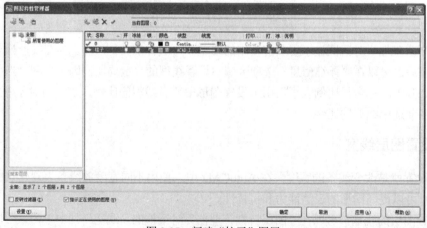

图 2-27 新建"柱子"图层

(3) 在"图层特性管理器"对话框中单击"颜色"列的图标，打开"选择颜色"对话框。在标准颜色区中单击青色，这时"颜色"文本框中将显示颜色的名称"青"，单击"确定"按钮。

(4) 在"图层特性管理器"对话框中单击"线型"列上的 Continuous，打开"选择线型"对话框。单击"加载"按钮，打开"加载或重载线型"对话框，在"可用线型"列表框中选择线型 ACAD_IS003W100，然后单击"确定"按钮。

(5) 在"选择线型"对话框的"已加载的线型"列表框中选择 ACAD_IS003W100，然后单击"确定"按钮。

(6) 在"图层特性管理器"对话框中单击"线宽"列的线宽，打开"线宽"对话框，在"线宽"列表框中选择"0.30 毫米"选项，然后单击"确定"按钮。

(7) 设置完毕后，单击"确定"按钮关闭"图层特性管理器"对话框。

2.3.6　设置图层特性

使用图层绘制建筑图形时，新的建筑图形对象的各种特性将默认为随层，由当前图层的默认设置决定。用户可以单独设置对象的特性，新设置的特性将覆盖原来随层的特性。在"图层特性管理器"对话框中，每个图层都包含状态、名称、打开/关闭、冻结/解冻、锁定/解锁、线型、颜色、线宽和打印样式等特性，如图 2-28 所示。在 AutoCAD 2008 中，可以显示或隐藏图层的各种特性，只需右击图层列表的标题栏，在弹出的快捷菜单中选择或取消选择相应的特性命令即可。

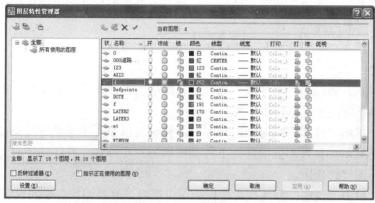

图 2-28　图层的各种特性

注意：

创建图层后，可以按照名称、可见性、颜色、线宽、打印样式或线型对其排序。在"图层特性管理器"对话框中，单击列标题可以按该列所表示的特性对图层排序。图层名可以按字母的升序或降序排列。

- 状态：显示图层和过滤器的状态。其中，被删除的图层标识为 ✖，当前图层标识为 ✔。
- 名称：即图层的名字，是图层的唯一标识。默认情况下，图层的名称按图层 0、图层 1、图层 2……的编号依次递增，可以根据需要为图层定义能够表达用途的名称。
- 开关状态：单击"开"列对应的小灯泡图标 ♀，可以打开或关闭图层。在开状态下，灯泡图标的颜色为黄色，图层上的图形可以显示，也可以在输出设备上打印；在关状态下，灯泡图标的颜色为灰色，图层上的图形不能显示，也不能打印输出。在关闭当前图层时，系统将显示一个消息对话框，警告正在关闭当前层。
- 冻结：单击图层"冻结"列对应的太阳 ☀ 或雪花 ❄ 图标，可以冻结或解冻图层。图层被冻结时显示雪花 ❄ 图标，此时图层上的图形对象不能被显示、打印输出和编辑修改。图层被解冻时显示太阳 ◉ 图标，此时图层上的图形对象能够被显示、打印输出和编辑。

注意:

不能冻结当前层，也不能将冻结层设为当前层，否则将会显示警告信息对话框。冻结的图层与关闭的图层的可见性是相同的，但冻结的对象不参加处理过程中的运算，关闭的图层则要参加运算。所以在复杂的图形中冻结不需要的图层可以加快系统重新生成图形时的速度。

- 锁定：单击"锁定"列对应的关闭 ◉ 或打开 ◉ 小锁图标，可以锁定或解锁图层。图层在锁定状态下并不影响图形对象的显示，且不能对该图层上已有图形对象进行编辑，但可以绘制新图形对象。此外，在锁定的图层上可以使用查询命令和对象捕捉功能。
- 颜色：单击"颜色"列对应的图标，可以使用打开的"选择颜色"对话框来选择图层颜色。
- 线型：单击"线型"列显示的线型名称，可以使用打开的"选择线型"对话框来选择所需要的线型。
- 线宽：单击"线宽"列显示的线宽值，可以使用打开的"线宽"对话框来选择所需要的线宽。
- 打印样式：通过"打印样式"列确定各图层的打印样式，如果使用的是彩色绘图仪，则不能改变这些打印样式。
- 打印：单击"打印"列对应的打印机图标，可以设置图层是否能够被打印，在保持图形显示可见性不变的前提下控制图形的打印特性。打印功能只对没有冻结和关闭的图层起作用。
- 说明：单击"说明"列两次，可以为图层或组过滤器添加必要的说明信息。

2.3.7　设置为当前层

在"图层特性管理器"对话框的图层列表中，选择某一图层后，单击"当前图层"按钮 ✓，即可将该层设置为当前层。

注意:

在实际绘图时，为了便于操作，可以通过"面板"选项板的"图层"选项区域来实现图层切换。在"应用过滤器"下拉列表框中选择要将其设置为当前层的图层名称，然后单击"将对象的图层置为当前"按钮 ▧ 即可。

2.3.8　使用"图层过滤器特性"对话框过滤图层

在 AutoCAD 2008 中，使用图层过滤功能可以简化图层方面的操作，用户可以根据过滤条件选择相应的图层。图形中包含大量图层时，在"图层特性管理器"对话框中单击"新特性过滤器"按钮 ▧，可以使用打开的"图层过滤器特性"对话框来命名图层过滤器，如图 2-29 所示。

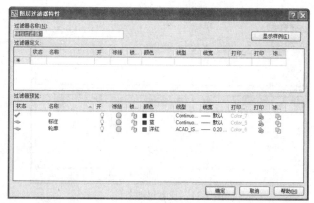

图 2-29　"图层过滤器特性"对话框

　　在"过滤器名称"文本框中可以输入过滤器名称，但过滤器名称中不允许使用< > / \ " : ; ? * | , = 和 ` 等字符。在"过滤器定义"列表中，可以设置过滤条件，包括图层名称、状态和颜色等过滤条件。当指定过滤器的图层名称时，可使用标准的?和*等多种通配符，其中，* 用来代替任意多个字符，? 用来代替任意一个字符。

　　【练习 2-6】过滤图 2-30 所示的"图层过滤器特性"对话框中显示的所有图层，创建一个图层过滤器 Filter 1，要求被过滤的图层名称为 000*，或线型为 CENTER。

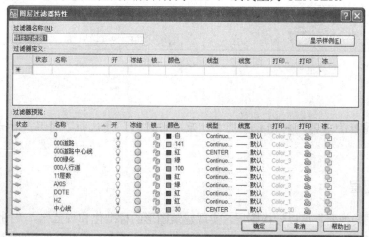

图 2-30　过滤图层

　　(1) 选择"格式"|"图层"命令，打开"图层特性管理器"对话框。

　　(2) 单击"新特性过滤器"按钮，打开"图层过滤器特性"对话框。

　　(3) 在"过滤器名称"文本框中输入过滤器名称 Filter 1。

　　(4) 在"过滤器定义"列表框中，单击第一行的"名称"列，在其中输入 000*。

　　(5) 在"过滤器定义"列表框中，单击第二行的"线型"列，然后单击显示的图标，在打开的"选择线型"对话框中选择 CENTER 选项。设置完毕后，在"过滤器预览"列表框中将显示所有符合要求的图层信息，如图 2-31 所示。

　　(6) 单击"确定"按钮，关闭"图层过滤器特性"对话框。在"图层特性管理器"对话框的左侧过滤器树列表中将显示 Filter 1 选项。选择该选项，在该对话框右侧的图层列表中将显示该过滤器对应的图层信息，如图 2-32 所示。

图 2-31　设置过滤条件

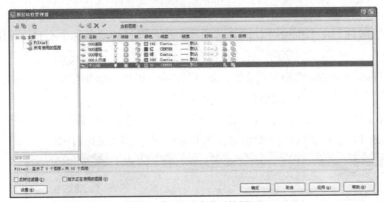

图 2-32　显示过滤后的图层

注意：

在"图层特性管理器"对话框中选中"反转过滤器"复选框，将只显示未通过过滤器筛选的图层。

2.3.9　转换图层

使用"图层转换器"可以转换图层，实现建筑图形的标准化和规范化。"图层转换器"能够转换当前图形中的图层，使之与其他图形的图层结构或 CAD 标准文件相匹配。例如，打开一个与本公司图层结构不一致的建筑图形时，可以使用"图层转换器"转换图层名称和属性，以符合本公司的建筑制图标准。

选择"工具"|"CAD 标准"|"图层转换器"命令，打开"图层转换器"对话框，如图 2-33 所示，其中主要选项的功能如下。

- "转换自"选项区域：显示当前图形中即将被转换的图层结构，可以在列表框中选择，也可以通过"选择过滤器"来选择。
- "转换为"选项区域：显示可以将当前图形的图层转换成的图层名称。单击"加载"按钮打开"选择图形文件"对话框，可以从中选择作为图层标准的图形文件，并将该图层结构显示在"转换为"列表框中。单击"新建"按钮打开"新图层"对话框，如图 2-34 所示，可以从中创建新的图层作为转换匹配图层，新建的图层也会显示在"转换为"列表框中。

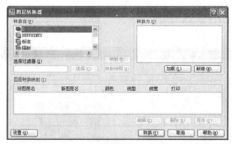

图 2-33　"图层转换器"对话框

图 2-34　"新图层"对话框

- "映射"按钮：单击该按钮，可以将在"转换自"列表框中选中的图层映射到"转换为"列表框中，当图层被映射后，将从"转换自"列表框中删除。

注意：

只有在"转换自"选项区域和"转换为"选项区域中都选择了对应的转换图层后，才可以使用"映射"按钮。

- "映射相同"按钮：将"转换自"列表框中和"转换为"列表框中名称相同的图层进行转换映射。
- "图层转换映射"选项区域：显示已经映射的图层名称和相关的特性值。当选中一个图层后，单击"编辑"按钮，将打开"编辑图层"对话框，可以从中修改转换后的图层特性，如图 2-35 所示。单击"删除"按钮，可以取消该图层的转换映射，该图层将重新显示在"转换自"选项区域中。单击"保存"按钮，将打开"保存图层映射"对话框，可以将图层转换关系保存到一个标准配置文件*. dws 中。
- "设置"按钮：单击该按钮，打开"设置"对话框，可以设置图层的转换规则，如图 2-36 所示。
- "转换"按钮：单击该按钮将开始转换图层，并关闭"图层转换器"对话框。

图 2-35　"编辑图层"对话框

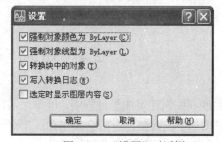

图 2-36　"设置"对话框

2.3.10　改变对象所在图层

在实际绘图中，如果绘制完某一图形元素后，发现该元素并没有绘制在预先设置的图层上，可选中该图形元素，并在"面板"选项板"图层"选项区域的"应用的过滤器"下拉列表框中选择预设图层名，即可改变对象所在图层。

2.3.11　使用图层工具管理图层

在 AutoCAD 2008 中，使用图层管理工具可以更加方便地管理图层。选择"格式"|"图层工具"命令中的子命令，就可以通过图层工具来管理图层，如图 2-37 所示。

【练习 2-7】使用"层漫游"功能，只显示图 2-38 中的"道路"图层。

图 2-37　"图层工具"子命令

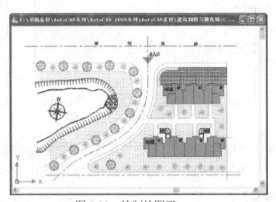

图 2-38　绘制的图形

(1) 打开图 2-38 所在的文档，选择"格式"|"图层工具"|"层漫游"命令，打开"层漫游"对话框，在该对话框的图层列表中显示了该图形中所有的图层，如图 2-39 所示。

(2) 在图层列表中选择"道路"图层，在绘图窗口中将只显示道路元素，如图 2-40 所示。

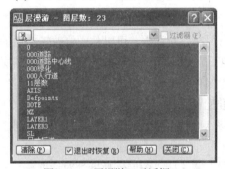

图 2-39　"层漫游"对话框

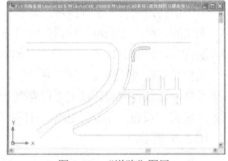

图 2-40　"道路"图层

2.4　重画与重生成图形

在绘制和编辑建筑图形过程中，屏幕上常常会留下建筑图形对象的拾取标记，这些临时标记并不是图形中的对象，有时会使当前图形画面显得混乱，这时就可以使用 AutoCAD 的重画与重生成图形功能清除这些临时标记。

2.4.1　重画图形

在 AutoCAD 中，使用"重画"命令，系统将在显示内存中更新屏幕，消除临时标记。使用"重画"命令可以更新用户使用的当前视区。

注意:

使用"删除"命令删除图形时，屏幕上会出现一些杂乱的标记符号，这是在删除操作时拾取对象留下的临时标记。这些标记符号实际上是不存在的，只是残留的重叠图像，因为 AutoCAD 使用背景色重画被删除的对象所在的区域时遗漏了一些区域。这时就可以使用"重画"命令来删除临时标记。

2.4.2　重生成图形

重生成与重画在本质上是不同的,利用"重生成"命令可重生成屏幕,此时系统从磁盘中调用当前图形的数据,比"重画"命令执行速度慢,更新屏幕花费时间较长。在 AutoCAD 中,某些操作只有在使用"重生成"命令后才生效,如改变点的格式。如果一直使用某个命令修改编辑图形,但该图形似乎看不出发生什么变化,此时就可使用"重生成"命令更新屏幕显示。

"重生成"命令有以下两种形式,选择"视图"|"重生成"命令可以更新当前视区;选择"视图"|"全部重生成"命令,可以同时更新多重视口。

2.5　缩　放　视　图

按一定比例、观察位置和角度显示的图形称为视图。在 AutoCAD 中,可以通过缩放视图来观察绘制的建筑图形。缩放视图可以增加或减少图形对象的屏幕显示尺寸,但对象的真实尺寸保持不变。

2.5.1　"缩放"菜单和工具栏

在 AutoCAD 2008 中,选择"视图"|"缩放"命令中的子命令或使用"缩放"工具栏(如图 2-41 所示)即可缩放视图。

通常情况下,在绘制建筑图形的局部细节时,需要使用"缩放"工具放大该绘图区域,当绘制完成后,再使用"缩放"工具缩小图形来观察图形的整体效果。常用的缩放命令或工具有"实时""窗口""动态"和"中心点"。

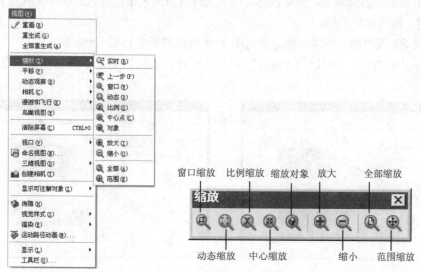

图 2-41　"缩放"子菜单中的命令和"缩放"工具栏

2.5.2　实时缩放视图

选择"视图"|"缩放"|"实时"命令,或在"面板"选项板的"二维导航"选项区域中单击"实时缩放"按钮,进入实时缩放模式,此时鼠标指针呈 形状。在缩放视图的

过程中，向上拖动光标可放大整个图形；向下拖动光标可缩小整个图形；释放鼠标后停止缩放。

注意：

在使用"实时"缩放工具时，如果图形放大到最大程度，此时光标显示为$^\mathbb{Q}$形状，表示不能再进行放大；反之，如果图形缩小到最小程度，此时光标显示为$^\mathbb{Q+}$形状，表示不能再进行缩小。

2.5.3 窗口缩放视图

选择"视图"|"缩放"|"窗口"命令，可以在屏幕上拾取两个对角点以确定一个矩形窗口，之后系统将矩形范围内的图形放大至整个屏幕。

在使用窗口缩放时，如果系统变量 REGENAUTO 设置为关闭状态，则与当前显示设置的界线相比，拾取区域显得过小。系统提示将重新生成图形，并询问是否继续下去，此时应回答 NO，并重新选择较大的窗口区域。

注意：

当使用"窗口"缩放视图时，应尽量使所选矩形对角点与屏幕呈一定比例，并非一定是正方形。

2.5.4 动态缩放视图

选择"视图"|"缩放"|"动态"命令，可以动态缩放视图。当进入动态缩放模式时，在屏幕中将显示一个带"×"的矩形方框。单击鼠标左键，此时选择窗口中心的"×"消失，显示一个位于右边框的方向箭头，拖动鼠标可改变选择窗口的大小，以确定选择区域大小，最后按下 Enter 键，即可缩放图形。

【练习2-8】使用动态缩放功能，放大图 2-42 所示图形中的某一个区域。

(1) 选择"视图"|"缩放"|"动态"命令，此时，在绘图窗口中将显示图形范围，如图 2-43 所示。

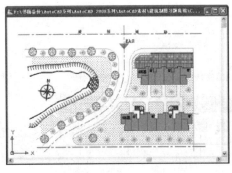 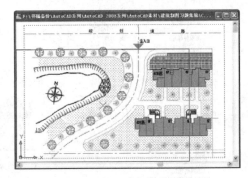

图 2-42　使用动态缩放功能放大图形　　　　图 2-43　进入"动态"缩放模式

(2) 当视图框包含一个"×"时，在屏幕上拖动视图框以平移到不同的区域。

(3) 要缩放到不同的大小，可单击鼠标左键，这时视图框中的"×"将变成一个箭头。左右移动光标调整视图框尺寸，上下移动光标可调整视图框位置。如果视图框较大，则显示出的图像较小；如果视图框较小，则显示出的图像较大，最后调整结果如图 2-44 所示。

(4) 调整完毕，再次单击鼠标左键。

(5) 当视图框指定的区域正是用户想查看的区域，按 Enter 键确认，则视图框所包围的图像就成为当前视图，如图 2-45 所示。

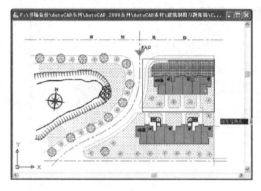
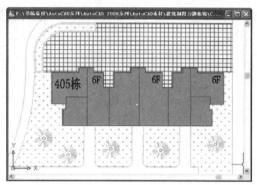

图 2-44　调整视图框大小和位置　　　　　　　　　　图 2-45　放大后的效果

2.5.5　设置视图中心点

选择"视图"|"缩放"|"中心点"命令，在图形中指定一点，然后指定一个缩放比例因子或者指定高度值来显示一个新视图，而选择的点将作为该新视图的中心点。如果输入的数值比默认值小，则会增大图像。如果输入的数值比默认值大，则会缩小图像。

要指定相对的显示比例，可输入带 X 的比例因子数值。例如，输入 2X 将显示比当前视图大两倍的视图。如果正在使用浮动视口，则可以输入 XP 来相对于图纸空间进行比例缩放。

2.6　平　移　视　图

使用平移视图命令，可以重新定位建筑图形，以便看清建筑图形的其他部分。此时不会改变建筑图形中对象的位置或比例，而只改变视图。

2.6.1　"平移"菜单

选择"视图"|"平移"命令中的子命令(如图 2-46 所示)，在"面板"选项板的"二维导航"选项区域中单击"实时平移"按钮 ，或在命令行直接输入 PAN 命令，都可以平移视图。

使用平移命令平移视图时，视图的显示比例不变。除了可以上、下、左、右平移视图外，还可以使用"实时"和"定点"命令平移视图。

2.6.2　实时平移

选择"视图"|"平移"|"实时"命令，此时光标变成 形状，如图 2-47 所示。按住鼠标左键拖动，窗口内的图形就可按光标移动的方向移动。释放鼠标，可返回到平移等待状态。按 Esc 键或 Enter 键退出实时平移模式。

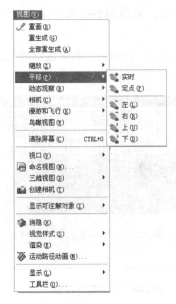

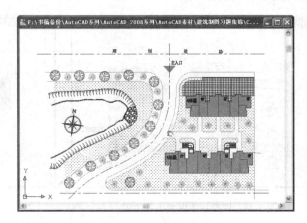

图 2-46　视图"平移"菜单　　　　　　　　　　图 2-47　平移视图

2.6.3　定点平移

选择"视图"|"平移"|"定点"命令，可以通过指定基点和位移值来平移视图。

注意：

在 AutoCAD 中，"平移"功能通常又称为摇镜，它相当于将一个镜头对准视图，当镜头移动时，视口中的图形也跟着移动。

2.7　使用鸟瞰视图

"鸟瞰视图"属于定位工具，它提供了一种可视化平移和缩放视图的方法。可以在另外一个独立的窗口中显示整个图形视图以便快速移动到目的区域。在绘制建筑图形时，如果鸟瞰视图保持打开状态，则可以直接缩放和平移，无需选择菜单选项或输入命令。

2.7.1　使用鸟瞰视图观察图形

选择"视图"|"鸟瞰视图"命令，打开鸟瞰视图。可以使用其中的矩形框来设置图形观察范围。例如，要放大图形，可缩小矩形框；要缩小图形，可放大矩形框。

使用鸟瞰视图观察图形的方法与使用动态视图缩放图形的方法相似，但使用鸟瞰视图观察图形是在一个独立的窗口中进行的，其结果反映在绘图窗口的当前视口中，如图 2-48 所示。

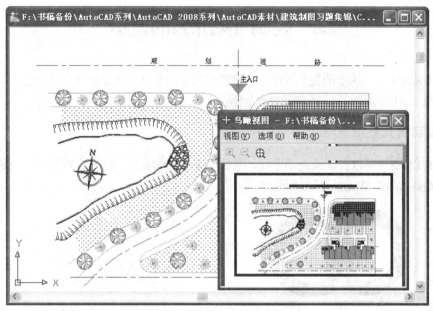

图 2-48　使用鸟瞰视图观察图形

2.7.2　改变鸟瞰视图中图像大小

在鸟瞰视图中，可使用"视图"菜单中的命令或单击工具栏中的相应工具按钮，显示整个图形或递增调整图像大小来改变鸟瞰视图中图像的大小，但这些改变并不会影响到绘图区域中的视图，其功能如下。

- "放大"命令：拉近视图，将鸟瞰视图放大一倍，从而更清楚地观察对象的局部细节。
- "缩小"命令：拉远视图，将鸟瞰视图缩小一半，以观察到更大的视图区域。
- "全局"命令：在鸟瞰视图窗口中观察到整个图形。

此外，当鸟瞰视图窗口中显示整幅图形时，"缩放"命令无效；在当前视图快要填满鸟瞰视图窗口时，"放大"命令无效；当显示图形范围时，这两个命令可能同时无效。

2.7.3　改变鸟瞰视图的更新状态

默认情况下，AutoCAD 自动更新鸟瞰视图窗口以反映在图形中所作的修改。当绘制复杂的图形时，关闭动态更新功能可以提高程序性能。

在"鸟瞰视图"窗口中，使用"选项"菜单中的命令，可以改变鸟瞰视图的更新状态，包括以下选项。

- "自动视口"命令：自动地显示模型空间的当前有效视口，该命令不被选中时，鸟瞰视图就不会随有效视口的变化而变化。
- "动态更新"命令：控制鸟瞰视图的内容是否随绘图区中图形的改变而改变，该命令被选中时，绘图区中的图形可以随鸟瞰视图动态更新。
- "实时缩放"命令：控制在鸟瞰视图中缩放时绘图区中的图形显示是否适时变化，该命令被选中时，绘图区中的图形显示可以随鸟瞰视图适时变化。

2.8　控制可见元素的显示

在 AutoCAD 中，图形的复杂程度会直接影响系统刷新屏幕或处理命令的速度。为了提高程序的性能，可以关闭文字、线宽或填充显示。

2.8.1　控制填充显示

使用 FILL 变量可以打开或关闭宽线、宽多段线和实体填充，如图 2-49 所示。当关闭填充时，可以提高 AutoCAD 的显示处理速度。

打开填充模式　Fill = ON　　　　　　　关闭填充模式　Fill = OFF

图 2-49　打开与关闭填充模式时的效果

当实体填充模式关闭时，填充不可打印。但是，改变填充模式的设置并不影响显示具有线宽的对象。当修改了实体填充模式后，使用"视图"|"重生成"命令可以查看效果，且新对象将自动反映新的设置。

2.8.2　控制线宽显示

当在模型空间或图纸空间中工作时，为了提高 AutoCAD 的显示处理速度，可以关闭线宽显示。单击状态栏上的"线宽"按钮或使用"线宽设置"对话框，可以切换线宽显示的开和关。线宽以实际尺寸打印，但在模型选项卡中与像素成比例显示，任何线宽的宽度如果超过了一个像素就有可能降低 AutoCAD 的显示处理速度。如果要使 AutoCAD 的显示性能最优，则在图形中工作时应该把线宽显示关闭。图 2-50 所示为图形在线宽打开和关闭模式下的显示效果。

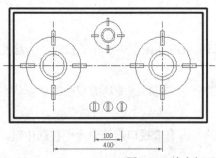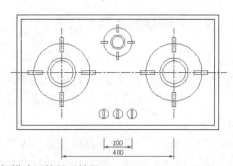

图 2-50　线宽打开和关闭模式下的显示效果

2.8.3　控制文字快速显示

在 AutoCAD 中，可以通过设置系统变量 QTEXT 打开"快速文字"模式或关闭文字的显示。快速文字模式打开时，只显示定义文字的框架。

　　与填充模式一样，关闭文字显示可以提高 AutoCAD 的显示处理速度。打印快速文字时，则只打印文字框而不打印文字。无论何时修改了快速文字模式，都可以选择"视图"|"重生成"命令查看现有文字上的改动效果，且新的文字自动反映新的设置。

2.9　思　考　练　习

　　1. 如何改变绘图窗口的背景色？

　　2. 如何设置图形单位？试设置一个图形单位，要求长度单位为小数点后一位小数，角度单位为十进制度数后两位小数。

　　3. 以图纸左下角点(0,0)，右上角点(200,200)为图限范围，设置图纸的图限。

　　4. 在 AutoCAD 2008 中，世界坐标系和用户坐标系各有什么特点？如何创建用户坐标系？

　　5. 在 AutoCAD 2008 中，点的坐标有哪几种表示方法？

　　6. 在 AutoCAD 2008 中，如何自定义工具栏？试创建图 2-51 所示的"自定义工具栏"。

图 2-51　创建"自定义工具栏"

　　7. 在 AutoCAD 2008 中，图层具有哪些特性？如何设置这些特性？

　　8. 在 AutoCAD 2008 中，如何使用"图层工具"管理图层？

　　9. 参照表 2-1 所示的要求创建各图层。

表 2-1　图层设置要求

图　层　名	线　　型	颜　　色
轮廓线层	Continuous	白色
中心线层	Center	红色
辅助线层	Dashed	蓝色

　　10. AutoCAD 2008 提供了一些示例图形文件(位于 AutoCAD 2008 安装目录下的 Sample 子目录)，打开图 2-52 所示的图形，将各图层设置成关闭(或打开)、冻结(或解冻)、锁定(或解锁)，观看设置效果。

　　11. 在 AutoCAD 中，如何使用"动态"缩放法缩放图形？

　　12. 鸟瞰视图有何特点，如何使用它缩放图形？

　　13. 在绘制图形时，为了提高刷新速度，可以控制图形中哪些可见元素的显示？如何操作？

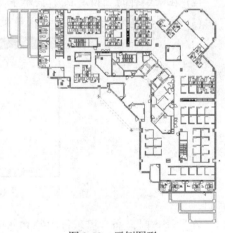

图 2-52　示例图形

第3章 绘制建筑平面图形

任何复杂的建筑平面图形都是由多种基础图形组成的，绘制基础图形是 AutoCAD 的主要功能，也是最基本的功能。而建筑设计方面的基础图形的形状都很简单，创建起来也很容易，它们是整个 AutoCAD 建筑制图的基础。因此，只有熟练地掌握基础建筑平面图形的绘制方法和技巧，才能够更好地绘制出复杂的建筑平面图形。

3.1 绘制点对象

点对象是组成任何建筑图形的最基本元素，可用作捕捉和偏移对象的节点或参考点，通常作为帮助精确绘图的临时对象来使用。在 AutoCAD 2008 中，可以通过"单点""多点""定数等分"和"定距等分"4 种方法创建点对象。

3.1.1 绘制单点和多点

在 AutoCAD 2008 中，选择"绘图"|"点"|"单点"命令，可以在绘图窗口中一次指定一个点；选择"绘图"|"点"|"多点"命令，可以在绘图窗口中一次指定多个点，直到按 Esc 键结束。

【练习 3-1】在绘图窗口中任意位置创建 3 个点，如图 3-1 所示。

(1) 选择"绘图"|"点"|"多点"命令，发出 POINT 命令，命令行提示中将显示当前点模式: PDMODE=0　PDSIZE=0.0000。

(2) 在命令行的"指定点:"提示下，使用鼠标指针在屏幕上拾取点 A、B 和 C。

(3) 按 Esc 键结束绘制点命令，结果如图 3-1 所示。

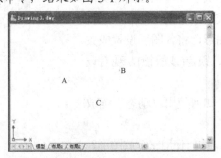

图 3-1　创建的点对象

在绘制点时，命令提示行中的 **PDMODE** 和 **PDSIZE** 两个系统变量显示了当前状态下点的样式和大小。可以选择"格式"|"点样式"命令，通过打开的"点样式"对话框对点样式和点大小进行设置，如图 3-2 所示。

例如，将系统变量 PDMODE 设置为 35，PDSIZE 设置为 10 后，【练习 3-1】中创建的点
将如图 3-3 所示。

图 3-2　"点样式"对话框　　　　　　　　　　图 3-3　改变点的样式和大小

3.1.2　定数等分对象

在 AutoCAD 2008 中，选择"绘图" | "点" | "定数等分"命令(DIVIDE)，可以在指定的
对象上绘制等分点或者在等分点处插入块。在使用该命令时应注意以下两点。

- 因为输入的是等分数，而不是放置点的个数，所以如果将所选对象分成 N 份，则实际
  上只生成 N-1 个点。
- 每次只能对一个对象指定定数等分操作，而不能对一组对象进行该操作。

【练习 3-2】将图 3-4 中三角形的底边等分为 3 部分。

(1) 选择"绘图" | "点" | "定数等分"命令，执行 DIVIDE 命令。

(2) 在命令行的"选择要定数等分的对象:"提示下，拾取圆作为要等分的对象。

(3) 在命令行的"输入线段数目或 [块(B)]:"提示下，输入等分段数 3，然后按 Enter 键，
等分结果如图 3-5 所示。

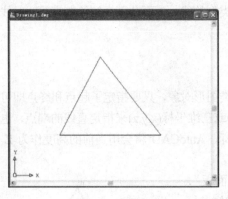

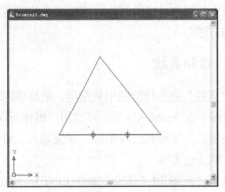

图 3-4　原始图形　　　　　　　　　　　图 3-5　定数等分后的效果

3.1.3　定距等分对象

在 AutoCAD 2008 中，选择"绘图" | "点" | "定距等分"命令(MEASURE)，可以在指定
的对象上按指定的长度绘制点或者插入块。使用该命令时应注意以下两点。

- 放置点的起始位置从离对象选取点较近的端点开始。
- 如果对象总长不能被所选长度整除，则最后放置的点到对象端点的距离将不等于所选
  长度。

【**练习 3-3**】在图 3-5 中，将使用直线工具绘制的三角形右侧边按长度 180 定距等分。

(1) 选择"绘图"|"点"|"定距等分"命令，发出 MEASURE 命令。

(2) 在命令行的"选择要定距等分的对象:"提示下，拾取三角形的右侧边作为要定距等分的对象。

(3) 在命令行的"指定线段长度或[块(B)]:"提示下输入 180，然后按 Enter 键，等分结果如图 3-6 所示。

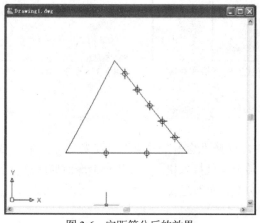

图 3-6　定距等分后的效果

3.2　绘制直线、射线和构造线

在建筑制图中，最常见的、最基本的图形就是各种线。因为，AutoCAD 提供了多种绘制线的命令，用户可以通过执行这些命令绘制各种类型的线。下面分别介绍绘制直线、射线和构造线的方法。

3.2.1　绘制直线

"直线"是各种绘图中最常用、最简单的一类图形对象，只要指定了起点和终点即可绘制一条直线。在 AutoCAD 中，可以用二维坐标(x,y)或三维坐标(x,y,z)来指定直线的端点，也可以混合使用二维坐标和三维坐标。如果输入二维坐标，AutoCAD 将会用当前的高度作为 Z 轴坐标值，默认值为 0。

选择"绘图"|"直线"命令(LINE)，或在"面板"选项板的"二维绘图"选项区域中单击"直线"按钮，就可以绘制直线。

【**练习 3-4**】使用直线命令绘制图 3-7 所示的三菱标记，该图形由 3 个形状相同、边长为 60 的菱形组成。

(1) 选择"绘图"|"直线"命令，或在"面板"选项板的"二维绘图"选项区域中单击"直线"按钮，发出 LINE 命令。

(2) 在"指定第一点:"提示行中输入 A 点坐标(200,150)。

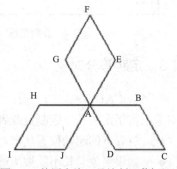

图 3-7　使用直线工具绘制三菱标记

(3) 依次在"指定下一点或[放弃(U)]:"提示行中输入其他点坐标：B(@60,0)、C(@60<-60)和 D(@-60,0)。

(4) 在"指定下一点或[闭合(C)/放弃(U)]:"提示行输入字母 C，然后按 Enter 键即可得到图中菱形 ABCD。

(5) 使用相同的方法绘制图中其他菱形，点的坐标分别为：E(@60<60)、F(@60<120)、G(@-60<60)、H(@-60<0)、I(@-60<60)和 J(@60<0)。

3.2.2　绘制射线

射线为一端固定，另一端无限延伸的直线。选择"绘图"|"射线"命令(RAY)，指定射线的起点和通过点即可绘制一条射线。在 AutoCAD 建筑制图中，射线主要用于绘制辅助线。

指定射线的起点后，可在"指定通过点:"提示下指定多个通过点，绘制以起点为端点的多条射线，直到按 Esc 键或 Enter 键退出为止。

3.2.3　绘制构造线

构造线为两端可以无限延伸的直线，没有起点和终点，可以放置在三维空间的任何地方，主要用于绘制辅助线。选择"绘图"|"构造线"命令(XLINE)，或在"面板"选项板的"二维绘图"选项区域中单击"构造线"按钮 ✐，都可绘制构造线。

【练习 3-5】使用"射线"和"构造线"命令，绘制图 3-8 所示图形中的辅助线。

(1) 选择"绘图"|"构造线"命令，或在"面板"选项板的"二维绘图"选项区域中单击"构造线"按钮 ✐，发出 XLINE 命令。

(2) 在"指定点或[水平(H)/垂直(V)/角度(A)/二等分(B)/偏移(O)]:"提示下输入 H，并在绘图窗口中单击，根据图 3-8 所示绘制一条水平构造线。

(3) 按 Enter 键，结束构造线的绘制命令。

(4) 再次按 Enter 键，重新发出 XLINE 命令。

(5) 在"指定点或[水平(H)/垂直(V)/角度(A)/二等分(B)/偏移(O)]:"提示下输入 V，并在绘图窗口中单击，根据图 3-8 所示绘制一条垂直构造线。

(6) 按 Enter 键，结束构造线绘制命令。

(7) 选择"工具"|"草图设置"命令，打开"草图设置"对话框。选择"极轴追踪"选项卡，并选中"启用极轴追踪"复选框，然后在"增量角"下拉列表框中选择 30，单击"确定"按钮，如图 3-9 所示。

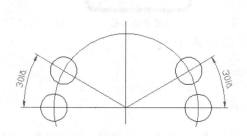

图 3-8　原始图形

图 3-9　"草图设置"对话框

(8) 选择"绘图"|"射线"命令，或在命令行中输入 RAY。

(9) 单击水平构造线与垂直构造线的交点，然后移动光标，当角度显示为 150°时单击，绘制垂直构造线左侧的射线，如图 3-10 所示。

(10) 移动光标，当角度显示为 30°时单击，绘制垂直构造线右侧的射线，如图 3-11 所示。

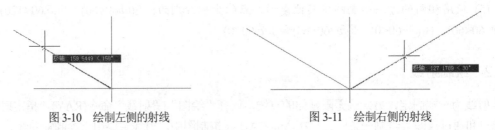

图 3-10　绘制左侧的射线　　　　　　　图 3-11　绘制右侧的射线

(11) 按 Enter 键或 Esc 键结束绘图命令。

(12) 关闭绘图窗口，并保存绘制的图形。

3.3　绘制矩形和正多边形

在 AutoCAD 建筑制图中，矩形和多边形是许多建筑图形的基本图形，如一些生活家具就是由多个矩形和多边形构成的。需要注意的是，矩形和多边形的各边并非单一的对象，它们构成一个单独的对象。

3.3.1　绘制矩形

选择"绘图"|"矩形"命令(RECTANGLE)，或在"面板"选项板的"二维绘图"选项区域中单击"矩形"按钮 ▭，即可绘制出倒角矩形、圆角矩形、有厚度的矩形等多种矩形，如图 3-12 所示。

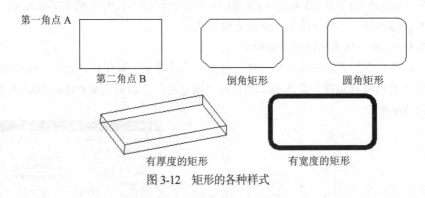

第一角点 A
第二角点 B　　　　倒角矩形　　　　圆角矩形
有厚度的矩形　　　　有宽度的矩形
图 3-12　矩形的各种样式

绘制矩形时，命令行显示如下提示信息。

指定第一个角点或 [倒角(C)/标高(E)/圆角(F)/厚度(T)/宽度(W)]:

默认情况下，通过指定两个点作为矩形的对角点来绘制矩形。当指定了矩形的第一个角点后，命令行显示"指定另一个角点或[面积(A)/尺寸(D)/旋转(R)]:"提示信息，这时可直接指定另一个角点来绘制矩形。也可以选择"面积(A)"选项,通过指定矩形的面积和长度(或宽度)绘制矩形;也可以选择"尺寸(D)"选项,通过指定矩形的长度、宽度和矩形另一角点的方向绘制矩形;也可以选择"旋转(R)"选项,通过指定旋转的角度和拾取两个参考点绘制矩形。该命令提示中其他选项的功能如下。

- "倒角(C)"选项:绘制一个带倒角的矩形,此时需要指定矩形的两个倒角距离。当设定了倒角距离后,仍返回"指定第一个角点或[倒角(C)/标高(E)/圆角(F)/厚度(T)/宽度(W)]:"提示,提示用户完成矩形绘制。
- "标高(E)"选项:指定矩形所在的平面高度。默认情况下,矩形在 XY 平面内。该选项一般用于三维绘图。
- "圆角(F)"选项:绘制一个带圆角的矩形,此时需要指定矩形的圆角半径。
- "厚度(T)"选项:按已设定的厚度绘制矩形,该选项一般用于三维绘图。
- "宽度(W)"选项:按已设定的线宽绘制矩形,此时需要指定矩形的线宽。

【练习 3-6】绘制图 3-13 所示的双人沙发。

(1) 选择"绘图"|"矩形"命令,或在"面板"选项板的"二维绘图"选项区域中单击"矩形"按钮 ▭。

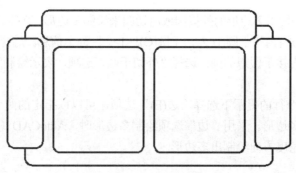

图 3-13 绘制双人沙发

(2) 在"指定第一个角点或[倒角(C)/标高(E)/圆角(F)/厚度(T)/宽度(W)]:"提示下,按下 F 键并按 Enter 键。在"指定矩形的圆角半径<0.0000>"提示下,输入 40 并按 Enter 键。然后在屏幕上单击一点,作为矩形的第一角点。在"指定另一个角点或[面积(A)/尺寸(D)/旋转(R)]:"提示下,输入(@1210,160)并按 Enter 键,绘制出第一个圆角矩形。

(3) 直接按 Enter 键,再次发出 RECTANGLE 命令。"指定第一个角点或[倒角(C)/标高(E)/圆角(F)/厚度(T)/宽度(W)]:"提示下,单击"对象捕捉"工具栏上的"捕捉自"按钮 ⌐,在"from:基点"提示下单击圆角矩形底边的中心,然后在"<偏移>:"提示下输入相对坐标(@-540,-40),按 Enter 键确认。在"指定另一个角点或[面积(A)/尺寸(D)/旋转(R)]:"提示下,输入相对坐标(@510,-580),完成第二个矩形的绘制,结果如图 3-14 所示。

(4) 重复步骤(3),绘制出另外 4 个矩形,结果如图 3-15 所示。

(5) 选择"修改"|"修剪"命令,修剪掉矩形中不必要的直线,即可得到图 3-13 所示的双人沙发。

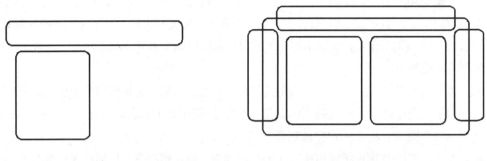

图 3-14　绘制两个矩形　　　　　　　　　　　图 3-15　绘制剩余的矩形

3.3.2　绘制正多边形

选择"绘图"|"正多边形"命令(POLYGON)，或在"面板"选项板的"二维绘图"选项区域中单击"正多边形"按钮 ⬠，可以绘制边数为 3~1024 的正多边形。指定了正多边形的边数后，其命令行显示如下提示信息。

> 指定正多边形的中心点或 [边(E)]:

默认情况下，可以使用多边形的外接圆或内切圆来绘制多边形。当指定多边形的中心点后，命令行显示"输入选项 [内接于圆(I)/外切于圆(C)] <I>:"提示信息。选择"内接于圆"选项，表示绘制的多边形将内接于假想的圆；选择"外切于圆"选项，表示绘制的多边形外切于假想的圆。

此外，如果在命令行的提示下选择"边(E)"选项，可以以指定的两个点作为多边形一条边的两个端点来绘制多边形。采用"边"选项绘制多边形时，AutoCAD 总是从第 1 个端点到第 2 个端点，沿当前角度方向绘制出多边形。

3.4　绘制圆、圆弧、椭圆和椭圆弧

在 AutoCAD 2008 中，圆、圆弧、椭圆和椭圆弧都属于曲线对象，其绘制方法相对线性对象要复杂一些，但方法也比较多。

3.4.1　绘制圆

选择"绘图"|"圆"命令中的子命令，或在"面板"选项板的"二维绘图"选项区域中单击"圆"按钮 ⊙ 即可绘制。在 AutoCAD 2008 中，可以使用 6 种方法绘制圆，如图 3-16 所示。

如果在命令提示要求后输入半径或者直径时所输入的值无效，如英文字母、负值等，系统将显示"需要数值距离或第二点""值必须为正且非零"等信息，并提示重新输入值或者退出该命令。

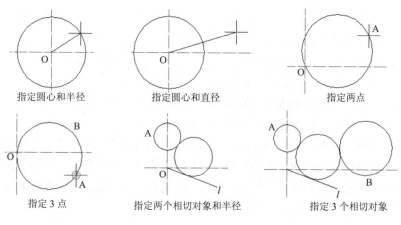

指定圆心和半径　　　　　　　指定圆心和直径　　　　　　　　　指定两点

指定 3 点　　　　　　　指定两个相切对象和半径　　　　　　指定 3 个相切对象

图 3-16　圆的 6 种绘制方法

注意：

使用"相切、相切、半径"命令时，系统总是在距拾取点最近的部位绘制相切的圆。因此，拾取相切对象时，拾取的位置不同，得到的结果可能也不相同，如图 3-17 所示。

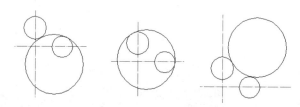

图 3-17　使用"相切、相切、半径"命令绘制圆时产生的不同效果

3.4.2　绘制圆弧

选择"绘图"|"圆弧"命令中的子命令，或在"面板"选项板的"二维绘图"选项区域中单击"圆弧"按钮 ，即可绘制圆弧。在 AutoCAD 2008 中，圆弧的绘制方法有 11 种，相应命令的功能如下。

- 三点：给定的 3 个点绘制一段圆弧，需要指定圆弧的起点、通过的第 2 个点和端点。
- 起点、圆心、端点：指定圆弧的起点、圆心和端点绘制圆弧。
- 起点、圆心、角度：指定圆弧的起点、圆心和角度绘制圆弧。此时，需要在"指定包含角:"提示下输入角度值。如果当前环境设置逆时针为角度方向，并输入正的角度值，则所绘制的圆弧是从起始点绕圆心沿逆时针方向绘出；如果输入负角度值，则沿顺时针方向绘制圆弧。
- 起点、圆心、长度：指定圆弧的起点、圆心和弦长绘制圆弧。此时，所给定的弦长不得超过起点到圆心距离的两倍。另外，在命令行的"指定弦长:"提示下，所输入的值如果为负值，则该值的绝对值将作为对应整圆的空缺部分圆弧的弦长。
- 起点、端点、角度：指定圆弧的起点、端点和角度绘制圆弧。
- 起点、端点、方向：指定圆弧的起点、端点和方向绘制圆弧。当命令行显示"指定圆弧的起点切向:"提示时，可以拖动鼠标动态地确定圆弧在起始点处的切线方向与水平方向的夹角。拖动鼠标时，AutoCAD 会在当前光标与圆弧起始点之间形成一条橡皮筋线，此橡皮筋线即为圆弧在起始点处的切线。拖动鼠标确定圆弧在起始点处的切线方向后，单击拾取键即可得到相应的圆弧。

- 起点、端点、半径：指定圆弧的起点、端点和半径绘制圆弧。
- 圆心、起点、端点：指定圆弧的圆心、起点和端点绘制圆弧。
- 圆心、起点、角度：指定圆弧的圆心、起点和角度绘制圆弧。
- 圆心、起点、长度：指定圆弧的圆心、起点和长度绘制圆弧。
- 继续：选择该命令，在命令行的“指定圆弧的起点或[圆心(C)]:”提示下直接按 Enter 键，系统将以最后一次绘制的线段或圆弧过程中确定的最后一点作为新圆弧的起点，以最后所绘线段方向或圆弧终止点处的切线方向为新圆弧在起始点处的切线方向，然后再指定一点，就可以绘制出一个圆弧。

【练习 3-7】绘制图 3-18 所示的一个 400m 标准跑道。径赛场地 400m 跑道弯道半径应为 37.898m，弯道圆心的距离为 80m(采用毫米为单位)。

图 3-18　标准跑道示意图

(1) 单击“直线”按钮，在命令行提示下指定第 1 点的绝对坐标为(0, 0)，指定第 2 点的绝对坐标为(8000, 0)，然后按下回车键绘制一条直线。

(2) 再次执行 Line 命令，绘制绝对坐标为第 3 点(0, 75796)和第 4 点(80000, 75796)的直线。绘制方法与步骤(1)相同，在此不再赘述。

(3) 选择“工具”|“草图设置”命令，在草图设置对话框的“对象捕捉”选项卡中确保“启用对象捕捉”复选框和“端点”捕捉方式这两项被选择，单击“确定”按钮。

(4) 单击“圆弧”按钮，在命令行提示下：捕捉图 3-18 所示直线 34 的端点 3；输入 E 采用端点方式，并捕捉直线 12 的端点 1；输入 R 采用半径方式绘制，指定圆弧的半径为 37898。

(5) 按 Enter 键，绘制出图 3-18 所示左边的圆弧。同样的方法，绘制右圆弧。

提示：
绘制右圆弧的选点顺序为 2、4，沿系统默认的逆时针方向选点，否则绘制的是另一方向的一段弧线。

3.4.3　绘制椭圆

选择“绘图”|“椭圆”子菜单中的命令，或在“面板”选项板的“二维绘图”选项区域中单击“椭圆”按钮 ⬭，即可绘制椭圆，如图 3-19 所示。可以选择“绘图”|“椭圆”|“中心点”命令，指定椭圆中心、一个轴的端点(主轴)以及另一个轴的半轴长度绘制椭圆；也可以选择“绘图”|“椭圆”|“轴、端点”命令，指定一个轴的两个端点(主轴)和另一个轴的半轴长度绘制椭圆。

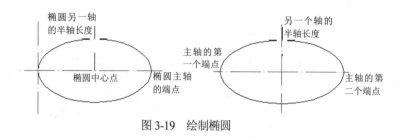

图 3-19　绘制椭圆

3.4.4　绘制椭圆弧

在 AutoCAD 2008 中，椭圆弧的绘图命令和椭圆的绘图命令都是 ELLIPSE，但命令行的提示不同。选择"绘图" | "椭圆" | "圆弧"命令，或在"面板"选项板的"二维绘图"选项区域中单击"椭圆弧"按钮 ，都可绘制椭圆弧，此时命令行的提示信息如下。

> 指定椭圆的轴端点或 [圆弧(A)/中心点(C)]: _a
> 指定椭圆弧的轴端点或 [中心点(C)]:

从"指定椭圆弧的轴端点或 [中心点(C)]:"提示开始，后面的操作就是确定椭圆形状的过程，与前面介绍的绘制椭圆的过程完全相同。确定椭圆形状后，将出现如下提示信息。

> 指定起始角度或 [参数(P)]:

该命令提示中的选项功能如下。

- "指定起始角度"选项：通过给定椭圆弧的起始角度来确定椭圆弧。命令行将显示"指定终止角度或[参数(P)/包含角度(I)]:"提示信息。其中，选择"指定终止角度"选项，要求给定椭圆弧的终止角，用于确定椭圆弧另一端点的位置；选择"包含角度"选项，使系统根据椭圆弧的包含角来确定椭圆弧。选择"参数(P)"选项，将通过参数确定椭圆弧另一个端点的位置。

- "参数(P)"选项：通过指定的参数来确定椭圆弧。命令行将显示"指定起始参数或 [角度(A)]:"提示。其中，选择"角度"选项，切换到用角度来确定椭圆弧的方式；如果输入参数即执行默认项，系统将使用公式 $P(n) = c + a \times \cos (n) + b \times \sin(n)$ 来计算椭圆弧的起始角。其中，n 是输入的参数，c 是椭圆弧的半焦距，a 和 b 分别是椭圆的长半轴与短半轴的轴长。

注意:

系统变量 PELLIPSE 决定椭圆的类型。当该变量为 0(即默认值)时，所绘制的椭圆是由 NURBS 曲线表示的真椭圆。将该变量设置为 1 时，所绘制的椭圆是由多段线近似表示的椭圆，调用 ELLIPSE 命令后没有"圆弧"选项。

【练习 3-8】绘制图 3-20 所示的洗脸池。

(1) 在"面板"选项板的"二维绘图"选项区域中单击"椭圆"按钮 ，绘制一个以点(0,0)为中心点、点(210,0)为轴端点、另一条半轴长度为 130 的椭圆，结果如图 3-21 所示。

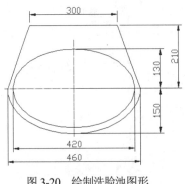

图 3-20　绘制洗脸池图形

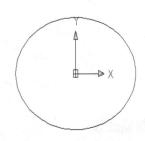

图 3-21　绘制椭圆

(2) 在"面板"选项板的"二维绘图"选项区域中单击"椭圆弧"按钮 ⟲，在以点(0,0)为中心点、点(230,0)为轴端点、另一条半轴长度为 150 的椭圆上，绘制一段起始角度为 180°，终止角度为 0° 的椭圆弧，结果如图 3-22 所示。

(3) 在"面板"选项板的"二维绘图"选项区域中单击"直线"按钮 ✎，绘制过点(-230,0)、(-150,210)、(@300,0)和(230,0)的直线，结果如图 3-23 所示。

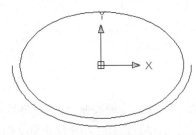

图 3-22　绘制椭圆弧

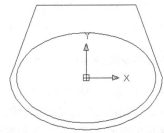

图 3-23　绘制直线

3.5　绘制与编辑多线

多线是一种由多条平行线组成的组合对象，平行线之间的间距和数目是可以调整的。多线常用于绘制建筑平面图形中的墙体、道路等平行线对象。

3.5.1　绘制多线

选择"绘图"|"多线"命令，或在命令行输入 MLINE 命令，可以绘制多线。执行 MLINE命令后，命令行显示如下提示信息：

```
当前的设置：对正=上，比例=20.00，样式=STANDARD
指定起点或 [对正(J)/比例(S)/样式(ST)]:
```

在该提示信息中，第一行说明当前的绘图格式：对正方式为上，比例为 20.00，多线样式为标准型(STANDARD)；第二行为绘制多线时的选项，各选项意义如下。

● 对正(J)：指定多线的对正方式。此时命令行显示"输入对正类型[上(T)/无(Z)/下(B)] <上>:"提示信息。"上(T)"选项表示当从左向右绘制多线时，多线上最顶端的线将随着光标移动；"无(Z)"选项表示绘制多线时，多线的中心线将随着光标点移动；"下

（B）"选项表示当从左向右绘制多线时，多线上最底端的线将随着光标移动。

- 比例(S)：指定所绘制的多线的宽度相对于多线的定义宽度的比例因子，该比例不影响多线的线型比例。
- 样式(ST)：指定绘制的多线的样式，默认为标准(STANDARD)型。当命令行显示"输入多线样式名或[?]:"提示信息时，可以直接输入已有的多线样式名，也可以输入"？"，显示已定义的多线样式。

【练习3-9】绘制图3-24所示的人行道。

(1) 选择"绘图"|"多线"命令，发出 MLINE 命令。

(2) 在"指定起点或[对正(J)/比例(S)/样式(ST)]:"提示下输入 S，然后在"输入多线比例 <20.00>:"提示下输入 10。

(3) 在"指定起点或[对正(J)/比例(S)/样式(ST)]:"提示下，任意单击绘图窗口中的一点作为起点。

(4) 依次在"指定下一点:"提示下输入相对坐标(@60,0)，确定多线的长度，然后按 Enter 键结束命令。

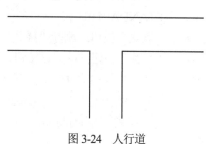

图 3-24　人行道

(5) 再次发出 MLINE 命令，绘制以上一条多线的中点为起点，下一点的相对坐标为(@0,-30)的多线，结果如图 3-25 所示。

(6) 选择"修改"|"对象"|"多线"命令，打开"多线编辑工具"对话框，如图 3-26 所示。

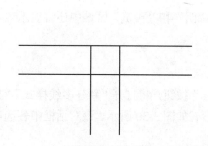

图 3-25　绘制两条多线

图 3-26　"多线编辑工具"对话框

(7) 在该对话框中选择"T 形打开"图标，然后依次选择垂直的多线和水平的多线，按 Enter 键结束操作，最终效果如图 3-24 所示。

3.5.2　使用"多线样式"对话框

选择"格式"|"多线样式"命令(MLSTYLE)，打开"多线样式"对话框，如图 3-27 所示。用户可以根据需要创建多线样式，设置其线条数目和线的拐角方式。该对话框中各选项的功能如下。

- "样式"列表框：显示已经加载的多线样式。

图 3-27　"多线样式"对话框

- "置为当前"按钮：在"样式"列表中选择需要使用的多线样式后，单击该按钮，可以将其设置为当前样式。
- "新建"按钮：单击该按钮，打开"创建新的多线样式"对话框，可以创建新多线样式，如图 3-28 所示。
- "修改"按钮：单击该按钮，打开"修改多线样式"对话框，可以修改创建的多线样式。
- "重命名"按钮：重命名"样式"列表中选中的多线样式名称，但不能重命名标准(STANDARD)样式。
- "删除"按钮：删除"样式"列表中选中的多线样式。
- "加载"按钮：单击该按钮，打开"加载多线样式"对话框，如图 3-29 所示。可以从中选取多线样式并将其加载到当前图形中，也可以单击"文件"按钮，打开"从文件加载多线样式"对话框，选择多线样式文件。默认情况下，AutoCAD 2008 提供的多线样式文件为 acad.mln。

图 3-28　"创建新的多线样式"对话框　　　　图 3-29　"加载多线样式"对话框

- "保存"按钮：打开"保存多线样式"对话框，可以将当前的多线样式保存为一个多线文件(*.mln)。

此外，当选中一种多线样式后，在对话框的"说明"和"预览"区域中还将显示该多线样式的说明信息和样式预览。

3.5.3　创建多线样式

在"创建新的多线样式"对话框中，单击"继续"按钮，将打开"新建多线样式"对话框，可以创建新多线样式的封口、填充、元素特性等内容，如图 3-30 所示。该对话框中各选项的功能如下。

图 3-30　"新建多线样式"对话框

- "说明"文本框：用于输入多线样式的说明信息。当在"多线样式"列表中选中多线时，说明信息将显示在"说明"区域中。
- "封口"选项区域：用于控制多线起点和端点处的样式。可以为多线的每个端点选择一条直线或弧线，并输入角度。其中，"直线"穿过整个多线的端点，"外弧"连接最外层元素的端点，"内弧"连接成对元素，如果有奇数个元素，则中心线不相连，如图 3-31 所示。
- "填充"选项区域：用于设置是否填充多线的背景。可以从"填充颜色"下拉列表框中选择所需的填充颜色作为多线的背景。如果不使用填充色，则在"填充颜色"下拉列表框中选择"无"选项即可。
- "显示连接"复选框：选中该复选框，可以在多线的拐角处显示连接线，否则不显示，如图 3-32 所示。

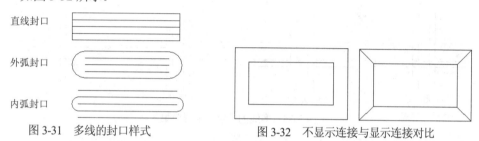

图 3-31　多线的封口样式　　　　　　　　图 3-32　不显示连接与显示连接对比

- "图元"选项区域：可以设置多线样式的元素特性，包括多线的线条数目、每条线的颜色和线型等特性。其中，"图元"列表框中列举了当前多线样式中各线条元素及其特性，包括线条元素相对于多线中心线的偏移量、线条颜色和线型。如果要增加多线中线条的数目，可单击"添加"按钮，在"图元"列表中将加入一个偏移量为 0 的新线条元素；通过"偏移"文本框设置线条元素的偏移量；在"颜色"下拉列表框中设置当前线条的颜色；单击"线型"按钮，使用打开的"线型"对话框设置线元素的线型。如果要删除某一线条，可在"图元"列表框中选中该线条元素，然后单击"删除"按钮即可。

3.5.4　修改多线样式

在"多线样式"对话框中单击"修改"按钮，使用打开的"修改多线样式"对话框可以修改创建的多线样式。"修改多线样式"对话框与"创建新的多线样式"对话框中的内容完全相同，用户可参照创建多线样式的方法对多线样式进行修改。

3.5.5　编辑多线

多线编辑命令是一个专用于多线对象的编辑命令，选择"修改"|"对象"|"多线"命令，可打开"多线编辑工具"对话框。该对话框中的各个图像按钮形象地说明了编辑多线的方法，如图 3-33 所示。

使用 3 种十字型工具、、可以消除各种相交线，如图 3-34 所示。当选择十字型中的某种工具后，还需要选取两条多线，AutoCAD 总是切断所选的第一条多线，并根据所选工具切断第二条多线。在使用"十字合并"工具时可以生成配对元素的直角，如果没有配对元素，则多线将不被切断。

图 3-33 "多线编辑工具"对话框

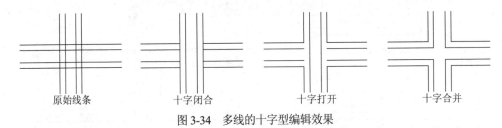

图 3-34 多线的十字型编辑效果

使用 T 字型工具 、、和角点结合工具 也可以消除相交线，如图 3-35 所示。此外，角点结合工具还可以消除多线一侧的延伸线，从而形成直角。使用该工具时，需要选取两条多线，只需在要保留的多线某部分上拾取点，AutoCAD 就会将多线剪裁或延伸到它们的相交点。

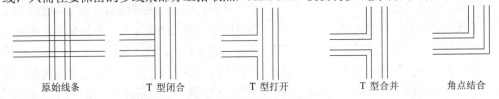

图 3-35 多线的 T 型编辑效果

使用添加顶点工具 可以为多线增加若干顶点，使用删除顶点工具 可以从包含 3 个或更多顶点的多线上删除顶点，若当前选取的多线只有两个顶点，那么该工具将无效。

使用剪切工具 、可以切断多线。其中，"单个剪切"工具 用于切断多线中的一条，只需简单地拾取要切断的多线某一元素上的两点，则这两点中的连线即被删除(实际上是不显示)；"全部剪切"工具 用于切断整条多线。

此外，使用"全部接合"工具 可以重新显示所选两点间的任何切断部分。

【练习 3-10】绘制图 3-36 所示的房屋平面图的墙体结构。

(1) 选择"视图"|"缩放"|"中心点"命令，在命令行输入(7000,4000)，设置视图中心点。

(2) 在"面板"选项板的"二维绘图"选项区域中单击"直线"按钮 ，绘制水平直线 a、b、c 和 d，其间距分别为 1300、2350 和 2950；绘制垂直直线 e、f、g、h、i 和 j，其间距分别为 2000、3200、2000、4200 和 1500，可以通过偏移绘制这些直线，结果如图 3-37 所示。

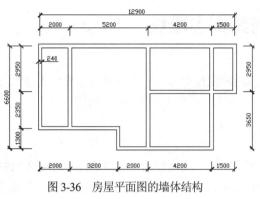

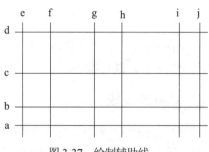

图 3-36　房屋平面图的墙体结构　　　　　图 3-37　绘制辅助线

(3) 选择"绘图"|"多线"命令，并在命令行输入 J，再输入 Z，将对正方式设置为"无"。

(4) 在命令行输入 S，再输入 240，将多线比例设置为 240，然后单击直线的起点和端点绘制多线，如图 3-38 所示。

(5) 选择"修改"|"对象"|"多线"命令，打开"多线编辑工具"对话框，单击该对话框中的"角点结合"工具 ⌐，然后单击"确定"按钮。

(6) 参照图 3-39 所示对绘制的多线修直角。

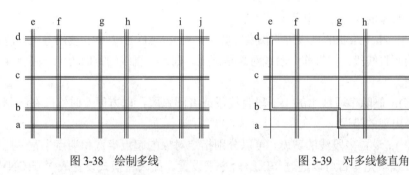

图 3-38　绘制多线　　　　　　　　　图 3-39　对多线修直角

(7) 在"多线编辑工具"对话框中单击"T 形打开"工具 ⊤，参照图 3-40 所示对多线修 T 形。

(8) 在"多线编辑工具"对话框中单击"十字合并"工具 ⊞，参照图 3-41 所示对 i 和 c 处的多线进行十字合并。

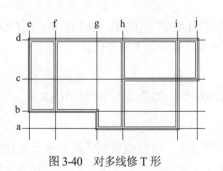

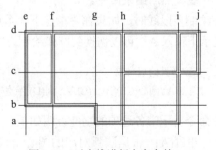

图 3-40　对多线修 T 形　　　　　　　图 3-41　对多线进行十字合并

(9) 选择绘制的所有直线，按 Delete 键删除即可得到图 3-36 所示的图形。

(10) 关闭绘图窗口，并保存图形。

3.6　绘制与编辑多段线

在 AutoCAD 中，"多段线"是一种非常有用的线段对象，它是由多段直线段或圆弧段组成的一个组合体，既可以一起编辑，也可以分别编辑，还可以具有不同的宽度。

3.6.1　绘制多段线

选择"绘图" | "多段线"命令(PLINE)或在"面板"选项板的"二维绘图"选项区域中单击"多段线"按钮 ，可以绘制多段线。执行 PLINE 命令，并在绘图窗口中指定了多段线的起点后，命令行显示如下提示信息。

> 指定下一个点或[圆弧(A)/闭合(C)/半宽(H)/长度(L)/放弃(U)/宽度(W)]:

默认情况下，当指定了多段线另一端点的位置后，将从起点到该点绘出一段多段线。该命令提示中其他选项的功能如下。

- 圆弧(A)：从绘制直线方式切换到绘制圆弧方式。
- 半宽(H)：设置多段线的半宽度，即多段线的宽度等于输入值的 2 倍。其中，可以分别指定对象的起点半宽和端点半宽。
- 长度(L)：指定绘制的直线段的长度。此时，AutoCAD 将以该长度沿着上一段直线的方向绘制直线段。如果前一段线对象是圆弧，则该段直线的方向为上一圆弧端点的切线方向。
- 放弃(U)：删除多段线上的上一段直线段或者圆弧段，以方便及时修改在绘制多段线过程中出现的错误。
- 宽度(W)：设置多段线的宽度，可以分别指定对象的起点半宽和端点半宽。具有宽度的多段线填充与否可以通过 FILL 命令来设置。如果将模式设置成"开(ON)"，则绘制的多段线是填充的；如果将模式设置成"关(OFF)"，则所绘制的多段线是不填充的。
- 闭合(C)：封闭多段线并结束命令。此时，系统将以当前点为起点，以多段线的起点为端点，以当前宽度和绘图方式(直线方式或者圆弧方式)绘制一段线段，以封闭该多段线，然后结束命令。

在绘制多段线时，如果在"指定下一个点或[圆弧(A)/半宽(H)/长度(L)/放弃(U)/宽度(W)]:"命令提示下输入 A，可以切换到圆弧绘制方式，命令行显示如下提示信息。

> 指定圆弧的端点或
> [角度(A)/圆心(CE)/闭合(CL)/方向(D)/半宽(H)/直线(L)/半径(R)/第二个点(S)/放弃(U)/宽度(W)]:

该命令提示中各选项的功能说明如下。

- 角度(A)：根据圆弧对应的圆心角来绘制圆弧段。选择该选项后需要在命令行提示下输入圆弧的包含角。圆弧的方向与角度的正负有关，同时也与当前角度的测量方向有关。
- 圆心(CE)：根据圆弧的圆心位置来绘制圆弧段。选择该选项，需要在命令行提示下指定圆弧的圆心。当确定了圆弧的圆心位置后，可以再指定圆弧的端点、包含角或对应弦长中的一个条件来绘制圆弧。

- 闭合(CL)：根据最后点和多段线的起点为圆弧的两个端点绘制一个圆弧，以封闭多段线。闭合后，将结束多段线绘制命令。
- 方向(D)：根据起始点处的切线方向来绘制圆弧。选择该选项，可通过输入起始点方向与水平方向的夹角来确定圆弧的起点切向。也可以在命令行提示下确定一点，系统将把圆弧的起点与该点的连线作为圆弧的起点切向。当确定了起点切向后，再确定圆弧另一个端点即可绘制圆弧。
- 半宽(H)：设置圆弧起点的半宽度和终点的半宽度。
- 直线(L)：将多段线命令由绘制圆弧方式切换到绘制直线的方式。此时将返回到"指定下一个点或[圆弧(A)/半宽(H)/长度(L)/放弃(U)/宽度(W)]："提示。
- 半径(R)：可根据半径来绘制圆弧。选择该选项后，需要输入圆弧的半径，并通过指定端点和包含角中的一个条件来绘制圆弧。
- 第二个点(S)：可根据 3 点来绘制一个圆弧。
- 放弃(U)：取消上一次绘制的圆弧。
- 宽度(W)：设置圆弧的起点宽度和终点宽度。

【练习 3-11】使用"多段线"命令绘制图 3-42 所示的沙发平面图。

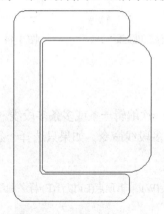

图 3-42　绘制沙发平面图

(1) 在"面板"选项板的"二维绘图"选项区域中单击"多段线"按钮 🖵，发出 PLINE 命令。

(2) 在命令行的"指定起点:"提示下，单击屏幕上的任意一点作为多段线的起点。在"指定下一个点或 [圆弧(A)/半宽(H)/长度(L)/放弃(U)/宽度(W)]:"提示下水平向左移动光标，输入 430 并按下 Enter 键，绘制一条直线段。

(3) 在"指定下一个点或 [圆弧(A)/半宽(H)/长度(L)/放弃(U)/宽度(W)]:"提示下输入 A，开始绘制圆弧。在"指定圆弧的端点或[角度(A)/圆心(CE)/闭合(CL)/方向(D)/半宽(H)/直线(L)/半径(R)/第二个点(S)/放弃(U)/宽度(W)]:"提示下，直接输入圆弧终点相对于起点的坐标(@-50,50)并按 Enter 键，绘制一段圆弧。

(4) 在"指定圆弧的端点或[角度(A)/圆心(CE)/闭合(CL)/方向(D)/半宽(H)/直线(L)/半径(R)/第二个点(S)/放弃(U)/宽度(W)]:"提示下输入 L，重新开始绘制直线。在"指定下一个点或[圆弧(A)/半宽(H)/长度(L)/放弃(U)/宽度(W)]:"提示下垂直向上移动光标，然后输入 740 并按 Enter

键，绘制一条垂直的直线，如图 3-43 所示。

(5) 重复步骤(3)和(4)，根据图 3-42 所示依次绘制出沙发外层中其他的圆弧和直线。

(6) 在命令行的"指定下一点或 [圆弧(A)/闭合(C)/半宽(H)/长度(L)/放弃(U)/宽度(W)]:"提示下按 A 键并按 Enter 键。在"指定圆弧的端点或[角度(A)/圆心(CE)/闭合(CL)/方向(D)/半宽(H)/直线(L)/半径(R)/第二个点(S)/放弃(U)/宽度(W)]:"提示下输入 CL 并按 Enter 键，使圆弧闭合并结束命令，结果如图 3-44 所示。

(7) 再次发出 PLINE 命令，根据图 3-42 所示绘制沙发的内层部分，最终效果如图 3-42 所示。

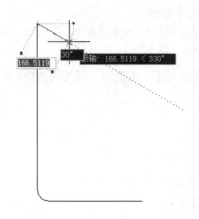

图 3-43　绘制多段线中的直线和圆弧

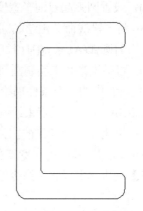

图 3-44　绘制沙发外层

3.6.2　编辑多段线

在 AutoCAD 2008 中，可以一次编辑一条或多条多段线。选择"修改"|"对象"|"多段线"命令(PEDIT)，调用编辑二维多段线命令。如果只选择一条多段线，命令行显示如下提示信息。

> 输入选项[闭合(C)/合并(J)/宽度(W)/编辑顶点(E)/拟合(F)/样条曲线(S)/非曲线化(D)/线型生成(L)/放弃(U)]:

如果选择多条多段线，命令行则显示如下提示信息。

> 输入选项[闭合(C)/打开(O)/合并(J)/宽度(W)/拟合(F)/样条曲线(S)/非曲线化(D)/线型生成(L)/放弃(U)]:

编辑多段线时，命令行中主要选项的功能如下。

- 闭合(C)：封闭所编辑的多段线，自动以最后一段的绘图模式(直线或者圆弧)连接原多段线的起点和终点。
- 合并(J)：将直线段、圆弧或者多段线连接到指定的非闭合多段线上。如果编辑的是多个多段线，系统将提示输入合并多段线的允许距离；如果编辑的是单个多段线，系统将连续选取首尾连接的直线、圆弧和多段线等对象，并将它们连成一条多段线。选择该选项时，要连接的各相邻对象必须在形式上彼此首尾相连。
- 宽度(W)：重新设置所编辑的多段线的宽度。当输入新的线宽值后，所选的多段线均变成该宽度。
- "编辑顶点(E)"选项：编辑多段线的顶点，只能对单个的多段线进行操作。

　　在编辑多段线的顶点时，系统将在屏幕上使用小叉标记出多段线的当前编辑点，命令行显示如下提示信息。

输入顶点编辑选项
[下一个(N)/上一个(P)/打断(B)/插入(I)/移动(M)/重生成(R)/拉直(S)/切向(T)/宽度(W)/ 退出(X)] <N>:

该提示中各选项的含义如下。
- 打断(B)：删除多段线上指定两顶点之间的线段。
- 插入(I)：在当前编辑的顶点后面插入一个新的顶点，只需要确定新顶点的位置即可。
- 移动(M)：将当前的编辑顶点移动到新位置，需要指定标记顶点的新位置。
- 重生成(R)：重新生成多段线，常与"宽度"选项连用。
- 拉直(S)：拉直多段线中位于指定两个顶点之间的线段。
- 切向(T)：改变当前所编辑顶点的切线方向。可以直接输入表示切线方向的角度值。也可以确定一点，之后系统将以多段线上的当前点与该点的连线方向作为切线方向。
- 宽度(W)：修改多段线中当前编辑顶点之后的那条线段的起始宽度和终止宽度。
- 拟合(F)：采用双圆弧曲线拟合多段线的拐角，如图 3-45 所示。

图 3-45　用曲线拟合多段线的前后效果

- 样条曲线(S)：用样条曲线拟合多段线，且拟合时以多段线的各顶点作为样条曲线的控制点，如图 3-46 所示。

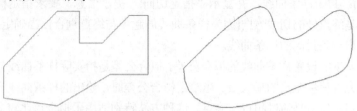

图 3-46　用样条曲线拟合多段线的前后效果

　　由上图可以看出，"样条曲线(S)"选项与"拟合(F)"选项生成的曲线有很大区别，而这两种曲线与用 SPLINE 命令创建的真实 B 样条曲线是有所不同的。
- 非曲线化(D)：删除在执行"拟合"或者"样条曲线"选项操作时插入的额外顶点，并拉直多段线中的所有线段，同时保留多段线顶点的所有切线信息。
- 线型生成(L)：设置非连续线型多段线在各顶点处的绘线方式。选择该选项，命令行将显示"输入多段线线型生成选项[开(ON)/关(OFF)] <关>:"提示信息。当选择 ON 时，多段线以全长绘制线型；当选择 OFF 时，多段线的各个线段独立绘制线型，当长度不足以表达线型时，以连续线代替。

- 放弃(U)：取消 PEDIT 命令的上一次操作。用户可重复使用该选项。

3.7 绘制与编辑样条曲线

样条曲线是一种通过或接近指定点的拟合曲线。在 AutoCAD 中，样条曲线类似于其他绘图软件中的贝塞尔曲线，主要用于创建形状不规则的曲线，用户可以通过相应的命令控制曲线与点的拟合程度。

3.7.1 绘制样条曲线

选择"绘图" | "样条曲线"命令(SPLINE)，或在"面板"选项板的"二维绘图"选项区域中单击"样条曲线"按钮 ∼，即可绘制样条曲线。此时，命令行将显示"指定第一个点或[对象(O)]:"提示信息。当选择"对象(O)"时，可以将多段线编辑得到的二次或者三次拟合样条曲线转换成等价的样条曲线。默认情况下，可以指定样条曲线的起点，然后在指定样条曲线上的另一个点后，系统将显示如下提示信息。

> 指定下一点或 [闭合(C)/拟合公差(F)] <起点切向>:

可以通过继续定义样条曲线的控制点创建样条曲线，也可以使用其他选项，其功能如下。

- 起点切向：在完成控制点的指定后按 Enter 键，要求确定样条曲线在起始点处的切线方向，同时在起点与当前光标点之间出现一根橡皮筋线，表示样条曲线在起点处的切线方向。如果在"指定起点切向:"提示下移动鼠标，样条曲线在起点处的切线方向的橡皮筋线也会随着光标点的移动发生变化，同时样条曲线的形状也发生相应的变化。可在该提示下直接输入表示切线方向的角度值，或者通过移动鼠标的方法来确定样条曲线起点处的切线方向，即单击拾取一点，以样条曲线起点到该点的连线作为起点的切向。当指定了样条曲线在起点处的切线方向后，还需要指定样条曲线终点处的切线方向。
- 闭合(C)：封闭样条曲线，并显示"指定切向:"提示信息，要求指定样条曲线在起点同时也是终点处的切线方向(因为样条曲线的起点与终点重合)。当确定了切线方向后，即可绘出一条封闭的样条曲线。
- 拟合公差(F)：设置样条曲线的拟合公差。拟合公差是指实际样条曲线与输入的控制点之间所允许偏移距离的最大值。当给定拟合公差时，绘出的样条曲线不会全部通过各个控制点，但总是通过起点与终点。这种方法特别适用于拟合点比较多的情况。当输入了拟合公差值后，又返回"指定下一点或[闭合(C)/拟合公差(F)] <起点切向>:"提示，可根据前面介绍的方法绘制样条曲线，不同的是该样条曲线不再全部通过除起点和终点外的各个控制点。

3.7.2 编辑样条曲线

选择"修改" | "对象" | "样条曲线"命令(SPLINEDIT)，就可以编辑选中的样条曲线。样条曲线编辑命令是一个单对象编辑命令，一次只能编辑一条样条曲线对象。执行该命令并选择需要编辑的样条曲线后，在曲线周围将显示控制点，同时命令行显示如下提示信息。

输入选项 [拟合数据(F)/闭合(C)/移动顶点(M)/精度(R)/反转(E)/放弃(U)]:

可以选择某一编辑选项来编辑样条曲线，主要选项的功能如下。

- 拟合数据(F)：编辑样条曲线所通过的某些控制点。选择该选项后，样条曲线上各控制点的位置均会出现一小方格，且显示如下提示信息。

输入拟合数据选项[添加(A)/闭合(C)/删除(D)/移动(M)/清理(P)/相切(T)/公差(L)/退出(X)] <退出>:

此时，可以通过选择以下拟合数据选项来编辑样条曲线。

- 添加(A)：为样条曲线添加新的控制点。
- 删除(D)：删除样条曲线控制点集中的一些控制点。
- 移动(M)：移动控制点集中点的位置。
- 清理(P)：从图形数据库中清除样条曲线的拟合数据。
- 相切(T)：修改样条曲线在起点和端点的切线方向。
- 公差(L)：重新设置拟合公差的值。

- 移动顶点(M)：移动样条曲线上的当前控制点。与"拟合数据"选项中的"移动"子选项的含义相同。
- 精度(R)：对样条曲线的控制点进行细化操作，此时命令行显示如下提示信息。

输入精度选项 [添加控制点(A)/提高阶数(E)/权值(W)/退出(X)] <退出>:

精度选项包括以下选项。

- 添加控制点(A)：增加样条曲线的控制点。在命令提示下选取样条曲线上的某个控制点，以两个控制点代替，且新点与样条曲线更加逼近。
- 提高阶数(E)：控制样条曲线的阶数，阶数越高控制点越多，样条曲线越光滑，AutoCAD 2008 允许的最大阶数值是 26。
- 权值(W)：改变控制点的权值。
- 反转(E)：使样条曲线的方向相反。

3.8 绘制修订云线

在 AutoCAD 2008 中，检查或用有色线条标注图形时可以使用修订云线功能标记，以提高工作效率。

选择"绘图" | "修订云线"命令(REVCLOUD)，或在"面板"选项板的"二维绘图"选项区域中单击"修订云线"按钮 🖫，可以绘制一个云彩形状的图形，它是由连续圆弧组成的多段线。当执行该命令时，命令行显示如下提示信息。

最小弧长: 15　　最大弧长: 15　　样式: 手绘
指定起点或 [弧长(A)/对象(O)/样式(S)] <对象>:

默认情况下，系统将显示当前云线的弧长和样式，如"最小弧长: 15 最大弧长: 15 样式: 手绘"。可以使用该弧线长度绘制云线路径，并在绘图窗口中拖动鼠标即可。当起点和终点重合后，将绘制一个封闭的云线路径，同时结束 REVCLOUD 命令。

绘制修订云线时应注意以下几点。

- 弧长(A)：指定云线的最小弧长和最大弧长，默认情况下弧长的最小值为 0.5 个单位，最大值不能超过最小值的 3 倍。
- 对象(O)：可以选择一个封闭图形，如矩形、多边形等，并将其转换为云线路径，命令行将显示"选择对象: 反转方向 [是(Y)/否(N)] <否>:"提示信息。此时，如果输入 Y，则圆弧方向向内；如果输入 N，则圆弧方向向外，如图 3-47 所示。
- 样式(S)：指定修订云线的样式，包括"普通"和"手绘"两种，其效果如图 3-48 所示。

图 3-47　将对象转换为云彩路径　　　　　图 3-48　"普通"和"手绘"方式绘制的修订云线

3.9　思　考　练　习

1. 在 AutoCAD 2008 中，如何创建点对象？
2. 在 AutoCAD 2008 中，如何使用椭圆工具绘制椭圆弧？
3. 绘制图 3-49 所示的图形(由读者确定图形中的尺寸)。

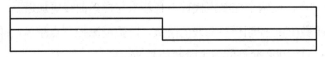

图 3-49　绘图练习 1

4. 绘制图 3-50 所示的由矩形、圆形组成的图形(尺寸由读者确定)。
5. 绘制图 3-51 所示的图形。

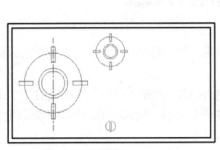

图 3-50　绘图练习 2

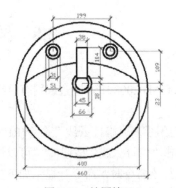

图 3-51　绘图练习 3

6. 绘制图 3-52 所示的图形。
7. 定义多线样式，样式名为"多线样式 1"，其线元素的特性要求如表 3-1 所示，并在多线的起始点和终止点处绘制外圆弧。

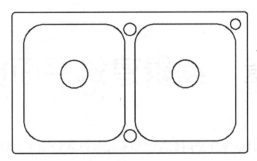

图 3-52 绘图练习 4

表 3-1 线元素特性表

序　号	偏 移 量	颜　色	线　型
1	5	白色	BYLAYER
2	2.5	绿色	DASHED
3	−2.5	绿色	DASHED
4	−5	白色	BYLAYER

8. 用前面定义的多线样式"多线样式 1"绘制长为 200、宽为 100 的矩形，并将图形保存到磁盘。

9. 使用"多段线"命令绘制图 3-53 所示的运动场平面图。

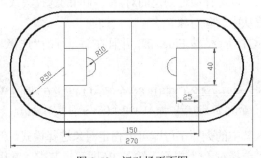

图 3-53 运动场平面图

第4章　编辑建筑平面图形

在 AutoCAD 2008 中，单纯地使用第 3 章中介绍的基本绘图工具只能绘制出简单的建筑平面图形，在很多情况下无法满足用户的需求。为此，AutoCAD 2008 提供了众多的图形编辑命令，如复制、移动、旋转、镜像、偏移、阵列、拉伸及修剪等，灵活地使用这些图形编辑命令，不仅可以有效提高绘制建筑平面图形的效率，还可以帮助用户绘制较为复杂的建筑平面图形。

4.1　选　择　对　象

无论对建筑图形进行何种编辑操作，首先都需要选择要编辑的对象，然后才能对这些对象进行操作。AutoCAD 用虚线高亮显示所选择的对象，这些对象构成选择集。

4.1.1　选择对象的方法

在 AutoCAD 中，选择对象的方法很多。例如，可以通过单击对象逐个拾取，也可利用矩形窗口或交叉窗口选择；可以选择最近创建的对象、前面的选择集或图形中的所有对象，也可以向选择集中添加对象或从中删除对象。

在命令行输入 SELECT 命令，按 Enter 键，并且在命令行的"选择对象:"提示下输入"？"，将显示如下的提示信息。

> 需要点或窗口(W)/上一个(L)/窗交(C)/框(BOX)/全部(ALL)/栏选(F)/圈围(WP)/圈交(CP)/编组(G)/添加(A)/删除(R)/多个(M)/前一个(P)/放弃(U)/自动(AU)/单个(SI)/子对象/对象

根据提示信息，输入其中的大写字母即可以指定对象选择模式。例如，要设置矩形窗口的选择模式，在命令行的"选择对象:"提示下输入 W 即可。其中，常用的选择模式主要有以下几种。

- 默认情况下，可以直接选择对象，此时光标变为一个小方框(即拾取框)，利用该方框可逐个拾取所需对象。该方法每次只能选取一个对象，不便于选取大量对象。
- "窗口(W)"选项：可以通过绘制一个矩形区域来选择对象。当指定了矩形窗口的两个对角点时，所有部分均位于这个矩形窗口内的对象将被选中，不在该窗口内或者只有部分在该窗口内的对象则不被选中，如图 4-1 所示。
- "窗交(C)"选项：使用交叉窗口选择对象，与用窗口选择对象的方法类似，但全部位于窗口之内或者与窗口边界相交的对象都将被选中。在定义交叉窗口的矩形窗口时，以虚线方式显示矩形，以区别于窗口选择方法，如图 4-2 所示。
- "编组(G)"选项：使用组名称来选择一个已定义的对象编组，本章后面将介绍如何创建和修改对象编组。

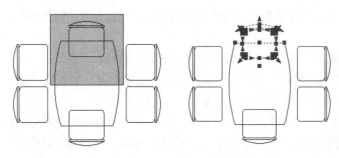

图 4-1　使用"窗口"方式选择对象

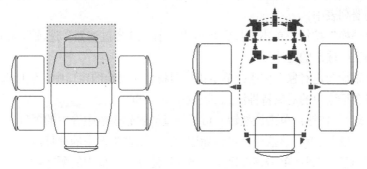

图 4-2　使用"窗交"方式选择对象

注意：

选择多个对象构成选择集后，用户可以按下 Esc 键取消该选择集的选择状态；也可以按下 Shift 键，在某个选择的对象上单击，将其从当前选择集中删除。

4.1.2　过滤选择

在命令行提示下输入 FILTER 命令，打开"对象选择过滤器"对话框，在该对话框中可以以对象的类型(如直线、圆和圆弧等)、图层、颜色、线型或线宽等特性作为条件，过滤选择符合设定条件的对象，如图 4-3 所示。执行过滤选择操作时，必须考虑图形中对象的这些特性是否设置为随层。

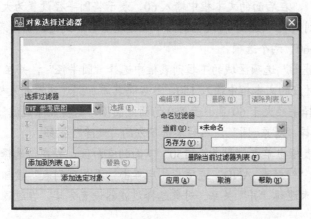

图 4-3　"对象选择过滤器"对话框

"对象选择过滤器"对话框上面的列表框中显示了当前设置的过滤条件。其他各选项的功能如下。

- "选择过滤器"选项区域：设置选择过滤器，包括以下选项。
  - "选择过滤器"下拉列表框：选择过滤器类型，如直线、圆、圆弧、图层、颜色、线型及线宽等对象特性，以及关系语句。
  - X、Y、Z 下拉列表框：可以设置与选择调节对应的关系运算符，可选的关系运算符包括 =、!=、<、<=、>、>=和*。例如，当建立"块位置"过滤器时，在对应的文本框中可以设置对象的位置坐标。
  - "添加到列表"按钮：单击该按钮，可以将选择的过滤器及附加条件添加到过滤器列表中。
  - "替换"按钮：单击该按钮，可用当前"选择过滤器"选项区域中的设置代替列表中选定的过滤器。
  - "添加选定对象"按钮：单击该按钮将切换到绘图窗口中，然后选择一个对象，将会把选中的对象特性添加到过滤器列表框中。
- "编辑项目"按钮：单击该按钮，可编辑过滤器列表框中选中的项目。
- "删除"按钮：单击该按钮，可删除过滤器列表框中选中的项目。
- "清除列表"按钮：单击该按钮，可删除过滤器列表框中的所有项目。
- "命名过滤器"选项区域：选择已命名的过滤器，包括以下选项。
  - "当前"下拉列表框：列举了可用的已命名过滤器。
  - "另存为"按钮：单击该按钮，并在其后的文本框中输入名称，可以保存当前设置的过滤器集。
  - "删除当前过滤器列表"按钮：单击该按钮，可从 FILTER.NFL 文件中删除当前的过滤器集。

【练习 4-1】选择图 4-4 中的所有半径大于 60 且小于 150 的圆或圆弧。

(1) 在命令行提示下输入 FILTER 命令，并按 Enter 键，打开"对象选择过滤器"对话框。

(2) 在"选择过滤器"选项区域的下拉列表框中，选择"圆半径"选项，并单击"添加到列表"按钮，将其添加到过滤器列表框中，表示以下各项目为逻辑"并"关系。

(3) 在"选择过滤器"选项区域的下拉列表框中，选择"圆半径"选项，并在 X 后面的下拉列表框中选择">"，在后面的文本框中输入 60，表示将圆半径设置为大于 60。

(4) 单击"添加到列表"按钮，将设置的圆半径过滤器添加到过滤器列表框中，将显示"对象=圆"和"圆半径>60"两个选项。

(5) 在"选择过滤器"选项区域的下拉列表框中选择"圆半径"，并在 X 后面的下拉列表框中选择"<"，在对应的文本框中输入 150，然后将其添加到过滤器列表框中。

(6) 为确保只选择半径大于 60 且小于 150 的圆或圆弧，需要删除过滤器"对象=圆"。可在过滤器列表框中选择"对象=圆"，然后单击下方的"删除"按钮。

(7) 在过滤器列表框中单击"圆半径<150"下面的空白区，并在"选择过滤器"选项区域的下拉列表框中选择"**结束 AND"选项，然后单击"添加到列表"按钮，将其添加到过滤器列表框中，表示结束逻辑"并"关系。对象选择过滤器设置完毕，在过滤器列表框中显示的完整内容如下：

```
** 开始   AND
```

圆半径　>60
圆半径　<150
** 结束　AND

(8) 单击"应用"按钮，在绘图窗口中用窗口选择法框选所有图形，然后按 Enter 键，系统将过滤出满足条件的对象，并将其选中，结果如图 4-5 所示。

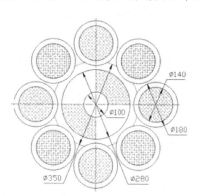
　　　　　　　图 4-4　原始图形

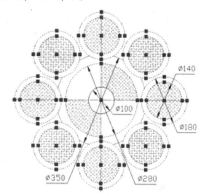
　　图 4-5　选择符合过滤条件的图形

4.1.3　快速选择

在 AutoCAD 中，当需要选择具有某些共同特性的对象时，可利用"快速选择"对话框，根据对象的图层、线型、颜色、图案填充等特性和类型创建选择集。选择"工具"|"快速选择"命令，可打开"快速选择"对话框，如图 4-6 所示。

该对话框中各选项的功能如下。

- "应用到"下拉列表框：选择过滤条件的应用范围，可以应用于整个图形，也可以应用到当前选择集中。如果有当前选择集，则"当前选择"选项为默认选项；如果没有当前选择集，则"整个图形"选项为默认选项。

- "选择对象"按钮 ▣：单击该按钮将切换到绘图窗口中，可以根据当前所指定的过滤条件来选择对象。选择完毕后，按 Enter 键结束选择并返回到"快速选择"对话框中，同时 AutoCAD 会将"应用到"下拉列表框中的选项设置为"当前选择"。

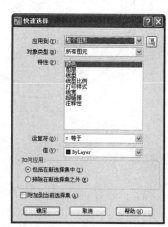
图 4-6　"快速选择"对话框

- "对象类型"下拉列表框：指定要过滤的对象类型。如果当前没有选择集，在该下拉列表框中将包含 AutoCAD 所有可用的对象类型；如果已有一个选择集，则包含所选对象的对象类型。

- "特性"列表框：指定作为过滤条件的对象特性。

- "运算符"下拉列表框：控制过滤的范围。运算符包括=、<>、>、<、全部选择等。其中>和<运算符对某些对象特性不可用。

- "值"下拉列表框：设置过滤的特性值。

- "如何应用"选项区域：选择其中的"包括在新选择集中"单选按钮，则由满足过滤条件的对象构成选择集；选择"排除在新选择集之外"单选按钮，则由不满足过滤条件的对象构成选择集。

- "附加到当前选择集"复选框：指定由 QSELECT 命令所创建的选择集是追加到当前选择集中，还是替代当前选择集。

【练习 4-2】使用快速选择法，选择图 4-7 中半径小于 30 的圆。

(1) 选择"工具"|"快速选择"命令，打开"快速选择"对话框。

(2) 在"应用到"下拉列表框中，选择"整个图形"选项；在"对象类型"下拉列表框中，选择"圆"选项。

(3) 在"特性"列表框中选择"半径"选项，在"运算符"下拉列表框中选择"<小于"选项，然后在"值"文本框中输入数值 30，表示选择图形中所有半径小于 30 的圆，如图 4-8 所示。

(4) 在"如何应用"选项区域中选择"包括在新选择集中"单选按钮，按设定条件创建新的选择集。

(5) 单击"确定"按钮，将选中图形中所有符合要求的图形对象。

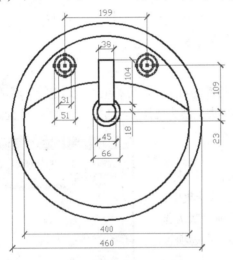

图 4-7　显示选择结果

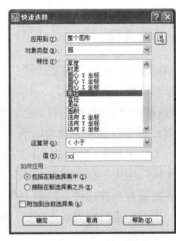

图 4-8　设置选择条件

4.2　变　换　对　象

在 AutoCAD 2008 中，用户可以对已经绘制的图形对象执行简单的变换操作，如移动、旋转和对齐操作，可以通过"修改"菜单中的相关命令来实现这些操作。

4.2.1　删除对象

选择"修改"|"删除"命令(ERASE)，或在"面板"选项板的"二维绘图"选项区域中单击"删除"按钮 ，都可以删除图形中选中的对象。

通常，发出"删除"命令后，需要选择要删除的对象，然后按 Enter 键或空格键结束对象选择，同时删除已选择的对象。

4.2.2　移动对象

移动对象是指重定位对象。选择"修改"|"移动"命令(MOVE)，或在"面板"选项板的 "二维绘图"选项区域中单击"移动"按钮 ✛，可以在指定方向上按指定距离移动对象。移动 对象时，对象的位置发生改变，但方向和大小不改变。

移动对象时，首先需要选择对象，然后指定位移的基点和位移矢量。在命令行的"指定基 点或[位移(D)]<位移>:"提示下，如果单击或以键盘输入形式给出了基点坐标，命令行将显示 "指定第二个点或<使用第一个点作位移>:"提示；如果按 Enter 键，那么所给出的基点坐标值 就作为偏移量，即将该点作为原点(0,0)，然后将图形相对于该点移动由基点设定的偏移量。

4.2.3　旋转对象

选择"修改"|"旋转"命令(ROTATE)，或在"面板"选项板的"二维绘图"选项区域中 单击"修改"按钮 ↺，可以将对象绕基点旋转指定的角度。

执行该命令后，从命令行显示的"UCS 当前的正角方向: ANGDIR=逆时针 ANGBASE=0" 提示信息中，可以了解到当前的正角度方向(如逆时针方向)，零角度方向与 X 轴正方向的夹角 (如 0°)。

注意:

可以使用系统变量 ANGDIR 和 ANGBASE 设置旋转时的正方向和零角度方向。也可以 选择"格式"|"单位"命令，在打开的"图形单位"对话框中设置。

选择要旋转的对象(可以依次选择多个对象)，并指定旋转的基点，命令行将显示"指定旋 转角度或[复制(C)参照(R)]<O>"提示信息。如果直接输入角度值，则可以将对象绕基点转动该 角度，角度为正时逆时针旋转，角度为负时顺时针旋转；如果选择"参照(R)"选项，将以参照 方式旋转对象，需要依次指定参照方向的角度值和相对于参照方向的角度值。

【练习 4-3】绘制图 4-9 所示的灯光符号。

(1) 在"面板"选项板的"二维绘图"选项区域中单击"圆"按钮 ⊙，绘制直径分别为 20、 174 和 270 的 3 个同心圆。

(2) 在"面板"选项板的"二维绘图"选项区域中单击"直线"按钮 ∕，通过捕捉两个小 圆的象限点画出图 4-10 所示的中间图形。

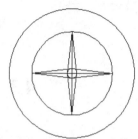

图 4-9　绘制灯光符号　　　　　　　　　图 4-10　绘制中间图形

(3) 选择"修改"|"旋转"命令，发出 ROTATE 命令。在命令行的"选择对象:"提示下， 选择图形中所有的直线，并且按 Enter 键。

(4) 在命令行的"指定基点:"提示下，单击圆的圆心作为旋转的基点。

(5) 在命令行的"指定旋转角度或[复制(C)/参照(R)]<O>"提示下，指定旋转角度为 45°，绘制出灯光的中间图形。

(6) 在"面板"选项板的"二维绘图"选项区域中单击"直线"按钮 ⁄，通过捕捉最大圆和最小圆的象限点画出灯光的长线条。

(7) 在"面板"选项板的"二维绘图"选项区域中单击"修剪"按钮 ⁄，对图形中的多余线条进行修剪，最终的图形效果如图 4-9 所示。

4.2.4　对齐对象

选择"修改"|"三维操作"|"对齐"命令(ALIGN)，可以使当前对象与其他对象对齐，它既适用于二维对象，也适用于三维对象。

在对齐二维对象时，可以指定 1 对或 2 对对齐点(源点和目标点)，在对齐三维对象时，则需要指定 3 对对齐点，如图 4-11 所示。

在对齐对象时，如果命令行显示"是否基于对齐点缩放对象？[是(Y)/否(N)] <否>:"提示信息时，选择"否(N)"选项，则对象改变位置，且对象的第一源点与第一目标点重合，第二源点位于第一目标点与第二目标点的连线上，即对象先平移，后旋转；选择"是(Y)"选项，则对象除平移和旋转外，还基于对齐点进行缩放。由此可见，"对齐"命令是"移动"命令和"旋转"命令的组合。

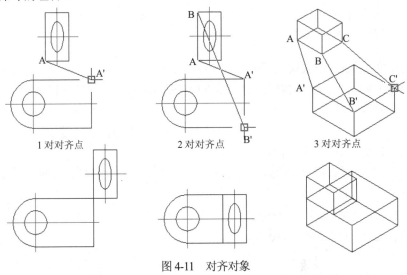

1 对对齐点　　　　　2 对对齐点　　　　　3 对对齐点

图 4-11　对齐对象

4.3　创建对象副本

在 AutoCAD 2008 中，可以使用"复制""阵列""偏移""镜像"命令，创建与原对象相同或相似的对象副本，从而避免重复绘制相同的建筑图形，提高绘图效率。

4.3.1　复制对象

选择"修改"|"复制"命令(COPY)，或在"面板"选项板的"二维绘图"选项区域中单

击"复制"按钮 ，可以对已有的对象复制出副本，并放置到指定的位置。

执行该命令时，需要选择要复制的对象，命令行将显示"指定基点或[位移(D)/模式(O)/多个(M)]<位移>:"提示信息。如果只需创建一个副本，直接指定位移的基点和位移矢量(相对于基点的方向和大小);如果需要创建多个副本，而复制模式为单个时，输入 M，设置复制模式为多个，然后在"指定第二个点或[退出(E)/放弃(U)<退出>:"提示下，通过连续指定位移的第二点来创建该对象的其他副本，直到按 Enter 键结束。

4.3.2　阵列对象

选择"修改"|"阵列"命令(ARRAY)，或在"面板"选项板的"二维绘图"选项区域中单击"阵列"按钮 ，都可以打开"阵列"对话框，可以在该对话框中设置以矩形阵列或者环形阵列方式多重复制对象。

1. 矩形阵列复制

在"阵列"对话框中，选择"矩形阵列"单选按钮，可以以矩形阵列方式复制对象，此时的"阵列"对话框如图 4-12 所示。各选项的含义如下。

- "行"文本框：设置矩形阵列的行数。
- "列"文本框：设置矩形阵列的列数。
- "偏移距离和方向"选项区域：在"行偏移""列偏移""阵列角度"文本框

图 4-12　矩形阵列

中可以输入矩形阵列的行距、列距和阵列角度。也可以单击文本框右边的按钮，在绘图窗口中通过指定点来确定距离和方向。

注意:

行距、列距和阵列角度的值的正负性将影响将来的阵列方向：行距和列距为正值将使阵列沿 X 轴或者 Y 轴正方向阵列复制对象;阵列角度为正值则沿逆时针方向阵列复制对象，负值则相反。如果是通过单击按钮在绘图窗口中设置偏移距离和方向，则给定点的前后顺序将确定偏移的方向。

- "选择对象"按钮 ：单击该按钮将切换到绘图窗口，选择进行阵列复制的对象。
- 预览窗口：显示当前的阵列模式、行距和列距以及阵列角度。
- "预览"按钮：单击该按钮将切换到绘图窗口，可预览阵列复制效果。

注意:

预览阵列复制效果时，如果单击"接受"按钮，则确认当前的设置，阵列复制对象并结束命令;如果单击"修改"按钮，则返回到"阵列"对话框，可以重新修改阵列复制参数;如果单击"取消"按钮，则退出"阵列"命令，不做任何编辑。

2. 环形阵列复制

在"阵列"对话框中选择"环形阵列"单选按钮，可以以环形阵列方式复制图形，此时的

"阵列"对话框如图 4-13 所示。其中各选项的含义如下。

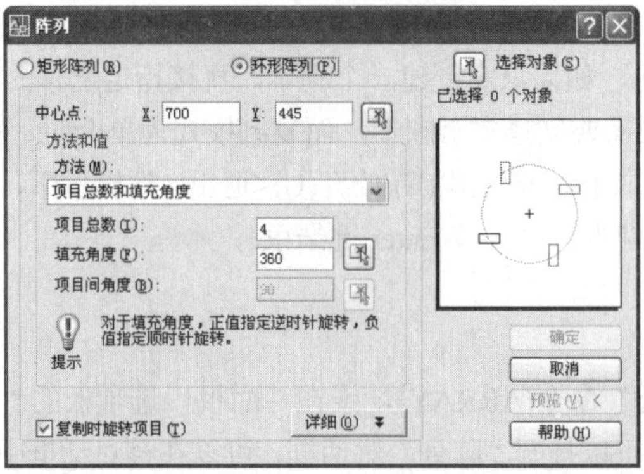

图 4-13　环形阵列

- "中心点"选项区域：在 X 和 Y 文本框中，输入环形阵列的中心点坐标，也可以单击右边的按钮切换到绘图窗口，直接指定一点作为阵列的中心点。
- "方法和值"选项区域：设置环形阵列复制的方法和值。其中，在"方法"下拉列表框中选择环形的方法，包括"项目总数和填充角度""项目总数和项目间的角度"以及"填充角度和项目间的角度" 3 种，选择的方法不同，设置的值也不同。可以直接在对应的文本框中输入值，也可以通过单击相应按钮，在绘图窗口中指定。
- "复制时旋转项目"复选框：设置在阵列时是否将复制出的对象旋转。
- "详细"按钮：单击该按钮，对话框中将显示对象的基点信息，可以利用这些信息设置对象的基点。

【练习 4-4】绘制图 4-14 所示的工艺吊灯。

(1) 参照图 4-14 所示，选择"绘图"|"直线"命令，绘制水平中心线和垂直中心线。

(2) 选择"绘图"|"圆"|"圆心,直径"命令，根据图 4-14 中给出的尺寸，绘制图 4-15 所示的 5 个圆。

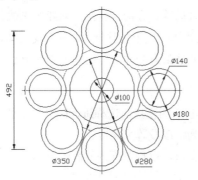

图 4-14　工艺吊灯

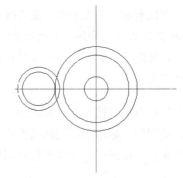

图 4-15　绘制 5 个圆

(3) 选择"修改"|"阵列"命令，或在"面板"选项板的"二维绘图"选项区域中单击"阵列"按钮 ，打开"阵列"对话框。

(4) 选择"环形阵列"单选按钮，然后单击"中心点"选项区域右侧的 按钮，捕捉图 4-15 中最大圆的圆心，作为环形阵列的中心点。

(5) 单击"选择对象"按钮，选择图 4-15 中左侧的两个圆，选择结束后按 Enter 键返回"阵列"对话框。

（6）在"项目总数"文本框中输入 8，在"填充角度"文本框中输入 360。此时即完成了环形阵列的设置，结果如图 4-16 所示。

（7）单击"确定"按钮，即可执行环形阵列操作，效果如图 4-17 所示。

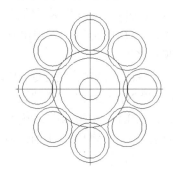

图 4-16　设置环形阵列　　　　　　　　图 4-17　环形阵列的结果

（8）选择"修改"|"修剪"命令，对图 4-17 所示的图形进行适当修剪。然后进行尺寸标注，即可得到图 4-14 所示的工艺吊灯图。

4.3.3　镜像对象

选择"修改"|"镜像"命令(MIRROR)，或在"面板"选项板的"二维绘图"选项区域中单击"镜像"按钮，可以将对象以镜像线对称复制。

执行该命令时，需要选择要镜像的对象，然后依次指定镜像线上的两个端点，命令行将显示"删除源对象吗？[是(Y)/否(N)] <N>:"提示信息。如果直接按 Enter 键，则镜像复制对象，并保留原来的对象；如果输入 Y，则在镜像复制对象的同时删除原对象。

在 AutoCAD 2008 中，使用系统变量 MIRRTEXT 可以控制文字对象的镜像方向。如果 MIRRTEXT 的值为 0，则文字对象方向不镜像，如图 4-18(a)图所示；如果 MIRRTEXT 的值为 1，则文字对象完全镜像，镜像出来的文字变得不可读，如图 4-18(b)图所示。

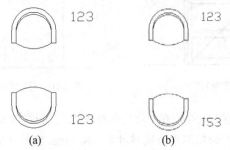

(a)　　　　　　　　(b)

图 4-18　使用 MIRRTEXT 变量控制镜像文字方向

4.3.4　偏移对象

选择"修改"|"偏移"命令(OFFSET)，或在"面板"选项板的"二维绘图"选项区域中单击"偏移"按钮，可以对指定的直线、圆弧、圆等对象作同心偏移复制。在实际应用中，常利用"偏移"命令的特性创建平行线或等距离分布图形。执行"偏移"命令时，其命令行显示如下提示信息：

　　指定偏移距离或 [通过(T)/删除(E)/图层(L)] <通过>:

默认情况下，需要指定偏移距离，再选择要偏移复制的对象，然后指定偏移方向，以复制出对象。其他各选项的功能如下。

- "通过(T)"选项：在命令行输入 T，命令行提示"选择要偏移的对象，或[退出(E)/放弃(U)] <退出>:"提示信息，选择偏移对象后，命令行提示"指定通过点或[退出(E)/多个(M)/放弃(U)] <退出>:"提示信息，指定复制对象经过的点或输入 M 将对象偏移多次。
- "删除(E)"选项：在命令行中输入 E，命令行显示"要在偏移后删除源对象吗？[是(Y)/否(N)] <否>:"提示信息，输入 Y 或 N 来确定是否要删除源对象。
- "图层(L)"选项：在命令行中输入 L，选择要偏移的对象的图层。

使用"偏移"命令复制对象时，复制结果不一定与原对象相同。例如，对圆弧作偏移后，新圆弧与旧圆弧同心且具有同样的包含角，但新圆弧的长度要发生改变。对圆或椭圆作偏移后，新圆、新椭圆与旧圆、旧椭圆有同样的圆心，但新圆的半径或新椭圆的轴长要发生变化。对直线段、构造线、射线作偏移是平行复制。

注意：

偏移命令是一个单对象编辑命令，只能以直接拾取方式选择对象。通过指定偏移距离的方式来复制对象时，距离值必须大于 0。

【练习 4-5】使用"偏移"命令绘制图 4-19 所示的单扇单开门。

(1) 在"面板"选项板的"二维绘图"选项区域中单击"矩形"按钮 ▭，根据图 4-19 所示绘制一个矩形。

(2) 选择"绘图" | "直线"命令，绘制一条与矩形底边重合的直线，如图 4-20 所示。

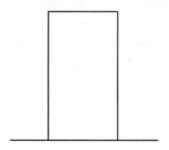

图 4-19　单扇单开门　　　　　　　图 4-20　绘制矩形和直线

(3) 选择"修改" | "偏移"命令，在"指定偏移距离或[通过(T)/删除(E)/图层(L)] <通过>:"提示下输入 5，然后选择绘制的矩形作为偏移对象，按 Enter 键结束偏移操作，即可得到偏移的矩形。

(4) 选中偏移得到的矩形，选择"修改" | "分解"命令，将该矩形分解，然后将矩形的底边删除，如图 4-21 所示。

(5) 在"面板"选项板的"二维绘图"选项区域中单击"矩形"按钮 ▭，在已绘制矩形的内部再绘制一个矩形，并将矩形放在水平居中的位置。

(6) 选择"修改" | "阵列"命令，将水平居中放置的矩形向下阵列 3 个相同的矩形。在"面板"选项板的"二维绘图"

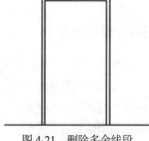

图 4-21　删除多余线段

选项区域中单击"直线"按钮 ▢，根据图 4-19 所示绘制直线。此时就完成了单扇单开门的绘制工作，最终效果如图 4-19 所示。

4.4　修整对象

在 AutoCAD 2008 中，可以使用"修剪"和"延伸"命令缩短或拉长对象，以与其他对象的边相接。也可以使用"缩放""拉伸"和"拉长"命令，在一个方向上调整对象的大小或按比例增大或缩小对象。还可以使用"倒角""圆角"命令修改对象使其以平角或圆角相接，使用"打断"命令在对象上创建间距。

4.4.1　修剪对象

选择"修改"|"修剪"命令(TRIM)，或在"面板"选项板的"二维绘图"选项区域中单击"修剪"按钮 ⊬，可以以某一对象为剪切边修剪其他对象。执行该命令，选择了作为剪切边的对象后(可以是多个对象)，按 Enter 键将显示如下提示信息。

> 选择要修剪的对象，或按住 Shift 键选择要延伸的对象，或 [栏选(F)/窗交(C)/投影(P)/边(E)/删除(R)/放弃(U)]:

在 AutoCAD 2008 中，可以作为剪切边的对象有直线、圆弧、圆、椭圆或椭圆弧、多段线、样条曲线、构造线、射线以及文字等。剪切边也可以同时作为被剪边。默认情况下，选择要修剪的对象(即选择被剪边)，系统将以剪切边为界，将被剪切对象上位于拾取点一侧的部分剪切掉。如果按下 Shift 键，同时选择与修剪边不相交的对象，修剪边将变为延伸边界，将选择的对象延伸至与修剪边界相交。该命令提示中主要选项的功能如下。

- "投影(P)"选项：可以指定执行修剪的空间，主要应用于三维空间中两个对象的修剪，可将对象投影到某一平面上执行修剪操作。
- "边(E)"选项：选择该选项时，命令行显示"输入隐含边延伸模式[延伸(E)/不延伸(N)] <不延伸>:"提示信息。如果选择"延伸(E)"选项，当剪切边太短而且没有与被修剪对象相交时，可延伸修剪边，然后进行修剪；如果选择"不延伸(N)"选项，只有当剪切边与被修剪对象真正相交时，才能进行修剪。
- "放弃(U)"选项：取消上一次的操作。

4.4.2　延伸对象

选择"修改"|"延伸"命令(EXTEND)，或在"面板"选项板的"二维绘图"选项区域中单击"延伸"按钮 ⊣，可以延长指定的对象与另一对象相交或外观相交。

延伸命令的使用方法和修剪命令的使用方法相似，不同之处在于：使用延伸命令时，如果在按下 Shift 键的同时选择对象，则执行修剪命令；使用修剪命令时，如果在按下 Shift 键的同时选择对象，则执行延伸命令。

【**练习 4-6**】延伸图 4-22 所示图形中的对象，结果如图 4-23 所示。

图 4-22　原始图形

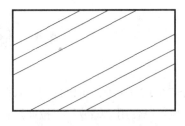

图 4-23　延伸后的效果

(1) 在"面板"选项板的"二维绘图"选项区域中单击"延伸"按钮 ⁊，发出 EXTEND 命令。

(2) 在命令行的"选择对象:"提示下，选中外部的矩形，然后按 Enter 键结束对象选择。

(3) 在命令行的"选择要延伸的对象，或按住 Shift 键选择要修剪的对象，或[栏选(F)/窗交(C)/投影(P)/边(E)/放弃(U)]:"提示下，依次选择 6 条直线，则未与矩形边界相交的直线都会自动延伸到矩形边界上。按 Enter 键结束延伸命令。

(4) 再次发出 EXTEND，同样首先选择外部的矩形作为延伸边界。在命令行的"选择要延伸的对象，或按住 Shift 键选择要修剪的对象，或[栏选(F)/窗交(C)/投影(P)/边(E)/放弃(U)]:"提示下，按住 Shift 键，逐个单击选择超出矩形边界的直线，进行剪切，最终结果如图 4-23 所示。

4.4.3　缩放对象

选择"修改"|"缩放"命令(SCALE)，或在"面板"选项板的"二维绘图"选项区域中单击"缩放"按钮 ▣，可以将对象按指定的比例因子相对于基点进行尺寸缩放。先选择对象，然后指定基点，命令行将显示"指定比例因子或[复制(C)/参照(R)]<1.0000>:"提示信息。如果直接指定缩放的比例因子，对象将根据该比例因子相对于基点缩放，当比例因子大于 0 而小于 1 时缩小对象，当比例因子大于 1 时放大对象；如果选择"参照(R)"选项，对象将按参照的方式缩放，需要依次输入参照长度的值和新的长度值，AutoCAD 根据参照长度与新长度的值自动计算比例因子(比例因子=新长度值/参照长度值)，然后进行缩放。

例如，要将图 4-24(a)图所示的图形缩小为原来的一半，可在"面板"选项板的"二维绘图"选项区域中单击"缩放"按钮 ▣，选中所有图形，并指定基点为(0,0)，在"指定比例因子或[复制(C)/参照(R)]:"提示行输入比例因子 0.5，按 Enter 键即可，效果如图 4-24(b)图所示。

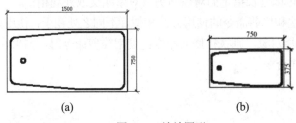

(a)　　　　　　　　　　　(b)

图 4-24　缩放图形

4.4.4　拉伸对象

选择"修改"|"拉伸"命令(STRETCH)，或在"面板"选项板的"二维绘图"选项区域中单击"拉伸"按钮 ，就可以移动或拉伸对象，操作方式根据图形对象在选择框中的位置决定。执行该命令时，可以使用"交叉窗口"方式或者"交叉多边形"方式选择对象，然后依次指定位移基点和位移矢量，将会移动全部位于选择窗口之内的对象，而拉伸(或压缩)与选择窗口边界相交的对象。

例如，要将图 4-25(a)图所示的图形右半部分拉伸，可在"面板"选项板的"二维绘图"选项区域中单击"拉伸"按钮 ，然后使用"窗口"选择右半部分的图形，并指定辅助线的交点为基点，拖动鼠标指针即可随意拉伸图形，效果如图 4-25(b)图所示。

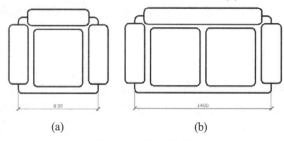

　　　　　(a)　　　　　　　　　　　　　(b)

图 4-25　拉伸图形

4.4.5　拉长对象

选择"修改"|"拉长"命令(LENGTHEN)，就可修改线段或者圆弧的长度。执行该命令时，命令行显示如下提示。

选择对象或 [增量(DE)/百分数(P)/全部(T)/动态(DY)]:

默认情况下，选择对象后，系统会显示出当前选中对象的长度和包含角等信息。该命令提示中主要选项的功能如下。

- "增量(DE)"选项：以增量方式修改圆弧的长度。可以直接输入长度增量来拉长直线或者圆弧，长度增量为正值时拉长，长度增量为负值时缩短。也可以输入 A，通过指定圆弧的包含角增量来修改圆弧的长度。
- "百分数(P)"选项：以相对于原长度的百分比来修改直线或者圆弧的长度。
- "全部(T)"选项：以给定直线新的总长度或圆弧的新包含角来改变长度。
- "动态(D)"选项：允许动态地改变圆弧或者直线的长度。

4.4.6　倒角对象

选择"修改"|"倒角"命令(CHAMFER)，或在"面板"选项板的"二维绘图"选项区域中单击"倒角"按钮 ，即可为对象绘制倒角。执行该命令时，命令行显示如下提示信息。

选择第一条直线或 [放弃(U)/多段线(P)/距离(D)/角度(A)/修剪(T)/方式(E)/多个(M)]:

默认情况下，需要选择进行倒角的两条相邻的直线，然后按当前的倒角大小对这两条直线修倒角。该命令提示中主要选项的功能如下。

- "多段线(P)"选项：以当前设置的倒角大小对多段线的各顶点(交角)修倒角。
- "距离(D)"选项：设置倒角距离尺寸。

- ● "角度(A)"选项：根据第一个倒角距离和角度来设置倒角尺寸。
- ● "修剪(T)"选项：设置倒角后是否保留原拐角边，命令行将显示"输入修剪模式选项[修剪(T)/不修剪(N)] <修剪>:"提示信息。其中，选择"修剪(T)"选项，表示倒角后对倒角边进行修剪；选择"不修剪(N)"选项，表示不进行修剪。
- ● "方法(E)"选项：设置倒角的方法，命令行显示"输入修剪方法[距离(D)/角度(A)] <距离>:"提示信息。其中，选择"距离(D)"选项，将以两条边的倒角距离来修倒角；选择"角度(A)"选项，将以一条边的距离以及相应的角度来修倒角。
- ● "多个(M)"选项：对多个对象修倒角。

注意：

修倒角时，倒角距离或倒角角度不能太大，否则无效。当两个倒角距离均为 0 时，CHAMFER 命令将延伸两条直线使之相交，不产生倒角。此外，如果两条直线平行或发散，则不能修倒角。

例如，对图 4-26(a)图所示的图形修倒角后，结果如图 4-26(b)图所示。

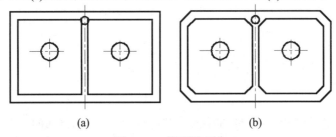

(a)　　　　　　　　　　　　　　(b)

图 4-26　对图形修倒角

4.4.7　圆角对象

选择"修改"|"圆角"命令(FILLET)，或在"面板"选项板的"二维绘图"选项区域中单击"圆角"按钮 ⌐，即可对对象用圆弧修圆角。执行该命令时，命令行显示如下提示信息。

　　选择第一个对象或 [放弃(U)/多段线(P)/半径(R)/修剪(T)/多个(M)]:

修圆角的方法与修倒角的方法相似，在命令行提示中，选择"半径(R)"选项，即可设置圆角的半径大小。

注意：

在 AutoCAD 2008 中，允许对两条平行线修圆角，圆角半径为两条平行线距离的一半。

【练习4-7】使用"圆角"命令，绘制图 4-27 所示的蹲便器。

(1) 在"面板"选项板的"二维绘图"选项区域中单击"矩形"按钮 ▭，绘制蹲便器外部的矩形。

(2) 按 Enter 键，再次发出 RECTANGLE 命令，再绘制一个矩形，如图 4-28 所示。

(3) 在"面板"选项板的"二维绘图"选项区域中单击"圆"按钮 ◎，在矩形内绘制一个半径为 37.5 的圆，如图 4-29 所示。

(4) 选择"修改"|"分解"命令，分解已经绘制的两个矩形。

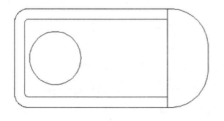

图 4-27　蹲便器

图 4-28　绘制两个矩形

(5) 选择"修改"|"圆角"命令，在"选择第一个对象或[放弃(U)/多段线(P)/半径(R)/修剪(T)/多个(M)]:"提示下选择外部矩形中的 a 边，在"选择第二个对象，或按住 Shift 键选择要应用角点的对象"提示下选择外部矩形中的 b 边，对该矩形执行倒圆角操作，结果如图 4-30 所示。

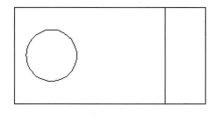

图 4-29　绘制圆

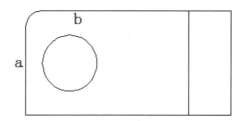

图 4-30　倒圆角

(6) 使用相同的方法对外部矩形的其他边执行倒圆角操作，完成后的效果如图 4-31 所示。

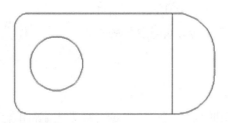

图 4-31　对其他边倒圆角

(7) 选择"绘图"|"偏移"命令，将外部矩形的边向内偏移 30 个单位，最终效果如图 4-27 所示。

4.4.8　打断对象

在 AutoCAD 2008 中，使用"打断"命令可部分删除对象或把对象分解成两部分，还可以使用"打断于点"命令将对象在一点处断开成两个对象。

1. 打断对象

选择"修改"|"打断"(BREAK)命令，或在"面板"选项板的"二维绘图"选项区域中单击"打断"按钮 ，即可部分删除对象或把对象分解成两部分。执行该命令并选择需要打断的对象，命令行将显示如下提示信息。

指定第二个打断点或 [第一点(F)]:

默认情况下，以选择对象时的拾取点作为第一个断点，需要指定第二个断点。如果直接选取对象上的另一点或者在对象的一端之外拾取一点，将删除对象上位于两个拾取点之间的部分。如果选择"第一点(F)"选项，可以重新确定第一个断点。

在确定第二个打断点时，如果在命令行输入@，可以使第一个、第二个断点重合，从而将对象一分为二。如果对圆、矩形等封闭图形使用打断命令时，AutoCAD 将沿逆时针方向把第一断点到第二断点之间的那段圆弧或直线删除。例如，在图 4-32 所示图形中，使用打断命令时，单击点 A 和 B 与单击点 B 和 A 产生的效果是不同的。

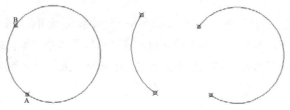

图 4-32　打断图形

2. 打断于点

在"面板"选项板的"二维绘图"选项区域中单击"打断于点"按钮 ▢，可以将对象在一点处断开成两个对象，它是从"打断"命令中派生出来的。执行该命令时，需要选择要被打断的对象，然后指定打断点，即可从该点打断对象。

例如，在图 4-33 所示图形中，要从点 C 处打断圆弧，可以执行"打断于点"命令，并选择圆弧，然后单击点 C 即可。

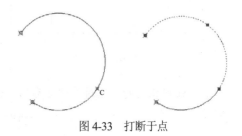

图 4-33　打断于点

4.4.9　合并对象

如果需要连接某一连续图形上的两个部分，或者将某段圆弧闭合为整圆，可以选择"修改"|"合并"命令(JOIN)，或在"面板"选项板的"二维绘图"选项区域中单击"合并"按钮 ✦✦。执行该命令并选择需要合并的对象，命令行将显示如下提示信息。

　　　选择圆弧，以合并到源或进行 [闭合(L)]:

选择需要合并的另一部分对象，按 Enter 键，即可将这些对象合并。图 4-34 所示就是对在同一个圆上的两段圆弧进行合并后的效果(注意方向)。如果选择"闭合(L)"选项，表示可以将选择的任意一段圆弧闭合为一个整圆。选择图 4-34 中左边图形上的任一段圆弧，执行该命令后，得到一个完整的圆，效果如图 4-35 所示。

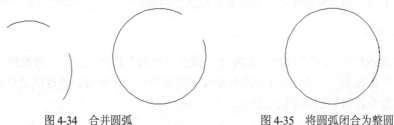

图 4-34　合并圆弧　　　　　　　　　　　图 4-35　将圆弧闭合为整圆

4.4.10 分解对象

对于矩形、块等由多个对象编组成的组合对象，如果需要对单个成员进行编辑，就需要先将它分解开。选择"修改"|"分解"命令(EXPLODE)，或在"面板"选项板的"二维绘图"选项区域中单击"分解"按钮 ![按钮]，选择需要分解的对象后按 Enter 键，即可分解图形并结束该命令。

4.5 使用夹点编辑图形对象

在 AutoCAD 2008 中，夹点是一种集成的编辑模式，提供了一种方便快捷的编辑操作途径。例如，使用夹点可以对对象进行拉伸、移动、旋转、缩放及镜像等操作。

4.5.1 拉伸对象

在不执行任何命令的情况下选择对象，显示其夹点，然后单击其中一个夹点，进入编辑状态。此时，AutoCAD 自动将其作为拉伸的基点，进入"拉伸"编辑模式，命令行将显示如下提示信息。

> ** 拉伸 **
> 指定拉伸点或 [基点(B)/复制(C)/放弃(U)/退出(X)]:

其选项的功能如下。

- "基点(B)"选项：重新确定拉伸基点。
- "复制(C)"选项：允许确定一系列的拉伸点，以实现多次拉伸。
- "放弃(U)"选项：取消上一次操作。
- "退出(X)"选项：退出当前的操作。

默认情况下，指定拉伸点(可以通过输入点的坐标或者直接用鼠标指针拾取点)后，AutoCAD 将把对象拉伸或移动到新的位置。因为对于某些夹点，移动时只能移动对象而不能拉伸对象，如文字、块、直线中点、圆心、椭圆中心和点对象上的夹点。

4.5.2 移动对象

移动对象仅仅是位置上的平移，对象的方向和大小并不会改变。要精确地移动对象，可使用捕捉模式、坐标、夹点和对象捕捉模式。在夹点编辑模式下确定基点后，在命令行提示下输入 MO 进入移动模式，命令行将显示如下提示信息。

> ** 移动 **
> 指定移动点或 [基点(B)/复制(C)/放弃(U)/退出(X)]:

通过输入点的坐标或拾取点的方式来确定平移对象的目的点后，即可以基点为平移的起点，以目的点为终点将所选对象平移到新位置。

4.5.3 旋转对象

在夹点编辑模式下，确定基点后，在命令行提示下输入 RO 进入旋转模式，命令行将显示如下提示信息。

> ** 旋转 **
> 指定旋转角度或 [基点(B)/复制(C)/放弃(U)/参照(R)/退出(X)]:

默认情况下，输入旋转的角度值后或通过拖动方式确定旋转角度后，即可将对象绕基点旋转指定的角度。也可以选择"参照"选项，以参照方式旋转对象，这与"旋转"命令中的"对照"选项功能相同。

4.5.4　缩放对象

在夹点编辑模式下确定基点后，在命令行提示下输入 SC 进入缩放模式，命令行将显示如下提示信息。

> ** 比例缩放 **
> 指定比例因子或 [基点(B)/复制(C)/放弃(U)/参照(R)/退出(X)]:

默认情况下，当确定了缩放的比例因子后，AutoCAD 将相对于基点进行缩放对象操作。当比例因子大于 1 时放大对象；当比例因子大于 0 而小于 1 时缩小对象。

4.5.5　镜像对象

与"镜像"命令的功能类似，镜像操作后将删除原对象。在夹点编辑模式下确定基点后，在命令行提示下输入 MI 进入镜像模式，命令行将显示如下提示信息。

> ** 镜像 **
> 指定第二点或 [基点(B)/复制(C)/放弃(U)/退出(X)]:

指定镜像线上的第 2 个点后，AutoCAD 将以基点作为镜像线上的第 1 点，新指定的点为镜像线上的第 2 个点，将对象进行镜像操作并删除原对象。

注意:
在使用夹点移动、旋转及镜像对象时，在命令行中输入 C，可以在进行编辑操作时复制图形。

4.6　对　象　编　组

在 AutoCAD 2008 中，可以将图形对象进行编组以创建一种选择集，使编辑对象变得更为灵活。

4.6.1　创建对象编组

编组是已命名的对象选择集，随图形一起保存。一个对象可以作为多个编组的成员。在命令行提示下输入 GROUP，并按 Enter 键，可打开"对象编组"对话框，如图 4-36 所示，其选项的含义如下。

- "编组名"列表框：显示了当前图形中已存在的对象编组名称。其中"可选择的"列表示对象编组是否可选。如果一个对象编组是可选的，当选择该对象编组的一个成员对象时,所有成员都将被选中(处于锁定层上的对象除外);如果对象编组是不可选的,则只有选择的对象编组成员被选中。

- "编组标识"选项区域:设置编组的名称及说明等,包括以下选项。
  - "编组名"文本框:输入或显示选中的对象编组的名称。组名最长可有 31 个字符,包括字母、数字以及特殊符号*、!等。
  - "说明"文本框:显示选中的对象编组的说明信息。
  - "查找名称"按钮:单击该按钮将切换到绘图窗口,拾取要查找的对象后,该对象所属的组名即显示在"编组成员列表"对话框中,如图 4-37 所示。
  - "亮显"按钮:在"编组名"列表框中选择一个对象编组,单击该按钮可以在绘图窗口中亮显对象编组的所有成员对象。
  - "包含未命名的"复选框:控制是否在"编组名"列表框中列出未命名的编组。

图 4-36　"对象编组"对话框

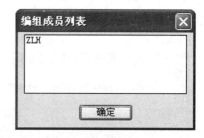

图 4-37　"编组成员列表"对话框

- "创建编组"选项区域:创建一个有名或无名的新组,包括以下选项。
  - "新建"按钮:单击该按钮可以切换到绘图区,并可选择要创建编组的图形对象。
  - "可选择的"复选框:选中该复选框,当选择对象编组中的一个成员对象时,该对象编组的所有成员都将被选中。
  - "未命名的"复选框:确定是否要创建未命名的对象编组。

4.6.2　修改编组

在"对象编组"对话框中,使用"修改编组"选项区域中的选项可以修改对象编组中的单个成员或者对象编组本身。只有在"编组名"列表框中选择了一个对象编组后,该选项区域中的按钮才可用,包括以下选项。

- "删除"按钮:单击该按钮,将切换到绘图窗口,选择要从对象编组中删除的对象,然后按 Enter 键或空格键结束选择对象并删除已选对象。
- "添加"按钮:单击该按钮将切换到绘图窗口,选择要加入到对象编组中的对象,选中的对象将被加入到对象编组中。
- "重命名"按钮:单击该按钮,可在"编组标识"选项区域中的"编组名"文本框中输入新的编组名。
- "重排"按钮:单击该按钮,打开"编组排序"对话框,可以重排编组中的对象顺序,如图 4-38 所示。各选项的功能如下。

- "编组名"列表框：显示当前图形中定义的所有对象编组名字。对象编组中的成员从 0 开始顺序编号。
- "删除的位置"文本框：输入要删除的对象位置。
- "输入对象新位置编号"文本框：输入对象的新位置。
- "对象数目"文本框：输入对象重新排序的序号。
- "重排序"和"逆序"按钮：单击这两个按钮，可以按指定数字改变对象的顺序或按相反的顺序排序。
- "亮显"按钮：单击该按钮，可以使所选对象编组中的成员在绘图区中加亮显示。

- "说明"按钮：单击该按钮，可以在"编组标识"选项区域的"说明"文本框中修改所选对象编组的说明描述。
- "分解"按钮：单击该按钮，可以删除所选的对象编组，但不删除图形对象。
- "可选择的"按钮：单击该按钮，可以控制对象编组的可选择性。

【练习 4-8】将图 4-39 中的所有圆创建为一个对象编组 Circle。

(1) 在命令行提示下输入 GROUP 命令，按 Enter 键，打开"对象编组"对话框。

(2) 在"编组标识"选项区域的"编组名"文本框中输入编组名 Circle。

(3) 单击"新建"按钮，切换到绘图窗口，选择图 4-39 所示图形中的所有圆。

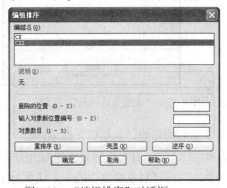

图 4-38　"编组排序"对话框

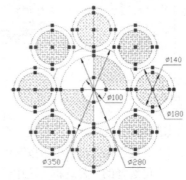

图 4-39　选择对象

(4) 按 Enter 键结束对象选择，返回到"对象编组"对话框，单击"确定"按钮，完成对象编组。

此时，如果单击编组中的任一对象，所有其他对象也同时被选中。

4.7　编辑对象特性

对象特性包含一般特性和几何特性，一般特性包括对象的颜色、线型、图层及线宽等，几何特性包括对象的尺寸和位置。可以直接在"特性"选项板中设置和修改对象的特性。

4.7.1　打开"特性"选项板

选择"修改"|"特性"命令，或选择"工具"|"选项板"|"特性"命令，也可以在"标准注释"工具栏中单击"特性"按钮　，打开"特性"选项板，如图 4-40 所示。

"特性"选项板默认处于浮动状态。在"特性"选项板的标题栏上右击，将弹出一个快捷菜单，如图 4-41 所示。可通过该快捷菜单确定是否隐藏选项板、是否在选项板内显示特性的说明部分以及是否将选项板锁定在主窗口中。

图 4-40　对象"特性"选项板　　　　图 4-41　对象"特性"选项板快捷菜单

例如，在对象"特性"选项板快捷菜单中选择了"说明"命令，然后在"特性"选项板中选择对象的某一特性，则"特性"选项板下面将显示该特性的说明信息。在对象"特性"选项板快捷菜单中选择"自动隐藏"命令，则不使用对象"特性"选项板时，它会自动隐藏，只显示一个标题栏。

4.7.2　"特性"选项板的功能

"特性"选项板中显示了当前选择集中对象的所有特性和特性值，当选中多个对象时，将显示它们的共有特性。可以通过它浏览、修改对象的特性，也可以通过它浏览、修改满足应用程序接口标准的第三方应用程序对象。在使用"特性"选项板时应注意以下几点。

- 打开"特性"选项板，在没有选中对象时，选项板显示整个图纸的特性及其当前设置；当选择了一个对象后，选项板内将列出该对象的全部特性及其当前设置；选择同一类型的多个对象，则选项板内列出这些对象的共有特性和当前设置；选择不同类型的多个对象，则选项板内只列出这些对象的基本特性及其当前设置，如颜色、图层、线型、线型比例、打印样式、线宽、超链接及厚度等，如图 4-42 所示。

图 4-42　选择一个和多个对象时的"特性"选项板

- "切换 PICKADD 系统变量值"按钮 ：单击该按钮可以修改 PICKADD 系统变量的值，设置是否能选择多个对象进行编辑。

- "选择对象"按钮 ⊞：单击该按钮切换到绘图窗口，可以选择其他对象。
- "快速选择"按钮 ⚐：单击该按钮将打开"快速选择"对话框，可以快速创建供编辑用的选择集。
- 在"特性"选项板内双击对象的特性栏，可显示该特性所有可能的取值。
- 修改所选择对象的特性时，可以直接输入新值、从下拉列表框中选择值、通过对话框改变值或利用"选择对象"按钮在绘图区改变坐标值。

4.8 思 考 练 习

1. 在 AutoCAD 2008 中选择对象的方法有哪些，如何使用"窗口"和"窗交"选择对象？
2. 在 AutoCAD 2008 中如何创建对象编组？
3. 在 AutoCAD 2008 中如何使用夹点编辑对象？
4. 在 AutoCAD 2008 中"打断"命令与"打断于点"命令有何区别？
5. 已知有图 4-43(a)所示的图形，如何将其修改成图 4-43(b)所示的结果？

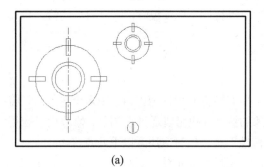　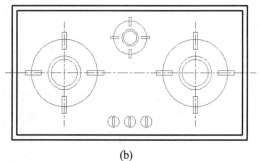

(a)　　　　　　　　　　　　　　　　　(b)

图 4-43　绘图练习 1

6. 已知有图 4-44(a)所示的图形，如何将其修改成图 4-44(b)所示的结果？

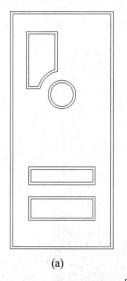　　　　

(a)　　　　　　　　　　　　　　　(b)

图 4-44　绘图练习 2

7. 已知有图 4-45(a)所示的图形，如何将其修改成图 4-45(b)所示的结果？

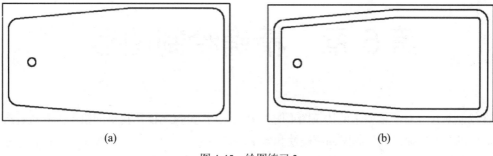

图 4-45　绘图练习 3

第5章 精确绘制图形

在绘制对尺寸有严格要求的建筑图形时，灵活运用 AutoCAD 所提供的绘图工具进行准确定位，可以有效地提高建筑制图的精确性和效率。在中文版 AutoCAD 2008 中，可以使用系统提供的对象捕捉、对象捕捉追踪等功能，在不输入坐标的情况下快速、精确地绘制建筑图形。

5.1 使用捕捉、栅格和正交功能定位点

在绘制建筑图形时，尽管可以通过移动光标来指定点的位置，但却很难精确指定点的某一位置。因此，要精确定位点，必须使用坐标或捕捉功能。本节主要介绍如何使用系统提供的栅格、捕捉和正交功能来精确定位点。

5.1.1 设置栅格和捕捉

"捕捉"用于设定鼠标光标移动的间距。"栅格"是一些标定位置的小点，起坐标纸的作用，可以提供直观的距离和位置参照，如图 5-1 所示。在 AutoCAD 中，使用"捕捉"和"栅格"功能，可以提高绘图效率。

1. 打开或关闭捕捉和栅格功能

打开或关闭"捕捉"和"栅格"功能有以下几种方法。
- 在 AutoCAD 程序窗口的状态栏中，单击"捕捉"和"栅格"按钮。
- 按 F7 键打开或关闭栅格，按 F9 键打开或关闭捕捉。
- 选择"工具"|"草图设置"命令，打开"草图设置"对话框，如图 5-2 所示。在"捕捉和栅格"选项卡中选中或取消"启用捕捉"和"启用栅格"复选框。

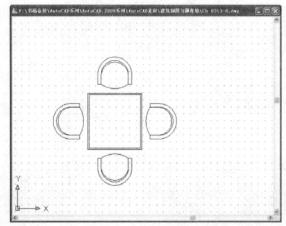

图 5-1　显示栅格　　　　　　　　　　　图 5-2　"草图设置"对话框

2. 设置捕捉和栅格参数

利用"草图设置"对话框中的"捕捉和栅格"选项卡(如图 5-2 所示)，可以设置捕捉和栅格的相关参数，其中各选项的功能如下。

- "启用捕捉"复选框：打开或关闭捕捉方式。选中该复选框，可以启用捕捉。
- "捕捉间距"选项区域：设置捕捉间距、捕捉角度以及捕捉基点坐标。
- "启用栅格"复选框：打开或关闭栅格的显示。选中该复选框，可以启用栅格。
- "栅格间距"选项区域：设置栅格间距。如果栅格的 X 轴和 Y 轴间距值为 0，则栅格采用捕捉 X 轴和 Y 轴间距的值。
- "捕捉类型"选项区域：可以设置捕捉类型和样式，包括"栅格捕捉"和"极轴捕捉"两种。
  - "栅格捕捉"单选按钮：选中该单选按钮，可以设置捕捉样式为栅格。当选中"矩形捕捉"单选按钮时，可将捕捉样式设置为标准矩形捕捉模式，光标可以捕捉一个矩形栅格；当选中"等轴测捕捉"单选按钮时，可将捕捉样式设置为等轴测捕捉模式，光标将捕捉到一个等轴测栅格；在"捕捉间距"和"栅格间距"选项区域中可以设置相关参数。
  - "极轴捕捉"单选按钮：选中该单选按钮，可以设置捕捉样式为极轴捕捉。此时，在启用了极轴追踪或对象捕捉追踪的情况下指定点，光标将沿极轴角或对象捕捉追踪角度进行捕捉，这些角度是相对最后指定的点或最后获取的对象捕捉点计算的，并且在"极轴间距"选项区域中的"极轴距离"文本框中可设置极轴捕捉间距。
- "栅格行为"选项区域：用于设置"视觉样式"下栅格线的显示样式(三维线框除外)。
  - "自适应栅格"复选框：用于限制缩放时栅格的密度。
  - "允许以小于栅格间距的间距再拆分"复选框：用于是否能够以小于栅格间距的间距来拆分栅格。
  - "显示超出界限的栅格"复选框：用于确定是否显示图限之外的栅格。
  - "跟随动态 UCS"复选框：跟随动态 UCS 的 XY 平面而改变栅格平面。

5.1.2　GRID 与 SNAP 命令

除了可以通过"草图设置"对话框设置栅格和捕捉参数，用户还可以通过 GRID 与 SNAP 命令进行设置。

1. 使用 GRID 命令

执行 GRID 命令时，其命令行显示如下提示信息。

> 指定栅格间距(X)或[开(ON)/关(OFF)/捕捉(S)/主(M)/自适应(D)/界限(L)/跟随(F)/纵横向间距(A)]
> <10.0000>:

默认情况下，需要设置栅格间距值。该间距不能设置太小，否则将导致图形模糊及屏幕重画太慢，甚至无法显示栅格。该命令提示中其他选项的功能如下。

- "开(ON)"／"关(OFF)"选项：打开或关闭当前栅格。

- "捕捉(S)"选项：将栅格间距设置为由 SNAP 命令指定的捕捉间距。
- "主(M)"选项：设置每个主栅格线的栅格分块数。
- "自适应(D)"选项：设置是否允许以小于栅格间距的间距拆分栅格。
- "界限(L)"选项：设置是否显示超出界限的栅格。
- "跟随(F)"选项：设置是否跟随动态 UCS 的 XY 平面而改变栅格平面。
- "纵横向间距(A)"选项：设置栅格的 X 轴和 Y 轴间距值。

2. 使用 SNAP 命令

执行 SNAP 命令时，其命令行显示如下提示信息。

> 指定捕捉间距或 [开(ON)/关(OFF)/纵横向间距(A)/样式(S)/类型(T)] <10.0000>:

默认情况下，需要指定捕捉间距，并使用"开(ON)"选项，以当前栅格的分辨率、旋转角和样式激活捕捉模式；使用"关(OFF)"选项，关闭捕捉模式，但保留当前设置。此外，该命令提示中其他选项的功能如下。

- "纵横向间距(A)"选项：在 X 和 Y 方向上指定不同的间距。如果当前捕捉模式为等轴测，则不能使用该选项。
- "样式(S)"选项：设置"捕捉"栅格的样式为"标准"或"等轴测"。"标准"样式显示与当前 UCS 的 XY 平面平行的矩形栅格，X 间距与 Y 间距可能不同；"等轴测"样式显示等轴测栅格，栅格点初始化为 30° 和 150° 角。等轴测捕捉可以旋转，但不能有不同的纵横向间距值。等轴测包括上等轴测平面(30° 和 150° 角)、左等轴测平面(90° 和 150° 角)和右等轴测平面(30° 和 90° 角)，如图 5-3 所示。
- "类型(T)"选项：指定捕捉类型为极轴或栅格。

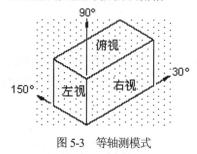

图 5-3　等轴测模式

5.1.3　使用正交模式

使用 ORTHO 命令，可以打开正交模式，用于控制是否以正交方式绘图。在正交模式下，可以方便地绘制出与当前 X 轴或 Y 轴平行的线段。打开或关闭正交方式有以下两种方法。

- 在 AutoCAD 程序窗口的状态栏中单击"正交"按钮。
- 按 F8 键打开或关闭。

打开正交功能后，输入的第 1 点是任意的，但当移动光标准备指定第 2 点时，引出的橡皮筋线已不再是这两点之间的连线，而是起点到光标十字线的垂直线中较长的那段线，此时单击，橡皮筋线就变成所绘直线。

5.2　使用对象捕捉功能

在绘图的过程中，经常要指定一些已有对象上的点，例如端点、圆心和两个对象的交点等。如果只凭观察来拾取，不可能非常准确地找到这些点。为此，AutoCAD 2008 提供了对象捕捉功能，可以迅速、准确地捕捉到某些特殊点，从而精确地绘制图形。

5.2.1　打开对象捕捉功能

在 AutoCAD 中，可以通过"对象捕捉"工具栏和"草图设置"对话框等方式调用对象捕捉功能。

1．"对象捕捉"工具栏

在绘图过程中，当要求指定点时，单击"对象捕捉"工具栏中相应的特征点按钮，再把光标移到要捕捉对象上的特征点附近，即可捕捉到相应的对象特征点。图 5-4 所示为"对象捕捉"工具栏。

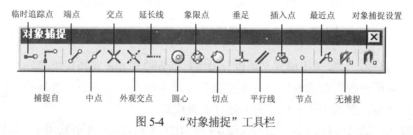

图 5-4　"对象捕捉"工具栏

2．使用自动捕捉功能

在绘图的过程中，使用对象捕捉的频率非常高。为此，AutoCAD 又提供了一种自动对象捕捉模式。

自动捕捉就是当把光标放在一个对象上时，系统自动捕捉到对象上所有符合条件的几何特征点，并显示相应的标记。如果把光标放在捕捉点上多停留一会，系统还会显示捕捉的提示。这样，在选点之前，就可以预览和确认捕捉点。

要打开对象捕捉模式，可在"草图设置"对话框的"对象捕捉"选项卡中，选中"启用对象捕捉"复选框，然后在"对象捕捉模式"选项区域中选中相应复选框，如图 5-5 所示。

注意：

要设置自动捕捉功能，可选择"工具" | "选项"命令，在"选项"对话框的"草图"选项卡中进行设置。

3．对象捕捉快捷菜单

当要求指定点时，可以按 Shift 键或者 Ctrl 键，右击打开对象捕捉快捷菜单，如图 5-6 所示。选择需要的子命令，再把光标移到要捕捉对象的特征点附近，即可捕捉到相应的对象特征点。

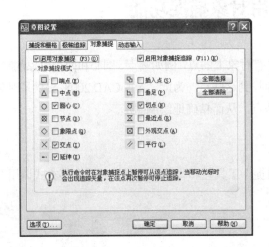

图 5-5　在"草图设置"对话框中设置对象捕捉模式 　　　　图 5-6　对象捕捉快捷菜单

在对象捕捉快捷菜单中，"点过滤器"子命令中的各命令用于捕捉满足指定坐标条件的点。除此之外的其余各项都与"对象捕捉"工具栏中的各种捕捉模式相对应。

5.2.2　运行和覆盖捕捉模式

在 AutoCAD 中，对象捕捉模式又可以分为运行捕捉模式和覆盖捕捉模式。

- 在"草图设置"对话框的"对象捕捉"选项卡中，设置的对象捕捉模式始终处于运行状态，直到关闭为止，称为运行捕捉模式。
- 如果在点的命令行提示下输入关键字(如 MID、CEN、QUA 等)、单击"对象捕捉"工具栏中的按钮或在对象捕捉快捷菜单中选择相应命令，只临时打开捕捉模式，称为覆盖捕捉模式，仅对本次捕捉点有效，在命令行中显示一个"于"标记。

要打开或关闭运行捕捉模式，可单击状态栏上的"对象捕捉"按钮。设置覆盖捕捉模式后，系统将暂时覆盖运行捕捉模式。

【练习 5-1】使用对象捕捉功能绘制图 5-7 所示的图形。

(1) 选择"工具"|"草图设置"命令，打开"草图设置"对话框，在"对象捕捉"选项卡的"对象捕捉模式"选项区域中选中"中点""交点"复选框，即选择这两种捕捉模式，然后单击"确定"按钮关闭该对话框。

(2) 在"面板"选项板的"二维绘图"选项区域中单击"直线"按钮 /，绘制一条垂直辅助线和一条水平辅助线，如图 5-8 所示。

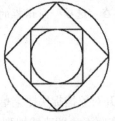

图 5-7　绘制图形 　　　　　　　　　　　图 5-8　绘制辅助线

(3) 在"面板"选项板的"二维绘图"选项区域中单击"圆"按钮 ◎ ，在"指定圆的圆心或[三点( )/两点( )/相切，相切，相切( )]:"提示下，将光标移到两条辅助线的交点处，当捕捉到交点时，光标显示为 X 形状。在交点处单击，绘制一个圆，如图 5-9 所示。

(4) 在"面板"选项板的"二维绘图"选项区域中单击"直线"按钮 ╱ ，在"指定第一点:"提示下，将光标移到圆与垂直辅助线上方的交点处，当捕捉到该交点时单击，确定直线的第一点。然后依次将光标移动到圆与两条辅助线的其他 3 个交点处，分别绘制直线，构成一个倾斜的正方形，如图 5-10 所示。

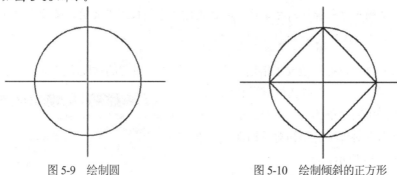

图 5-9　绘制圆　　　　　　　　　　图 5-10　绘制倾斜的正方形

(5) 在"面板"选项板的"二维绘图"选项区域中单击"直线"按钮 ╱ ，在"指定第一点:"提示下，将光标移到倾斜正方形某条边的中点处。当捕捉到中点时，光标显示为三角形。在中点处单击，确定第一个点。然后依次将光标移动到倾斜正方形其他边的中点处，分别绘制直线，在倾斜正方形的内部构成一个正方形，如图 5-11 所示。

(6) 重复步骤(3)，绘制另一个圆，但是在确定圆心后，将光标移动到内部正方形与辅助线的交点处，当捕捉到交点时单击，这样绘制的圆内切于内部的正方形，如图 5-12 所示。

(7) 最后删除两条辅助线，得到的效果如图 5-7 所示。

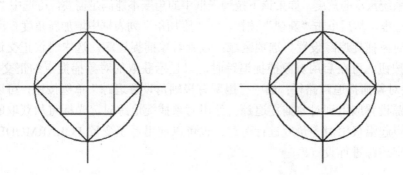

图 5-11　绘制内部正方形　　　　　　图 5-12　绘制内切圆

5.3　使用自动追踪

在 AutoCAD 中，自动追踪可按指定角度绘制对象，或者绘制与其他对象有特定关系的对象。自动追踪功能分极轴追踪和对象捕捉追踪两种，是非常有用的辅助绘图工具。

5.3.1　极轴追踪与对象捕捉追踪

极轴追踪是按事先给定的角度增量来追踪特征点。而对象捕捉追踪则按与对象的某种特定关系来追踪，这种特定的关系确定了一个未知角度。也就是说，如果事先知道要追踪的方向(角度)，则使用极轴追踪；如果事先不知道具体的追踪方向(角度)，但知道与其他对象的某种关系(如相交)，则用对象捕捉追踪。极轴追踪和对象捕捉追踪可以同时使用。

注意：

对象追踪必须与对象捕捉同时工作，即在追踪对象捕捉到点之前，必须先打开对象捕捉功能。

极轴追踪功能可以在系统要求指定一个点时，按预先设置的角度增量显示一条无限延伸的辅助线(这是一条虚线)，这时就可以沿辅助线追踪得到光标点。可在"草图设置"对话框的"极轴追踪"选项卡中对极轴追踪和对象捕捉追踪进行设置，如图 5-13 所示。

"极轴追踪"选项卡中各选项的功能和含义如下。

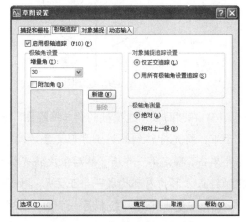

图 5-13　"极轴追踪"选项卡

- "启用极轴追踪"复选框：打开或关闭极轴追踪。也可以使用自动捕捉系统变量或按 F10 键来打开或关闭极轴追踪。
- "极轴角设置"选项区域：设置极轴角度。在"增量角"下拉列表框中可以选择系统预设的角度，如果该下拉列表框中的角度不能满足需要，可选中"附加角"复选框，然后单击"新建"按钮，在"附加角"列表框中增加新角度。
- "对象捕捉追踪设置"选项区域：设置对象捕捉追踪。选中"仅正交追踪"单选按钮，可在启用对象捕捉追踪时，只显示获取的对象捕捉点的正交(水平/垂直)对象捕捉追踪路径；选中"用所有极轴角设置追踪"单选按钮，可以将极轴追踪设置应用到对象捕捉追踪。使用对象捕捉追踪时，光标将从获取的对象捕捉点起沿极轴对齐角度进行追踪。也可以使用系统变量 POLARMODE 对对象捕捉追踪进行设置。

注意：

打开正交模式，光标将被限制沿水平或垂直方向移动。因此，正交模式和极轴追踪模式不能同时打开，若一个打开，另一个将自动关闭。

- "极轴角测量"选项区域：设置极轴追踪对齐角度的测量基准。其中，选中"绝对"单选按钮，可以基于当前用户坐标系(UCS)确定极轴追踪角度；选中"相对上一段"单选按钮，可以基于最后绘制的线段确定极轴追踪角度。

5.3.2　使用临时追踪点和捕捉自功能

在"对象捕捉"工具栏中，还有两个非常有用的对象捕捉工具，即"临时追踪点"和"捕捉自"工具。

- "临时追踪点"工具 ⊷：可在一次操作中创建多条追踪线，并根据这些追踪线确定所要定位的点。
- "捕捉自"工具 ⌐：在使用相对坐标指定下一个应用点时，"捕捉自"工具可以提示输入基点，并将该点作为临时参照点，这与通过输入前缀@使用最后一个点作为参照点类似。它不是对象捕捉模式，但经常与对象捕捉一起使用。

5.3.3　使用自动追踪功能绘图

使用自动追踪功能可以快速而精确地定位点，在很大程度上提高了绘图效率。在 AutoCAD 2008 中，要设置自动追踪功能选项，可打开"选项"对话框，在"草图"选项卡的"自动追踪设置"选项区域中进行设置，其各选项功能如下。

- "显示极轴追踪矢量"复选框：设置是否显示极轴追踪的矢量数据。
- "显示全屏追踪矢量"复选框：设置是否显示全屏追踪的矢量数据。
- "显示自动追踪工具栏提示"复选框：设置在追踪特征点时是否显示工具栏上的相应按钮的提示文字。

5.4　使用动态输入

在 AutoCAD 2008 中，使用动态输入功能可以在指针位置处显示标注输入和命令提示等信息，从而极大地方便了绘图。

5.4.1　启用指针输入

在"草图设置"对话框的"动态输入"选项卡中，选中"启用指针输入"复选框可以启用指针输入功能，如图 5-14 所示。可以在"指针输入"选项区域中单击"设置"按钮，使用打开的"指针输入设置"对话框设置指针的格式和可见性，如图 5-15 所示。

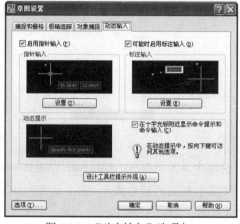

图 5-14　"动态输入"选项卡

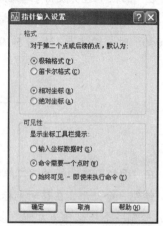

图 5-15　"指针输入设置"对话框

5.4.2 启用标注输入

在"草图设置"对话框的"动态输入"选项卡中，选中"可能时启用标注输入"复选框可以启用标注输入功能。在"标注输入"选项区域中单击"设置"按钮，使用打开的"标注输入的设置"对话框可以设置标注的可见性，如图 5-16 所示。

图 5-16 "标注输入的设置"对话框

5.4.3 显示动态提示

在"草图设置"对话框的"动态输入"选项卡中，选中"动态提示"选项区域中的"在十字光标附近显示命令提示和命令输入"复选框，可以在光标附近显示命令提示，如图 5-17 所示。

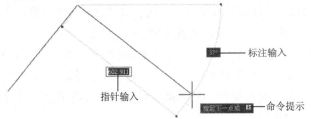

图 5-17 动态显示命令提示

【练习 5-2】 利用动态输入、极轴追踪和自动捕捉功能绘制图 5-18 所示的双扇门。

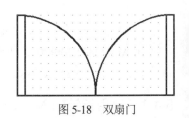

图 5-18 双扇门

(1) 选择"工具"|"草图设置"命令，打开"草图设置"对话框。切换到"捕捉和栅格"选项卡中，选择"启用捕捉"和"启用栅格"复选框，然后将捕捉间距和栅格的 X 轴间距设置为 40，Y 轴间距设置为 30。然后切换到"极轴追踪"选项卡，选择"启用极轴追踪"复选框。单击"确定"按钮，关闭该对话框。

(2) 单击状态栏上的"动态输入"按钮 DYN，启用动态输入功能。

(3) 在"面板"选项板的"二维绘图"选项区域中单击"直线"按钮，绘制一条长为 600 的直线，绘制过程中不要通过坐标输入，而是查看光标附近的极轴坐标，当极轴显示为 600.0000<0° 时捕捉该点，如图 5-19 所示。

图 5-19 绘制直线

(4) 在"面板"选项板的"二维绘图"选项区域中单击"矩形"按钮 ，以直线的左端点为起点，绘制一个矩形，在移动光标的过程中查看鼠标附近的动态提示，当坐标显示为(30,300)时单击，绘制一个矩形作为左侧门扇，如图 5-20 所示。

(5) 单击状态栏上的"对象追踪"按钮 对象追踪，启用对象追踪功能。

(6) 选择"工具"|"草图设置"命令，打开"草图设置"对话框的"对象捕捉"选项卡，选择"端点"和"中点"复选框，启用这两种捕捉方式。

(7) 在"面板"选项板的"二维绘图"选项区域中单击"矩形"按钮▢，以直线的右端点为起点，绘制一个矩形。在移动光标定位第二个点的过程中，利用对象追踪方式，当出现与第一个矩形上端点平行的虚线时，选择往左移动一个栅格间距捕捉矩形的另一个角点，完成矩形的绘制，如图 5-21 所示。

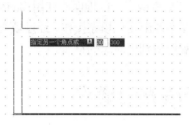

图 5-20　绘制左侧门扇　　　　　　　　图 5-21　绘制右侧门扇

(8) 在"面板"选项板的"二维绘图"选项区域中单击"圆弧"按钮◠，以左侧门扇的左下角点为圆心，捕捉直线的中点作为圆弧的起点，以左侧门扇的右上交点为终点，绘制左侧开门轨迹，如图 5-22 所示。

(9) 使用同样的方法绘制右侧开门轨迹，最终效果如图 5-18 所示。

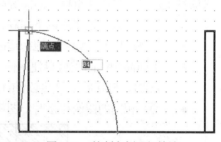

图 5-22　绘制左侧开门轨迹

5.5　思考练习

1. 在 AutoCAD 2008 中要打开或关闭"捕捉"和"栅格"功能共有几种方法？

2. 对象捕捉模式包括哪两种？各有什么特点？

3. 极轴追踪与对象捕捉追踪有何区别？

4. 如何使用动态输入功能？

5. 利用自动追踪功能绘制图 5-23 所示的图形(图中给出了主要尺寸，其余尺寸由读者确定)。

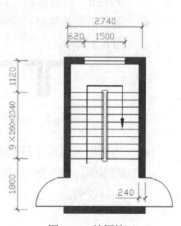

图 5-23　绘图练习

第6章　填充建筑图形

在建筑制图中，经常需要绘制各种填充图形，如铺有地板或瓷砖的地面。使用 AutoCAD 2008 提供的填充功能，用户可以对建筑图形进行单色、图案或渐变色填充操作。经过填充的图形不仅看起来内容更加丰富，而且能够帮助用户更加直观地辨别出对象的材质。

6.1　建筑制图规范对于填充的要求

《房屋建筑制图统一标准》(GB/T50001-2010)中有建筑材料的图例画法以及一些与填充相关的规定。对于常用建筑材料的图例画法，规范对其尺度比例不作具体规定，可以根据图样大小而定，但绘制时应该注意以下问题。

- 图例线应间隔均匀，疏密适度，做到图例正确，表示清楚。
- 不同品种的同类材料使用同一图例(如某些特定部位的石膏板必须注明是防水石膏板)时，应在图上附加必要的说明。
- 两个相同的图例相接时，图例线宜错开或使倾斜方向相反显示，如图 6-1 所示。

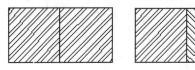

图 6-1　相同图例相接时的画法

- 两个相邻的涂黑图例(如混凝土构件、金属件)间，应留有空隙。其宽度不得小于 0.7mm，如图 6-2 所示。
- 需画出的建筑材料图例面积过大时，可在断面轮廓线内，沿轮廓线作局部表示，如图 6-3 所示。

图 6-2　相邻涂黑图例的画法　　　　图 6-3　局部表示图例

- 当选用《房屋建筑制图统一标准》(GB/T50001-2010)中未包括的建筑材料时，可自编图例，但不得与已经列出的图例重复。绘制时应在适当位置画出该材料图例，并加以说明。

6.2　设置图案填充

重复绘制某些图案以填充图形中的一个区域，从而表达该区域的特征，这种填充操作称为图案填充。图案填充的应用非常广泛，例如，在建筑制图中，可以用图案填充表达地面的材质，也可以使用不同的图案填充来表达墙体使用的不同材料。

选择"绘图"|"图案填充"命令(BHATCH)，或在"面板"选项板的"二维绘图"选项区域中单击"图案填充"按钮 ，打开"图案填充和渐变色"对话框的"图案填充"选项卡，可以设置图案填充时的类型和图案、角度和比例等特性，如图 6-4 所示。下面介绍该选项卡中各个选项区域的作用。

图 6-4　"图案填充和渐变色"对话框

6.2.1 类型和图案

在"类型和图案"选项区域中，可以设置图案填充的类型和图案，主要选项的功能如下。

- "类型"下拉列表框：设置填充的图案类型，包括"预定义""用户定义"和"自定义"3 个选项。其中，选择"预定义"选项，可以使用 AutoCAD 提供的图案；选择"用户定义"选项，则需要临时定义图案，该图案由一组平行线或者相互垂直的两组平行线组成；选择"自定义"选项，可以使用预先定义好的图案。
- "图案"下拉列表框：设置填充的图案，当在"类型"下拉列表框中选择"预定义"选项时，该选项可用。在该下拉列表框中可以根据图案名选择图案，也可以单击其后的  按钮，在打开的"填充图案选项板"对话框中进行选择，如图 6-5 所示。
- "样例"预览窗口：显示当前选中的图案样例，单击所选的样例图案，也可打开"填充图案选项板"对话框选择图案。
- "自定义图案"下拉列表框：选择自定义图案，在"类型"下拉列表框中选择"自定义"选项时，该选项可用。

图 6-5　"填充图案选项板"对话框

6.2.2　角度和比例

在"角度和比例"选项区域中，可以设置用户定义类型的图案填充的角度和比例等参数，主要选项的功能如下。

- "角度"下拉列表框：设置填充图案的旋转角度，每种图案在定义时的旋转角度都为零。
- "比例"下拉列表框：设置图案填充时的比例值。每种图案在定义时的初始比例为1，可以根据需要放大或缩小。在"类型"下拉列表框中选择"用户定义"选项时该选项不可用。图 6-6 显示了不同角度和比例的控制效果。

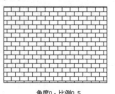

角度0，比例1　　　　　　　　角度45，比例1　　　　　　　　角度0，比例0.5

图 6-6　角度和比例的控制效果

- "双向"复选框：当在"图案填充"选项卡中的"类型"下拉列表框中选择"用户定义"选项时，选中该复选框，可以使用相互垂直的两组平行线填充图形；否则为一组平行线。
- "间距"文本框：设置填充平行线之间的距离，当在"类型"下拉列表框中选择"用户定义"选项时，该选项才可用。图 6-7 显示了"用户定义"角度、间距和双向的控制效果。

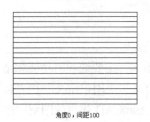

角度0，间距100　　　　　　角度45，间距100，双向　　　　　　角度0，间距50

图 6-7　"用户定义"角度、间距和双向的控制效果

- "ISO 笔宽"下拉列表框：设置笔的宽度，当填充图案采用 ISO 图案时，该选项才可用。图 6-8 显示了不同 ISO 笔宽的控制效果。

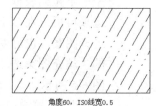

角度0，ISO线宽0.13　　　　　角度0，ISO线宽0.5　　　　　角度60，ISO线宽0.5

图 6-8　ISO 笔宽控制效果

- "相对图纸空间"复选框：设置比例因子是否为相对于图纸空间的比例。

6.2.3　图案填充原点

在"图案填充原点"选项区域中，可以设置图案填充原点的位置，因为许多图案填充需要对齐填充边界上的某一个点。主要选项的功能如下。

- "使用当前原点"单选按钮：可以使用当前 UCS 的原点(0,0)作为图案填充原点。
- "指定的原点"单选按钮：可以通过指定点作为图案填充原点。其中，单击"单击以设置新原点"按钮，可以从绘图窗口中选择某一点作为图案填充原点；选择"默认为边界范围"复选框，可以以填充边界的左下角、右下角、右上角、左上角或圆心作为图案填充原点；选择"存储为默认原点"复选框，可以将指定的点存储为默认的图案填充原点。

6.2.4　边界

在"边界"选项区域中包括"拾取点""选择对象"等按钮，其功能如下。

- "拾取点"按钮：以拾取点的形式来指定填充区域的边界。单击该按钮切换到绘图窗口，可在需要填充的区域内任意指定一点，系统会自动计算出包围该点的封闭填充边界，同时亮显该边界。如果在拾取点后系统不能形成封闭的填充边界，则会显示错误提示信息。
- "选择对象"按钮：单击该按钮将切换到绘图窗口，可以通过选择对象的方式来定义填充区域的边界。
- "删除孤岛"按钮：单击该按钮可以取消系统自动计算或用户指定的边界，图 6-9 所示为包含边界与删除边界时的效果对比图。

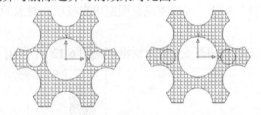

图 6-9　包含孤岛与删除孤岛时的效果对比图

- "重新创建边界"按钮：重新创建图案填充边界。
- "查看选择集"按钮：查看已定义的填充边界。单击该按钮，切换到绘图窗口，已定义的填充边界将亮显。

6.2.5　选项及其他功能

在"选项"选项区域中，主要包括"关联"复选框、"创建独立的图案填充"复选框和"绘图次序"下拉列表框。

- "关联"复选框：该复选框用于控制填充图案与边界"关联"或"非关联"。关联图案填充随边界的更改自动更新，而非关联的图案填充则不会随边界的更改而自动更新，图 6-10 所示为工字梁的填充效果。

填充的对象   编辑具有关联图案   编辑非关联填充边
                  填充的边界的结果   界所得到的结果

图 6-10   "关联"与"非关联"效果比较

- "创建独立的图案填充"复选框：当选择了多个封闭的边界进行填充时，该复选框控制是创建单个或多个图案填充对象，图 6-11 所示为相同的填充效果，但(a)图为单个的图案填充对象，而(b)图为 3 个图案填充对象。

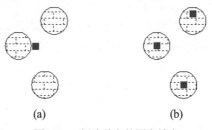

(a)   (b)

图 6-11   创建独立的图案填充

- "绘图次序"下拉列表框：主要为图案填充指定绘图次序。图案填充可以放在所有其他对象之后、所有其他对象之前、图案填充边界之后或图案填充边界之前。

此外，单击"继承特性"按钮，可以将现有图案填充或填充对象的特性应用到其他图案填充或填充对象。

【练习 6-1】使用"图案填充和渐变色"对话框填充图 6-12 所示的门，效果如图 6-13 所示。

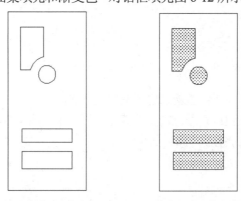

图 6-12   原始图形   图 6-13   最终效果

(1) 选择"绘图"｜"图案填充"命令，或在"面板"选项板的"二维绘图"选项区域中单击"图案填充"按钮，打开"图案填充和渐变色"对话框。

(2) 在"图案填充"选项卡中，单击"图案"下拉列表框后面的按钮，打开"填充图案选项板"对话框。在"其他预定义"选项卡中选择 GRASS 选项，然后单击"确定"按钮，关闭"填充图案选项板"对话框。

(3) 保持角度和比例不变，单击"拾取点"按钮切换到绘图窗口，并在图形中需要填充的图形内部单击，选择填充区域，如图 6-14 所示。

（4）按 Enter 键返回"图案填充和渐变色"对话框，单击"确定"按钮，则填充效果将如图 6-15 所示。

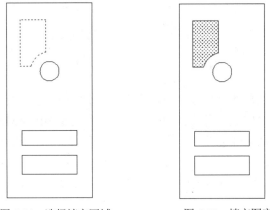

图 6-14 选择填充区域　　　　图 6-15 填充图案

（5）使用相同的方法对其他的位置进行填充，最终效果如图 6-13 所示。

6.3 设 置 孤 岛

在进行图案填充时，通常将位于一个已定义好的填充区域内的封闭区域称为孤岛。单击"图案填充和渐变色"对话框右下角的 ⊙ 按钮，将显示更多选项，可以对孤岛和边界进行设置，如图 6-16 所示。

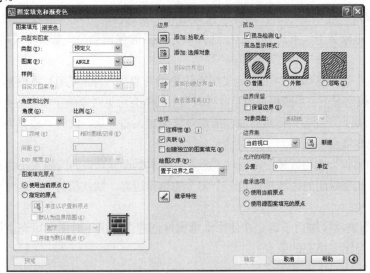

图 6-16　展开的"图案填充和渐变色"对话框

在"孤岛"选项区域中，选中"孤岛检测"复选框，可以指定在最外层边界内填充对象的方法，包括"普通""外部"和"忽略"3 种填充方式，效果如图 6-17 所示。

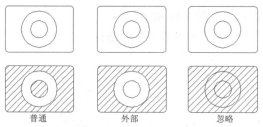

图 6-17　孤岛的 3 种填充效果

- "普通"方式：从最外边界向里画填充线，遇到与之相交的内部边界时断开填充线，遇到下一个内部边界时再继续绘制填充线，系统变量 HPNAME 设置为 N。
- "外部"方式：从最外边界向里画填充线，遇到与之相交的内部边界时断开填充线，不再继续往里绘制填充线，系统变量 HPNAME 设置为 O。
- "忽略"方式：忽略边界内的对象，所有内部结构都被填充线覆盖，系统变量 HPNAME 设置为 I。

注释：

以普通方式填充时，如果填充边界内有诸如文字、属性这样的特殊对象，且在选择填充边界时也选择了它们，填充时图案填充在这些对象处会自动断开，就像用一个比它们略大的看不见的框保护起来一样，以使这些对象更加清晰，如图 6-18 所示。

图 6-18　包含特殊对象的图案填充

在"边界保留"选项区域中，选择"保留边界"复选框，可将填充边界以对象的形式保留，并可以从"对象类型"下拉列表框中选择填充边界的保留类型，如"多段线"和"面域"选项等。

在"边界集"选项区域中，可以定义填充边界的对象集，AutoCAD 将根据这些对象来确定填充边界。默认情况下，系统根据"当前视口"中的所有可见对象确定填充边界。也可以单击"新建"按钮，切换到绘图窗口，然后通过指定对象类定义边界集，此时"边界集"下拉列表框中将显示为"现有集合"选项。

在"允许的间隙"选项区域中，通过"公差"文本框设置允许的间隙大小。在该参数范围内，可以将一个几乎封闭的区域看作是一个闭合的填充边界。默认值为 0，这时对象是完全封闭的区域。

"继承选项"选项区域用于确定在使用继承属性创建图案填充时图案填充原点的位置，可以是当前原点或源图案填充的原点。

6.4　设置渐变色填充

使用"图案填充和渐变色"对话框的"渐变色"选项卡，可以创建单色或双色渐变色，并对图案进行填充，如图 6-19 所示。其中各选项的功能如下。

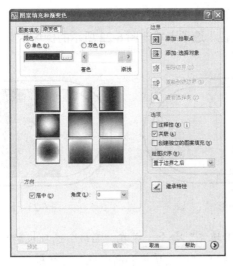

图 6-19　"渐变色"选项卡

- "单色"单选按钮：可以使用从较深着色调到较浅色调平滑过渡的单色填充。此时，AutoCAD 显示"浏览"按钮和"色调"滑块。其中，单击"浏览"按钮 将显示"选择颜色"对话框，可以选择索引颜色、真彩色或配色系统颜色，显示的默认颜色为图形的当前颜色；通过"色调"滑块，可以指定一种颜色的色调或着色。
- "双色"单选按钮：选中该单选按钮，可以指定两种颜色之间平滑过渡的双色渐变填充，如图 6-20 所示。此时 AutoCAD 在"颜色 1"和"颜色 2"后分别显示带"浏览"按钮的颜色样本，如图 6-21 所示。

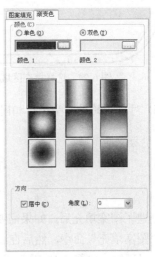

图 6-20　使用渐变色填充图形　　　　　　　　　图 6-21　选择双色的颜色

- "角度"下拉列表框：相对当前 UCS 指定渐变填充的角度，与指定给图案填充的角度互不影响。
- "渐变图案"预览窗口：显示当前设置的渐变色效果，共有 9 种效果。

注释：
在中文版 AutoCAD 2008 中，尽管可以使用渐变色来填充图形，但该渐变色最多只能由两种颜色创建，并且仍然不能使用位图填充图形。

【**练习 6-2**】使用"渐变色"选项卡填充图 6-22 所示的操场，操场两端采用不同的渐变色，效果如图 6-23 所示。

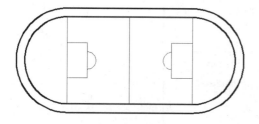

图 6-22　原始图形　　　　　　　　　　图 6-23　最终填充效果

(1) 选择"绘图"|"图案填充"命令，或在"面板"选项板的"二维绘图"选项区域中单击"图案填充"按钮 ，打开"图案填充和渐变色"对话框。

(2) 切换到"渐变色"选项卡，选择"双色"单选按钮，然后分别单击"颜色 1"和"颜色 2"右侧的 按钮，在打开的"选择颜色"对话框中选择所需的颜色。选择好颜色后，单击"确定"按钮返回"渐变色"选项卡。

(3) 单击"拾取点"按钮，在屏幕上选择左半边的操场作为填充区域，如图 6-24 所示。

(4) 选择完成后，单击 Enter 键返回"渐变色"选项卡，然后单击"确定"按钮，对选择的区域执行渐变色填充，如图 6-25 所示。

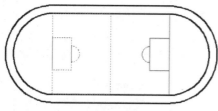
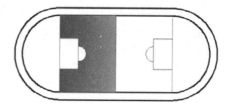

图 6-24　选择填充区域　　　　　　　　图 6-25　执行渐变色填充

(5) 对球场的另一半执行相同的渐变色填充操作，最终效果如图 6-23 所示。

6.5　编辑图案填充

创建了图案填充后，如果需要修改填充图案或修改图案区域的边界，可选择"修改"|"对象"|"图案填充"命令，然后在绘图窗口中单击需要编辑的图案填充，这时将打开"图案填充编辑"对话框，如图 6-26 所示。

从图 6-26 所示的对话框可以看出，"图案填充编辑"对话框与"图案填充和渐变色"对话框的内容相同，只是定义填充边界和对孤岛操作的按钮不再可用，即图案填充操作只能修改图案、比例、旋转角度和关联性等，而不能修改它的边界。

图 6-26　"图案填充编辑"对话框

在为编辑命令选择图案时，系统变量 PICKSTYLE 起着很重要的作用，其值有 4 种。

- 0：禁止编组或关联图案选择。即当用户选择图案时仅选择了图案自身，而不会选择与之关联的对象。
- 1：允许编组选择，即图案可以被加入到对象编组中，这是 PICKSTYLE 的默认设置。
- 2：允许关联的图案选择。
- 3：允许编组和关联图案选择。

当用户将 PICKSTYLE 设置为 2 或 3 时，如果用户选择了一个图案，将同时把与之关联的边界对象选进来，有时会导致一些意想不到的结果。例如，如果用户仅想删除填充图案，但结果却同时删除了与之相关联的边界。

【例 6-3】对图 6-27 所示的立面图进行图案填充，填充结果如图 6-28 所示。

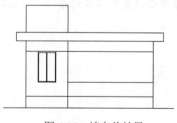

图 6-27　填充前效果

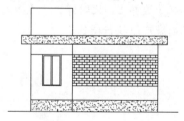

图 6-28　填充后效果

(1) 单击"绘图"工具栏"图案填充…"按钮，弹出"图案填充和渐变色"对话框，选择"图案填充"选项卡。

(2) 单击"图案填充"选项卡"图案"下拉列表框后面的按钮，弹出"填充图案选项板"对话框，选择"其他预定义"选项卡，单击 BRICK 填充图案，单击"确定"按钮，返回"图案填充"对话框。

(3) 在"角度"下拉列表框中输入 0，在"比例"列表框中输入 500。

(4) 单击"拾取点"按钮，切换到绘图区指定填充区域，在中段墙中任意拾取一点，按 Enter 键返回"图案填充"对话框。可以通过单击"预览"按钮查看填充效果。单击"确定"按钮完成砖块填充

(5) 再单击"绘图"工具栏"图案填充…"按钮，单击"图案填充"选项卡"图案"

下拉列表框后面的 ┈ 按钮，弹出"填充图案选项板"对话框，选择"其他预定义"选项卡，选择 AR-SAND 填充图案，单击"确定"按钮，返回"图案填充"对话框。

(6) 在"角度"下拉列表中输入 0，在"比例"列表中输入 100，如图 6-29 所示。

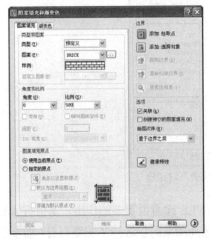

图 6-29 设置"图案填充和渐变色"对话框

(7) 单击"拾取点"按钮 🔣，切换到绘图区指定填充区域，在中段墙中任意拾取一点，按 Enter 键返回"图案填充"对话框。

(8) 单击"确定"按钮，完成图案填充，效果如图 6-28 所示。

提示：

由于填充图案间距太密导致不能填充，此时命令行提示"图案填充间距太密，或短划尺寸太小"。这种情况下，只需要将填充比例放大就可以了。使用"拾取点"选取方式时，拾取点直接落在了边界上，此时弹出"边界定义错误"对话框提示"点直接在对象上"，将拾取点落在边界内就可以执行操作。

6.6 思 考 练 习

1. 简述如何设置孤岛。
2. 在 AutoCAD 2008 中，如何使用渐变色填充图形？
3. 绘制图 6-30 所示的房屋平面图，并对其进行填充。

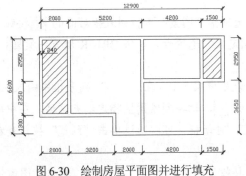

图 6-30 绘制房屋平面图并进行填充

第7章 注释建筑图形

使用 AutoCAD 2008 绘制建筑图形时，除了基本的建筑图形对象之外，用户也经常需要添加各种文字和表格。文字的作用是为图形对象提供必要的说明和注释；而表格主要用于集中统计构件或材料的数量及其他信息，方便用户查询。

7.1 建筑制图对文字的要求

《房屋建筑制图统一标准》(GB/T50001-2010)中要求图纸上所需书写的文字、数字或符号等均应笔画清晰、字体端正、排列整齐，标点符号应清楚正确。文字的字高应从如下高度中选用：3.5mm、5mm、7mm、10mm、14mm、20mm。如需书写更大的字，其高度应按 $\sqrt{2}$ 的比值递增。图样及说明中的汉字宜采用长仿宋体，宽度与高度的关系应符合表 7-1 中的规定。大标题、图册封面、地形图等的汉字也可书写成其他字体，但应易于辨认。

表 7-1　长仿宋体字高宽关系　　　　　　　　　　　(单位: mm)

字高	20	14	10	7	5	3.5
字宽	14	10	7	5	3.5	2.5

拉丁字母、阿拉伯数字与罗马数字的书写与排列应符合表 7-2 的规定。

表 7-2　拉丁字母、阿拉伯数字与罗马数字的书写规则　　　(单位: mm)

书 写 格 式	一 般 字 体	窄 字 体
大写字母高度	h	h
小写字母高度(上下均无延伸)	$7/10h$	$10/14h$
小写字母伸出头和尾部	$3/10h$	$4/14h$
笔画宽度	$1/10h$	$1/14h$
字母间距	$2/10h$	$2/14h$
上下行基准线最小间距	$15/10h$	$21/14h$
词间距	$6/10h$	$6/14h$

拉丁字母、阿拉伯数字与罗马数字如需写成斜体字，其斜度应是从字的底线逆时针向上倾斜 75°。斜体字的高度与宽度应与相应的直体字相等。

拉丁字母、阿拉伯数字与罗马数字的字高应不小于 2.5mm。数量的数值注写应采用正体阿拉伯数字。各种计量单位只要前面有量值的，均应采用国家颁布的单位符号注写。单位符号应采用正体字母。

分数、百分数和比例数的注写应采用阿拉伯数字和数学符号，例如:四分之三、百分之二十五和一比二十应分别写成 3/4、25%和 1：20。

　　当注写数字小于 1 时，必须写出个位的 0，小数点应采用圆点，对齐基准线书写。

　　长仿宋汉字、拉丁字母、阿拉伯数字与罗马数字示例应符合国家现行标准《技术制图——字体》(GB/T14691-1993)的有关规定。

7.2　创建文字样式

　　在 AutoCAD 中，所有文字都有与之相关联的文字样式。在创建文字注释和尺寸标注时，AutoCAD 通常使用当前的文字样式。也可以根据具体要求重新设置文字样式或创建新的样式。文字样式包括文字"字体""字体样式""高度""宽度因子""倾斜角度""颠倒""反向"以及"垂直"等参数。

　　选择"格式"|"文字样式"命令，打开"文字样式"对话框，如图 7-1 所示。利用该对话框可以修改或创建文字样式，并设置文字的当前样式。

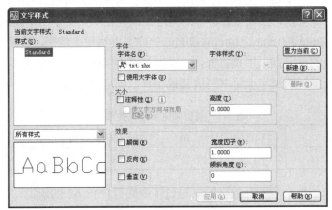

图 7-1　"文字样式"对话框

7.2.1　设置样式名

　　在"文字样式"对话框中，可以显示文字样式的名称、创建新的文字样式、为已有的文字样式重命名以及删除文字样式。该对话框中各部分选项的功能如下所示。

- "样式"列表：列出了当前可以使用的文字样式，默认文字样式为 Standard (标准)。
- "置为当前"按钮：单击该按钮，可以将选择的文字样式设置为当前的文字样式。
- "新建"按钮：单击该按钮，AutoCAD 将打开"新建文字样式"对话框，如图 7-2 所示。在该对话框的"样式名"文本框中输入新建文字样式名称后，单击"确定"按钮，可以创建新的文字样式，新建文字样式将显示在"样式名"下拉列表框中。

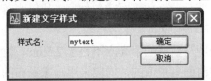

图 7-2　"新建文字样式"对话框

注意:

如果要重命名文字样式,可在"样式"列表中右击要重命名的文字样式,在弹出的快捷菜单中选择"重命名"命令即可,但无法重命名默认的 Standard 样式。

● "删除"按钮:单击该按钮,可以删除所选择的文字样式,但无法删除已经被使用了的文字样式和默认的 Standard 样式。

7.2.2　设置字体

"文字样式"对话框的"字体"选项区域用于设置文字样式使用的字体属性。其中,"字体名"下拉列表框用于选择字体;"字体样式"下列表框用于选择字体格式,如斜体、粗体和常规字体等。选中"使用大字体"复选框,"字体样式"下拉列表框变为"大字体"下拉列表框,用于选择大字体文件。

"大小"选项区域用于设置文字样式使用的字高属性。"高度"文本框用于设置文字的高度。如果将文字的高度设为 0,在使用 TEXT 命令标注文字时,命令行将显示"指定高度:"提示,要求指定文字的高度。如果在"高度"文本框中输入了文字高度,AutoCAD 将按此高度标注文字,而不再提示指定高度。

7.2.3　设置文字效果

在"文字样式"对话框的"效果"选项区域中,可以设置文字的显示效果,如图 7-3 所示。

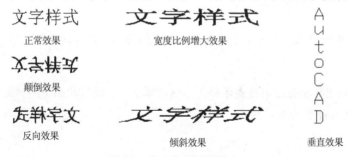

图 7-3　文字的各种效果

● "颠倒"复选框:用于设置是否将文字倒过来书写。
● "反向"复选框:用于设置是否将文字反向书写。
● "垂直"复选框:用于设置是否将文字垂直书写,但垂直效果对汉字字体无效。
● "宽度因子"文本框:用于设置文字字符的高度和宽度之比。当宽度比例为 1 时,将按系统定义的高宽比书写文字;当宽度比例小于 1 时,字符会变窄;当宽度比例大于 1 时,字符会变宽。
● "倾斜角度"文本框:用于设置文字的倾斜角度。角度为 0 时不倾斜,角度为正值时向右倾斜,为负值时向左倾斜。

7.2.4　预览与应用文字样式

在"文字样式"对话框的"预览"选项区域中,可以预览所选择或所设置的文字样式效果。

设置完文字样式后,单击"应用"按钮即可应用文字样式。然后单击"关闭"按钮,关闭"文字样式"对话框。

【练习 7-1】 定义新的文字样式 Mytext，字体为"华文中宋"，字高为 3.5。

(1) 选择"格式" | "文字样式"命令，打开"文字样式"对话框。

(2) 单击"新建"按钮，打开"新建文字样式"对话框，在"样式名"文本框中输入 Mytext，然后单击"确定"按钮，AutoCAD 返回到"文字样式"对话框。

(3) 在"字体"选项区域中的"字体名"下拉列表框中选择"华文中宋"，在"高度"文本框中输入 3.50000，如图 7-4 所示。

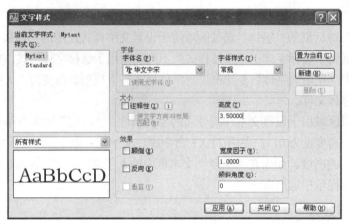

图 7-4 创建新样式

注意：

由于在字体文件中已经考虑了字的宽高比例，因此在"宽度因子"文本框中输入 1.0000 即可。

(4) 单击"应用"按钮应用该文字样式，然后单击"关闭"按钮关闭"文字样式"对话框，并将文字样式 Mytext 置为当前样式。

7.3 创建与编辑单行文字

在 AutoCAD 2008 中，使用图 7-5 所示的"文字"工具栏可以创建和编辑文字。对于单行文字来说，每一行都是一个文字对象，因此可以用来创建文字内容比较简短的文字对象(如标签)，并且可以进行单独编辑。

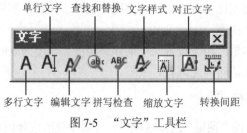

图 7-5 "文字"工具栏

7.3.1 创建单行文字

选择"绘图" | "文字" | "单行文字"命令(DTEXT)，单击"文字"工具栏中的"单行文

字"按钮 $\boxed{\text{AI}}$，或在"面板"选项的"文字"选项区域中单击"单行文字"按钮 $\boxed{\text{AI}}$，均可以在图形中创建单行文字对象。执行该命令时，AutoCAD 提示：

> 当前文字样式：Standard　当前文字高度：2.5000
> 指定文字的起点或 [对正(J)/样式(S)]:

1. 指定文字的起点

默认情况下，通过指定单行文字行基线的起点位置创建文字。AutoCAD 为文字行定义了顶线、中线、基线和底线 4 条线，用于确定文字行的位置。这 4 条线与文字串的关系如图 7-6 所示。

图 7-6　文字标注参考线定义

如果当前文字样式的高度设置为 0，系统将显示"指定高度:"提示信息，要求指定文字高度，否则不显示该提示信息，而使用"文字样式"对话框中设置的文字高度。

然后系统显示"指定文字的旋转角度<0>:"提示信息，要求指定文字的旋转角度。文字旋转角度是指文字行排列方向与水平线的夹角，默认角度为 0°。输入文字旋转角度，或按 Enter 键使用默认角度 0°，最后输入文字即可。也可以切换到 Windows 的中文输入方式下，输入中文文字。

2. 设置对正方式

在"指定文字的起点或[对正(J)/样式(S)]:"提示信息后输入 J，可以设置文字的排列方式。此时命令行显示如下提示信息。

> 输入选项[对齐(A)/调整(F)/中心(C)/中间(M)/右(R)/左上(TL)/中上(TC)/右上(TR)/左中(ML)/正中(MC)/右中(MR)/左下(BL)/中下(BC)/右下(BR)]:

在 AutoCAD 2008 中，系统为文字提供了多种对正方式，显示效果如图 7-7 所示。

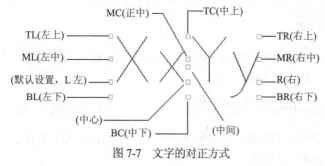

图 7-7　文字的对正方式

此提示中的各选项含义如下。

● 　对齐(A)：要求确定所标注文字行基线的始点与终点位置。

- 调整(F)：此选项要求用户确定文字行基线的始点、终点位置以及文字的字高。
- 中心(C)：此选项要求确定一点，AutoCAD 把该点作为所标注文字行基线的中点，即所输入文字的基线将以该点居中对齐。
- 中间(M)：此选项要求确定一点，AutoCAD 把该点作为所标注文字行的中间点，即以该点作为文字行在水平、垂直方向上的中点。
- 右(R)：此选项要求确定一点，AutoCAD 把该点作为文字行基线的右端点。

在与"对正(J)"选项对应的其他提示中，"左上(TL)""中上(TC)"和"右上(TR)"选项分别表示将以所确定点作为文字行顶线的始点、中点和终点；"左中(ML)""正中(MC)""右中(MR)"选项分别表示将以所确定点作为文字行中线的始点、中点和终点；"左下(BL)""中下(BC)""右下(BR)"选项分别表示将以所确定点作为文字行底线的始点、中点和终点。图 7-8 显示了上述文字对正示例。

图 7-8　文字对正示例

注意：

在输入文字的过程中，可以随时改变文字的位置。如果在输入文字的过程中想改变后面输入的文字位置，可先将光标移到新位置并按拾取键，原标注行结束，标志出现在新确定的位置后可以在此继续输入文字。但在标注文字时，不论采用哪种文字排列方式，输入文字时，在屏幕上显示的文字都是按左对齐的方式排列，直到结束 TEXT 命令后，才按指定的排列方式重新生成文字。

3. 设置当前文字样式

在"指定文字的起点或 [对正(J)/样式(S)]："提示下输入 S，可以设置当前使用的文字样式。选择该选项时，命令行显示如下提示信息。

> 输入样式名或 [?] <Mytext>：

可以直接输入文字样式的名称，也可输入"?"，在"AutoCAD 文本窗口"中显示当前图形已有的文字样式，如图 7-9 所示。

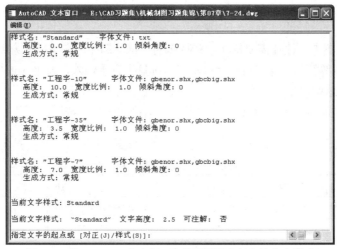

图 7-9　"AutoCAD 文本窗口"显示图形中包含的文字样式

【练习 7-2】使用【练习 7-1】创建的文字样式，在图 7-10 中通过单行文字为各种建材添加注释文字。

(1) 选择"绘图"|"文字"|"单行文字"命令，发出单行文字创建命令。

(2) 在绘图窗口右侧需要输入文字的地方单击，确定文字的起点，如图 7-11 所示。

(3) 在命令行的"指定文字的旋转角度<0>:"提示下，输入 0，将文字的旋转角度设置为 0°。

(4) 在命令行的"输入文字:"提示下，输入文本"马赛克"，然后连续按两次 Enter 键，即可得到图 7-12 所示的注释文字。

(5) 使用相同的方法，依次输入其他的注释文字，最终效果如图 7-13 所示。

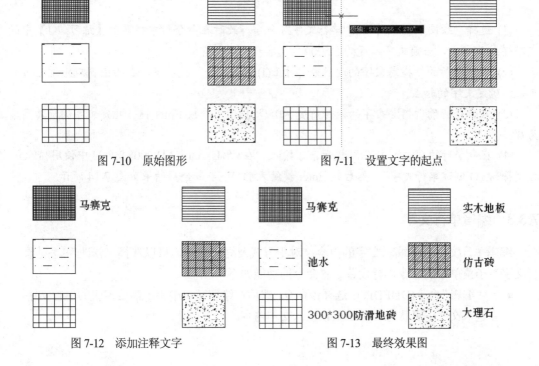

图 7-10　原始图形　　　　　　　　　　图 7-11　设置文字的起点

图 7-12　添加注释文字　　　　　　　　图 7-13　最终效果图

7.3.2　使用文字控制符

在实际设计绘图中，往往需要标注一些特殊的字符。例如，在文字上方或下方添加画线、标注度(°)、±、φ 等符号。这些特殊字符不能从键盘上直接输入，因此 AutoCAD 提供了相应的控制符，以实现这些标注要求。

AutoCAD 的控制符由两个百分号(%%)及后面紧接的一个字符构成，常用的控制符如表 7-3 所示。

表 7-3　AutoCAD 2008 常用的标注控制符

控　制　符	功　　能
%%O	打开或关闭文字上画线
%%U	打开或关闭文字下画线
%%D	标注度(°)符号
%%P	标注正负公差(±)符号
%%C	标注直径(φ)符号

在 AutoCAD 的控制符中，%%O 和%%U 分别是上画线与下画线的开关。第 1 次出现此符号时，可打开上画线或下画线，第 2 次出现该符号时，则会关掉上画线或下画线。

在"输入文字:"提示下，输入控制符时，这些控制符也临时显示在屏幕上，当结束文本创建命令时，这些控制符将从屏幕上消失，转换成相应的特殊符号。

【练习 7-3】创建图 7-14 所示的单行文字。

在AutoCAD 2008 中使用控制符创建单行文字

图 7-14　使用控制符创建单行文字

(1) 选择"绘图"|"文字"|"单行文字"命令，此时在命令行中将显示【练习 7-1】中的文字样式 Mytext，当前文字高度为 3.5000。

(2) 在命令行的"指定文字的起点或 [对正(J)/样式(S)]:"提示下，在绘图窗口中适当位置单击，确定文字的起点。

(3) 在命令行的"指定文字的旋转角度 <0>:"提示下，按 Enter 键，指定文字的旋转角度为 0°。

(4) 在命令行的"输入文字:"提示下，输入"在%%UAutoCAD 2008 %%U 中使用%%O控制符%%O 创建单行文字"，然后按 Enter 键结束 DTEXT 命令，结果如图 7-14 所示。

7.3.3　编辑单行文字

编辑单行文字包括编辑文字的内容、对正方式及缩放比例，可以选择"修改"|"对象"|"文字"子菜单中的命令进行设置。各命令的功能如下。

- "编辑"命令(DDEDIT): 选择该命令，然后在绘图窗口中单击需要编辑的单行文字，进入文字编辑状态，可以重新输入文本内容。

- "比例"命令(SCALETEXT)：选择该命令，然后在绘图窗口中单击需要编辑的单行文字，此时需要输入缩放的基点以及指定新高度、匹配对象(M)或缩放比例(S)。命令行提示如下：

> 输入缩放的基点选项 [现有(E)/左(L)/中心(C)/中间(M)/右(R)/左上(TL)/中上(TC)/右上(TR)/左中(ML)/正中(MC)/右中(MR)/左下(BL)/中下(BC)/右下(BR)] <现有>:
> 指定新模型高度或 [图纸高度(P)/匹配对象(M)/比例因子(S)] <3.5>:

- "对正"命令(JUSTIFYTEXT)：选择该命令，然后在绘图窗口中单击需要编辑的单行文字，此时可以重新设置文字的对正方式。命令行提示如下：

> 输入对正选项 [左(L)/对齐(A)/调整(F)/中心(C)/中间(M)/右(R)/左上(TL)/中上(TC)/右上(TR)/左中(ML)/正中(MC)/右中(MR)/左下(BL)/中下(BC)/右下(BR)] <左>:

7.4　创建与编辑多行文字

"多行文字"又称为段落文字，是一种更易于管理的文字对象，可以由两行以上的文字组成，而且各行文字都是作为一个整体处理。在机械制图中，常使用多行文字功能创建较为复杂的文字说明，如图样的技术要求等。

7.4.1　创建多行文字

选择"绘图"|"文字"|"多行文字"命令(MTEXT)，或在"绘图"工具栏中单击"多行文字"按钮 A，或在"面板"选项板的"文字"选项区域中单击"多行文字"按钮 A，然后在绘图窗口中指定一个用来放置多行文字的矩形区域，将打开"文字格式"工具栏和文字输入窗口。利用它们可以设置多行文字的样式、字体及大小等属性，如图 7-15 所示。

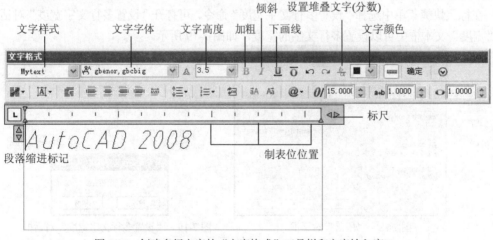

图 7-15　创建多行文字的"文字格式"工具栏和文字输入窗口

1. 使用"文字格式"工具栏

使用"文字格式"工具栏，可以设置文字样式、文字字体、文字高度、加粗、倾斜或加下画线效果。

单击"堆叠/非堆叠"按钮，可以创建堆叠文字(堆叠文字是一种垂直对齐的文字或分数)。在使用时，需要分别输入分子和分母，其间使用 / 、# 或 ^ 分隔，然后选择这一部分文字，单击 按钮即可。例如，要创建分数 $\frac{2007}{2008}$，则可先输入 2007/2008，然后选中该文字并单击 按钮，效果如图 7-16 所示。

注意：

如果在输入 2007/2008 后按 Enter 键，将打开"自动堆叠特性"对话框，可以设置是否需要在输入如 x/y、x#y 和 x^y 的表达式时自动堆叠，还可以设置堆叠的其他特性，如图 7-17 所示。

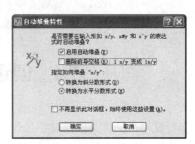

图 7-16　文字堆叠效果　　　　　　图 7-17　"自动堆叠特性"对话框

2. 设置缩进、制表位和多行文字宽度

在文字输入窗口的标尺上右击，从弹出的标尺快捷菜单中选择"段落"命令，打开"段落"对话框，如图 7-18 所示，可以从中设置缩进和制表位位置。其中，在"制表位"选项区域中可以设置制表位的位置，单击"添加"按钮可以设置新制表位，单击"清除"按钮可清除列表框中的所有设置；在"左缩进"选项区域的"第一行"文本框和"悬挂"文本框中可以设置首行和段落的左缩进位置；在"右缩进"选项区域的"右"文本框中可以设置段落右缩进的位置。

在标尺快捷菜单中选择"设置多行文字宽度"命令，可打开"设置多行文字宽度"对话框，在"宽度"文本框中可以设置多行文字的宽度，如图 7-19 所示。

图 7-18　"段落"对话框　　　　　　图 7-19　"设置多行文字宽度"对话框

3. 使用选项菜单

在"文字格式"工具栏中单击"选项"按钮，打开多行文字的选项菜单，可以对多行文本进行更多的设置，如图 7-20 所示。在文字输入窗口中右击，将弹出一个快捷菜单，该快捷菜单

与选项菜单中的主要命令——对应。

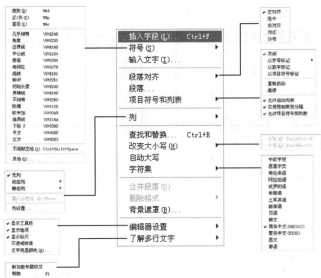

图 7-20　多行文字的选项菜单

在多行文字选项菜单中，主要命令的功能如下。

- "插入字段"命令：选择该命令将打开"字段"对话框，可以选择需要插入的字段，如图 7-21 所示。
- "符号"命令：选择该命令的子命令，可以在实际设计绘图中插入一些特殊的字符。例如，度数、正/负和直径等符号。如果选择"其他"命令，将打开"字符映射表"对话框，可以插入其他特殊字符，如图 7-22 所示。

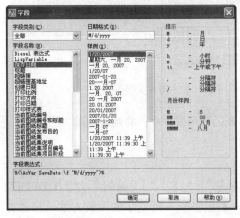

图 7-21　"字段"对话框　　　　　图 7-22　使用"字符映射表"对话框插入特殊字符

- "段落对齐"命令：选择该命令的子命令，可以设置段落的对齐方式。
- "项目符号和列表"命令：可以使用字母(包括大小写)、数字作为段落文字的项目符号。
- "查找和替换"命令：选择该命令将打开"查找和替换"对话框，如图 7-23 所示。可以搜索或同时替换指定的字符串，也可以设置查找的条件，如是否全字匹配、是否区分大小写等。

- "背景遮罩"命令：选择该命令将打开"背景遮罩"对话框，可以设置是否使用背景遮罩、边界偏移因子(1~5)，以及背景遮罩的填充颜色，如图 7-24 所示。

图 7-23　　"查找和替换"对话框　　　　　　　图 7-24　　"背景遮罩"对话框

- "合并段落"命令：可以将选定的多个段落合并为一个段落，并用空格代替每段的回车符。

4. 输入文字

在多行文字的文字输入窗口中，可以直接输入多行文字，也可以在文字输入窗口中右击，从弹出的快捷菜单中选择"输入文字"命令，将已经在其他文字编辑器中创建的文字内容直接导入当前图形中。

【练习 7-4】创建图 7-25 所示的多行文字。

(1) 选择"绘图" | "文字" | "多行文字"命令，或在"面板"选项板的"文字"选项区域中单击"多行文字"按钮 **A**，然后在绘图窗口中拖动，创建一个用来放置多行文字的矩形区域。

(2) 在"样式"下拉列表框中选择前面创建的文字样式 Mytext，在"高度"文本框中输入文字高度 10。

(3) 在文字输入窗口中输入需要创建的多行文字内容，如图 7-26 所示。

B1 栋屋顶平面图 1：200
注：排水沟排水找坡 0.5 %
　　B1 栋详细尺寸参见 B 户型标准单元

图 7-25　多行文字示例　　　　　　　　　　图 7-26　输入多行文字内容

(4) 单击"确定"按钮，输入的文字将显示在绘制的矩形窗口中，其效果如图 7-25 所示。

7.4.2　编辑多行文字

要编辑创建的多行文字，可选择"修改" | "对象" | "文字" | "编辑"命令(DDEDIT)，并单击创建的多行文字，打开多行文字编辑窗口，然后参照多行文字的设置方法，修改并编辑文字。

也可以在绘图窗口中双击输入的多行文字，或在输入的多行文字上右击，在弹出的快捷菜单中选择"重复编辑多行文字"命令或"编辑多行文字"命令，打开多行文字编辑窗口，在该窗口中对多行文字进行编辑。

7.5　创建表格样式和表格

在 AutoCAD 2008 中，可以使用创建表格命令创建表格，还可以从 Microsoft Excel 中直接复制表格，并将其作为 AutoCAD 表格对象粘贴到图形中，也可以从外部直接导入表格对象。此外，还可以输出来自 AutoCAD 的表格数据，以供在 Microsoft Excel 或其他应用程序中使用。

7.5.1　新建表格样式

表格样式控制一个表格的外观，用于保证标准的字体、颜色、文本、高度和行距。可以使用默认的表格样式，也可以根据需要自定义表格样式。

选择"格式"|"表格样式"命令(TABLESTYLE)，打开"表格样式"对话框，如图 7-27 所示。单击"新建"按钮，可以使用打开的"创建新的表格样式"对话框创建新表格样式，如图 7-28 所示。

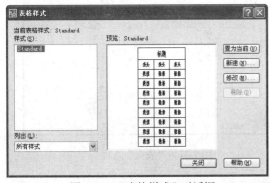

图 7-27　"表格样式"对话框

图 7-28　"创建新的表格样式"对话框

在"新样式名"文本框中输入新的表格样式名，在"基础样式"下拉列表框中选择默认的表格样式、标准的或者任何已经创建的样式，新样式将在该样式的基础上进行修改。然后单击"继续"按钮，将打开"新建表格样式"对话框，可以通过它指定表格的行格式、表格方向、边框特性和文本样式等内容，如图 7-29 所示。

图 7-29　"新建表格样式"对话框

7.5.2 设置表格的数据、列标题和标题样式

在"新建表格样式"对话框中，可以在"单元样式"选项区域的下拉列表框中选择"数据"
"标题"和"表头"选项来分别设置表格的数据、标题和表头对应的样式。其中，"数据"选
项如图 7-29 所示，"标题"选项如图 7-30 所示，"表头"选项如图 7-31 所示。

"新建表格样式"对话框中 3 个选项的内容基本相似，可以分别指定单元基本特性、文字
特性和边界特性。

- "基本"选项卡：设置表格的填充颜色、对齐方向、格式、类型及页边距等特性。
- "文字"选项卡：设置表格单元中的文字样式、高度、颜色和角度等特性。
- "边框"选项卡：单击边框设置按钮，可以设置表格的边框是否存在。当表格具有
  边框时，还可以设置表格边框的线宽、线型、颜色和间距等特性。

图 7-30 "标题"选项   图 7-31 "表头"选项

【练习 7-5】创建表格样式 MyTable，具体要求如下。
- 表格中的文字字体为"楷体_GB2312"。
- 表格中数据的文字高度为 15。
- 表格中数据的对齐方式为左中对齐。
- 其他选项都默认设置。

(1) 选择"格式"|"表格样式"命令，打开"表格样式"对话框。

(2) 单击"新建"按钮，打开"创建新的表格样式"对话框，并在"新样式名"文本框
中输入表格样式名 MyTable。

(3) 单击"继续"按钮，打开"新建表格样式"对话框，然后在"单元样式"选项区域
的下拉列表框中选择"数据"选项。

(4) 在"单元样式"选项区域中选择"文字"选项卡，单击"文字样式"下拉列表框后
面的 ▨ 按钮，打开"文字样式"对话框，在"字体"选项区域的"字体名"下拉列表框中
选择"楷体_GB2312"，然后单击"关闭"按钮，返回"新建表格样式"对话框。

(5) 在"文字高度"文本框中输入文字高度为 15。

(6) 在"单元样式"选项区域中选择"基本"选项卡，在"特性"选项区域的"对齐"
下拉列表框中选择"左中"选项。

(7) 单击"确定"按钮，关闭"新建表格样式"对话框，然后再单击"关闭"按钮，关
闭"表格样式"对话框，即可创建新的表格样式 MyTable。

7.5.3　管理表格样式

在 AutoCAD 2008 中，还可以使用"表格样式"对话框来管理图形中的表格样式，如图 7-32 所示。在该对话框的"当前表格样式"后面，显示当前使用的表格样式(默认为 Standard)；在 "样式"列表中显示了当前图形所包含的表格样式；在"预览"窗口中显示了选中表格的样式；在"列出"下拉列表框中，可以决定"样式"列表是显示图形中的所有样式，还是正在使用的样式。

此外，在"表格样式"对话框中，还可以单击"置为当前"按钮，将选中的表格样式设置为当前；单击"修改"按钮，在打开的"修改表格样式"对话框中修改选中的表格样式，如图 7-33 所示；单击"删除"按钮，删除选中的表格样式。

图 7-32　"表格样式"对话框

图 7-33　"修改表格样式"对话框

7.5.4　创建表格

选择"绘图"|"表格"命令，或在"面板"选项板的"表格"选项区域中单击"表格"按钮 ，打开"插入表格"对话框，如图 7-34 所示。

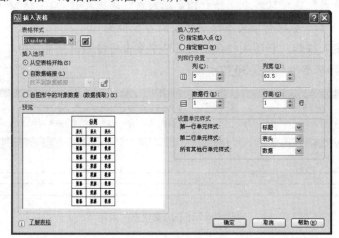

图 7-34　"插入表格"对话框

在"表格样式"选项区域中，可以从"表格样式"下拉列表框中选择表格样式。

在"插入选项"选项区域中，选择"从空表格开始"单选按钮，可以创建一个空的表格；选择"自数据链接"单选按钮，可以从外部导入数据来创建表格；选择"自图形中的对象数据

(数据提取)"单选按钮，可以用于从可输出到表格或外部文件的图形中提取数据来创建表格。

在"插入方式"选项区域中，选择"指定插入点"单选按钮，可以在绘图窗口中的某点插入固定大小的表格；选择"指定窗口"单选按钮，可以在绘图窗口中通过拖动表格边框来创建任意大小的表格。

在"列和行设置"选项区域中，可以通过改变"列""列宽""数据行"和"行高"文本框中的数值来调整表格的外观大小。

【练习 7-6】创建图 7-35 所示的表格。

门窗表				
门窗编号	规格	尺寸	数量	备注

图 7-35　绘制好的表格

(1) 选择"绘图"|"表格"命令，或在"面板"选项板的"表格"选项区域中单击"表格"按钮 ▦，打开"插入表格"对话框。

(2) 在"表格样式"选项区域中单击"表格样式"下拉列表框后面的 ▨ 按钮，打开"表格样式"对话框，并在"样式"列表中选择样式 Standard。

(3) 单击"修改"按钮，打开"修改表格样式"对话框，在"单元样式"选项区域的下拉列表框中选择"数据"选项，设置文字高度为 20，对齐方式为正中；在"单元样式"选项区域的下拉列表框中选择"表头"选项，设置文字高度为 20，对齐方式为正中；在"单元样式"选项区域的下拉列表框中选择"标题"选项，设置字体为黑体，文字高度为 30。

(4) 依次单击"确定"按钮和"关闭"按钮，关闭"修改表格样式"和"表格样式"对话框，返回"插入表格"对话框。

(5) 在"插入方式"选项区域中选择"指定插入点"单选按钮；在"列和行设置"选项区域中分别设置"列"和"数据行"文本框中的数值为 5 和 3。

(6) 单击"确定"按钮，移动鼠标在绘图窗口中单击将绘制出一个表格，此时表格的最上面一行处于文字编辑状态，如图 7-36 所示。

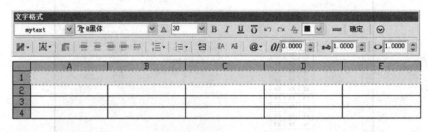

图 7-36　处于编辑状态的表格

(7) 在表单元中输入文字"门窗表"，其效果如图 7-37 所示。

(8) 单击其他表单元，使用同样的方法输入图 7-35 所示的相应内容。

图 7-37　在表格中输入文字

7.5.5　编辑表格和表格单元

在 AutoCAD 2008 中，还可以使用表格的快捷菜单来编辑表格。当选中整个表格时，其快捷菜单如图 7-38 所示；当选中表格单元时，其快捷菜单如图 7-39 所示。选择快捷菜单中的某个命令即可执行相应的操作。

图 7-38　选中整个表格时的快捷菜单

图 7-39　选中表格单元时的快捷菜单

1. 编辑表格

从表格的快捷菜单中可以看到，可以对表格进行剪切、复制、删除、移动、缩放和旋转等简单操作，还可以均匀调整表格的行、列大小，删除所有特性替代。当选择"输出"命令时，还可以打开"输出数据"对话框，以.csv 格式输出表格中的数据。

当选中表格后，在表格的四周、标题行上将显示许多夹点，也可以通过拖动这些夹点来编辑表格，如图 7-40 所示。

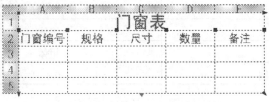

图 7-40　显示表格的夹点

2. 编辑表格单元

使用表格单元快捷菜单可以编辑表格单元，其主要命令选项的功能说明如下。

- "对齐"命令：在该命令子菜单中可以选择表格单元的对齐方式，如左上、左中、左下等。
- "边框"命令：选择该命令将打开"单元边框特性"对话框，可以设置单元格边框的线宽、颜色等特性，如图 7-41 所示。
- "匹配单元"命令：用当前选中的表格单元格式(源对象)匹配其他表格单元(目标对象)，此时光标变为刷子形状，单击目标对象即可进行匹配。
- "插入点"命令：选择该命令的子命令，可以从中选择插入到表格中的块、字段和公式。例如选择"块"命令，将打开"在表格单元中插入块"对话框。可以从中设置插入的块在表格单元中的对齐方式、比例和旋转角度等特性，如图 7-42 所示。

图 7-41 "单元边框特性"对话框

图 7-42 "在表格单元中插入块"对话框

- "合并"命令：当选中多个连续的表格元格后，使用该子菜单中的命令，可以全部、按列或按行合并表格单元。

7.6 思 考 练 习

1. 在 AutoCAD 2008 中如何创建文字样式?
2. 在 AutoCAD 2008 中如何创建多行文字?
3. 在 AutoCAD 2008 中如何创建表格样式?
4. 创建文字样式"注释文字"，要求其字体为仿宋，倾角为 15°，宽度为 1.2。
5. 定义文字样式，其要求如表 7-4 所示(其余设置采用系统的默认设置)。

表 7-4 文字样式要求

设 置 内 容	设 置 值
样式名	MYTEXTSTYLE
字体	黑体
字格式	粗体
宽度比例	0.8
字高	5

6. 用 MTEXT 命令标注以下文字：

　　　AutoCAD Help contains complete information for using AutoCAD. The left pane of the Help window aids you in locating the information you want. The tabs above the left pane provide methods for finding the topics you want to view. The right pane displays the topics you select.

其中，字体采用 Times New Roman，字高为 3.5。

7. 对图 7-43(a)所示的图形进行标注，效果如图 7-43(b)所示。

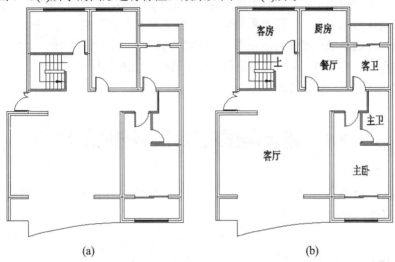

（a）　　　　　　　　　　　　　　　　　（b）

图 7-43　标注文字

8. 创建图 7-44 所示的表格。

协测:	工程名称:		联合美居装饰工程公司
设计:	类型:	kmi 联合美居	
制图:	图号: A3		地址: 江苏省南京市江家花园A楼8808室
日期:	图纸名称:		电话: 025-27372323

图 7-44　创建表格

第8章　建筑图形尺寸标注与编辑

尺寸标注作为一种图形信息，对于建筑制图来说十分重要。在建筑制图中，尺寸标注反映了建筑图形的尺寸和相互间的位置关系，尺寸标注值能够帮助用户检查尺寸标注规范的符合情况。没有尺寸标注的图纸只能作为示意图，而不能作为真正的图纸用于施工。AutoCAD 提供了功能完备的尺寸标注工具，用户可以使用这些工具在建筑图形中添加各种尺寸标注，以便清晰、准确地表达建筑图形设计者的意图。

8.1　建筑制图对尺寸标注的要求

《房屋建筑制图统一标准》(GB/T50001-2010)中对建筑制图中的尺寸标注有着详细的规定。下面分别介绍规范中对尺寸界线、尺寸线、尺寸起止符号和标注文字(尺寸数字)的一些要求。

8.1.1　尺寸标注概述

建筑图形上标注的尺寸具有以下独特的元素：尺寸界线、尺寸线、尺寸起止符号和标注文字(尺寸数字)，如图 8-1 所示。对于圆标注还有圆心标记和中心线。

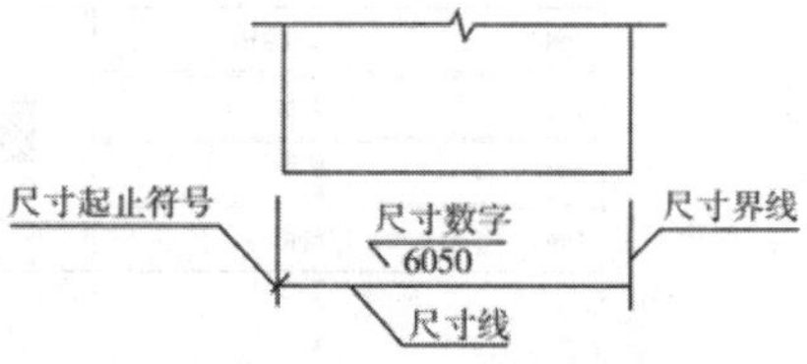

- 标注文字(尺寸数字)：用于指示测量值的字符串或者汉字。
- 尺寸线：用于指示标注的方向和范围。对于角度标注，尺寸线是一段圆弧。

图 8-1　尺寸标注元素组成示意图

- 尺寸起止符号：显示在尺寸线的两端。系统默认为箭头，但建筑制图中一般用粗斜线表示。在角度、半径、直径和弧长等标注时采用箭头作为起止符。
- 尺寸界线：也称为投影线，从部件延伸到尺寸线。
- 中心标记：是标记圆或圆弧中心的小十字。
- 中心线：是标记圆或圆弧中心的虚线。

AutoCAD 将标注置于当前图层，每一个标注都采用当前标注样式进行标注。可以在"标注"菜单中选择合适的命令，或单击图 8-2 所示的"标注"工具栏中的相应按钮进行尺寸标注。

图 8-2　"标注"工具栏

8.1.2　尺寸界线、尺寸线及尺寸起止符号

尺寸界线应用细实线绘制,一般应与被注长度垂直,其一端应离开图样轮廓线不小于2mm,另一端应超出尺寸线 2~3mm。图样轮廓线可用作尺寸界线,如图 8-3 所示。

尺寸线应用细实线绘制,应与被注长度平行。图样本身的任何图线均不得用作尺寸线。因此尺寸线应调整好位置避免与图线重合。

尺寸起止符号一般用中粗斜短线绘制,其倾斜方向应与尺寸界线呈顺时针 45°角,长度应该为 2~3mm。半径、直径、角度与弧长的尺寸起止符号应该用箭头表示,如图 8-4 所示。

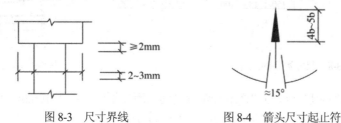

图 8-3　尺寸界线　　　　　　　　　图 8-4　箭头尺寸起止符

8.1.3　尺寸数字

图样上的尺寸应以尺寸数字为准,不得从图上直接量取,但建议按比例绘图,这样可以减少绘图错误。图样上的尺寸单位,除标高及总平面以米为单位外,其他必须以毫米为单位。

尺寸数字的方向,应按图 8-5 所示的规定注写。若尺寸数字在 30°斜线区内,应按图 8-6 的形式注写。

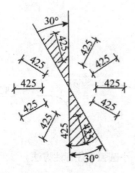
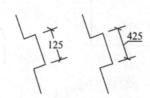

图 8-5　尺寸数字的方向　　　　　　　図 8-6　30°斜线区内尺寸数字的方向

尺寸数字一般应依据其方向注写在靠近尺寸线的上方中部。如没有足够的注写位置,最外边的尺寸数字可注写在尺寸界线的外侧,中间相邻的尺寸数字可错开注写,如图 8-7 所示。

图 8-7　尺寸数字的注写位置

8.1.4　尺寸的排列与布置

尺寸应该标注在图样轮廓以外,不应与图线、文字及符号等相交,如图 8-8 所示。
互相平行的尺寸线应从被注写的图样轮廓线由近向远整齐排列,较小尺寸应离轮廓线较

近，较大尺寸应离轮廓线较远，如图 8-9 所示。

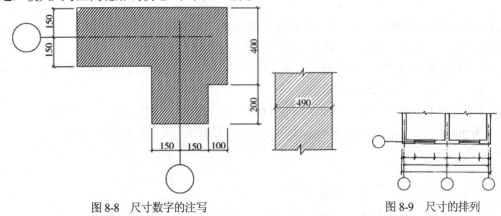

图 8-8　尺寸数字的注写　　　　　　　　　　图 8-9　尺寸的排列

图样轮廓线以外的尺寸线与图样最外轮廓之间的距离不应该小于 10mm。平行排列的尺寸线的间距应该为 7～10mm，并应保持一致，如图 8-9 所示。

总尺寸的尺寸界线应靠近所指部位，中间的分尺寸的尺寸界线可稍短，但其长度应相等，如图 8-9 所示。

8.1.5　半径、直径、球的尺寸标注

半径的尺寸线应一端从圆心开始，另一端画箭头指向圆弧。半径数字前应加注半径符号 R，如图 8-10 所示。较小圆弧的半径，可按图 8-11 所示形式标注；较大圆弧的半径，可按图 8-12 所示形式标注。

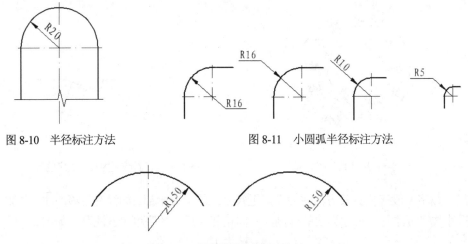

图 8-10　半径标注方法　　　　　　　图 8-11　小圆弧半径标注方法

图 8-12　大圆弧半径的标注方法

标注圆的直径尺寸时，直径数字前应加直径符号 φ。在圆内标注的尺寸线应通过圆心，两端画箭头指至圆弧，如图 8-13 所示，对于小圆直径，可按图 8-14 所示标注。

标注球的半径尺寸时，应在尺寸前加注符号 SR。标注球的直径尺寸时，应在尺寸数字前加注符号 Sφ。注写方法与圆弧半径和圆直径的尺寸标注方法相同。

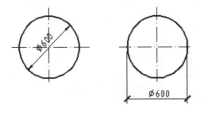

图 8-13　圆直径的标注方法

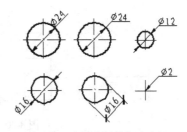

图 8-14　小圆直径的标注方法

8.1.6　角度、弧度、弧长的标注

角度的尺寸线应以圆弧表示，该圆弧的圆心应是角的顶点，角的两条边为尺寸界线。起止符号应以箭头表示，如没有足够位置画箭头，可用圆点代替，角度数字应按水平方向注写，如图 8-15 所示。

标注圆弧的弧长时，尺寸线应以与该圆弧同心的圆弧线表示，尺寸界线应垂直于该圆弧的弦，起止符号用箭头表示，弧长数字上方应加注圆弧符号"⌒"，如图 8-16 所示。

标注圆弧的弦长时，尺寸线应以平行于该弦的直线表示，尺寸界线应垂直于该弦，起止符号用中粗斜短线表示，如图 8-17 所示。

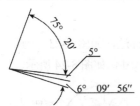

图 8-15　角度标注方法

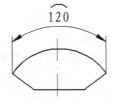

图 8-16　弧长标注方法

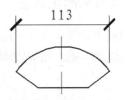

图 8-17　弦长标注方法

8.1.7　薄板厚度、正方形、坡度、非圆曲线等尺寸标注

在薄板板面标注板厚尺寸时，应在厚度数字前加厚度符号 t，如图 8-18 所示。

标注正方形的尺寸可用"边长×边长"的形式，也可在边长数字前加正方形符号"□"，如图 8-19 所示。

标注坡度时，应加注坡度符号"　　"，该符号为单面箭头，箭头应指向下坡方向。坡度也可用直角三角形形式标注，如图 8-20 所示。

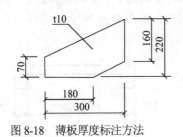

图 8-18　薄板厚度标注方法

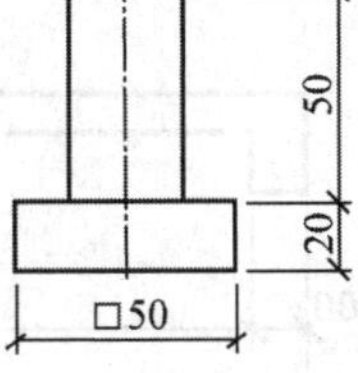

图 8-19　正方形标注方法

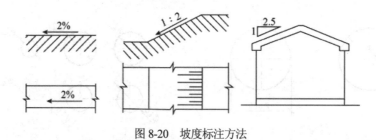

图 8-20　坡度标注方法

外形为非圆曲线的构件可用坐标形式标注尺寸，如图 8-21 所示。复杂的图形可用网格形式标注尺寸，如图 8-22 所示。

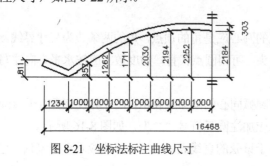

图 8-21　坐标法标注曲线尺寸

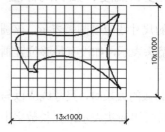

图 8-22　网格法标注曲线尺寸

8.1.8　尺寸的简化标注

连续排列的等长尺寸可用"个数×等长尺寸=总长"的形式标注，如图 8-23 所示。构配件内的构造因素(如孔、槽等)如果相同，可仅标注其中一个要素的尺寸，如图 8-24 所示。

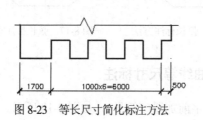

图 8-23　等长尺寸简化标注方法

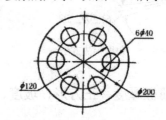

图 8-24　相同要素尺寸标注方法

对称构配件采用对称省略画法时，该对称构配件的尺寸线应略超过对称符号，仅在尺寸线的一端画尺寸起止符号，尺寸数字应按整体全尺寸注写，其注写位置应与对称符号对齐，如图 8-25 所示。

两个构配件如个别尺寸数字不同，可在同一图样中将其中一个构配件的不同尺寸数字注写在括号内，该构配件的名称也应注写在相应的括号内，如图 8-26 所示。

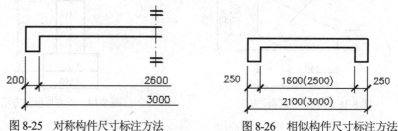

图 8-25　对称构件尺寸标注方法　　　　图 8-26　相似构件尺寸标注方法

数个构配件如果只有某些尺寸不同，这些有变化的尺寸数字可用拉丁字母注写在同一图样中，另列表格写明其具体尺寸，如图 8-27 所示。

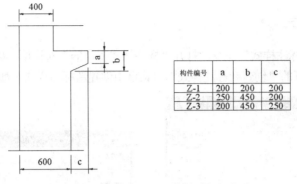

构件编号	a	b	c
Z-1	200	200	200
Z-2	250	450	200
Z-3	200	450	250

图 8-27 相似构配件尺寸表格式标注方法

8.1.9 标高

标高符号应以等腰直角三角形表示，按图 8-28(a)所示形式用细实线绘制，如标注位置不够，也可按图 8-28(b)所示形式绘制。标高符号的具体画法如图 8-28(c)、(d)所示，L 取适当长度标注标高数字，h 根据需要取适当高度。

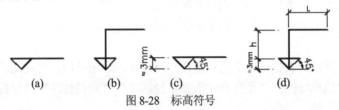

图 8-28 标高符号

总平面图室外地坪标高符号应用涂黑的三角形表示，如图 8-29(a)所示，具体画法如图 8-29(b)所示。

标高符号的尖端应指向被注高度的位置。尖端一般应向下，也可向上。标高数字应注写在标高符号的左侧或右侧，如图 8-30 所示。

标高数字应以米为单位，注写到小数点以后第三位。在总平面图中，可注写到小数点以后第二位。零点标高应注写成±0.000，正数标高不注"+"，负数标高应注"–"，例如 3.000、–0.600。

在图形的同一位置需表示几个不同标高时，标高数字可按图 8-31 所示的形式注写。

图 8-29 总平面室外地坪标高符号　　图 8-30 标高的指向　　图 8-31 同一位置注写多个标高

8.2 创建与设置标注样式

在 AutoCAD 2008 中，使用标注样式可以控制标注的格式和外观，建立强制执行的绘图标准，并有利于对标注格式及用途进行修改。本节将重点介绍使用"标注样式管理器"对话框创建标注样式的方法。

8.2.1 新建标注样式

选择"格式"|"标注样式"命令，打开"标注样式管理器"对话框，如图 8-32 所示。单击"新建"按钮，在打开的"创建新标注样式"对话框中创建新标注样式，如图 8-33 所示。

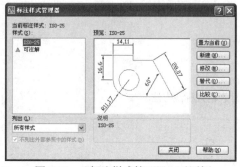

图 8-32 "标注样式管理器"对话框　　　　图 8-33 "创建新标注样式"对话框

该对话框中各选项的作用如下。

- "新样式名"文本框：用于输入新标注样式的名字。
- "基础样式"下拉列表框：用于选择一种基础样式，新样式将在该基础样式上进行修改。
- "用于"下拉列表框：用于指定新建标注样式的适用范围。可适用的范围有"所有标注""线性标注""角度标注""半径标注""直径标注""坐标标注"和"引线和公差"等。

设置了新样式的名称、基础样式和适用范围后，单击该对话框中的"继续"按钮，将打开"新建标注样式"对话框，在该对话框中可以创建标注中的直线、符号和箭头、文字、单位等内容，如图 8-34 所示。

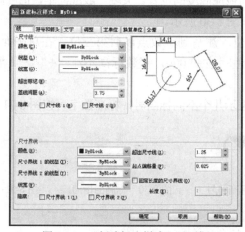

图 8-34 "新建标注样式"对话框

8.2.2 设置线

在"新建标注样式"对话框中，使用"线"选项卡可以设置尺寸线和尺寸界线的格式和位置。

1. 尺寸线

在"尺寸线"选项区域中可以设置尺寸线的颜色、线宽、超出标记以及基线间距等属性。

- "颜色"下拉列表框：用于设置尺寸线的颜色，默认情况下，尺寸线的颜色随块。也可以使用变量 DIMCLRD 设置。
- "线型"下拉列表框：用于设置尺寸界线的线型，该选项没有对应的变量。
- "线宽"下拉列表框：用于设置尺寸线的宽度，默认情况下，尺寸线的线宽也是随块，也可以使用变量 DIMLWD 设置。
- "超出标记"文本框：当尺寸线的箭头采用倾斜、建筑标记、小点、积分或无标记等样式时，使用该文本框可以设置尺寸线超出尺寸界线的长度，如图 8-35 所示。

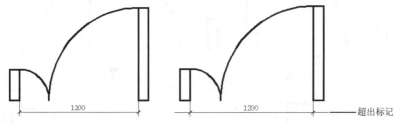

图 8-35　超出标记为 0 与不为 0 时的效果对比

- "基线间距"文本框：进行基线尺寸标注时可以设置各尺寸线之间的距离，如图 8-36 所示。
- "隐藏"选项：通过选择"尺寸线 1"或"尺寸线 2"复选框，可以隐藏第 1 段或第 2 段尺寸线及其相应的箭头，如图 8-37 所示。

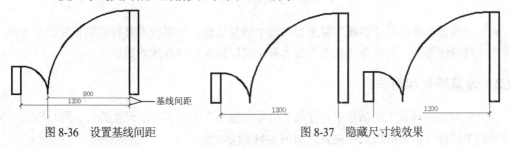

图 8-36　设置基线间距　　　　　　　　　图 8-37　隐藏尺寸线效果

2. 尺寸界线

在"尺寸界线"选项区域中，可以设置尺寸界线的颜色、线宽、超出尺寸线的长度和起点偏移量，隐藏控制等属性。

- "颜色"下拉列表框：用于设置尺寸界线的颜色，也可以用变量 DIMCLRE 设置。
- "线宽"下拉列表框：用于设置尺寸界线的宽度，也可以用变量 DIMLWE 设置。
- "尺寸界线 1 的线型"和"尺寸界线 2 的线型"下拉列表框：用于设置尺寸界线的线型。
- "超出尺寸线"文本框：用于设置尺寸界线超出尺寸线的距离，也可以用变量 DIMEXE 设置，如图 8-38 所示。
- "起点偏移量"文本框：设置尺寸界线的起点与标注定义点的距离，如图 8-39 所示。
- "隐藏"选项：通过选中"尺寸界线 1"或"尺寸界线 2"复选框，可以隐藏尺寸界线，如图 8-40 所示。

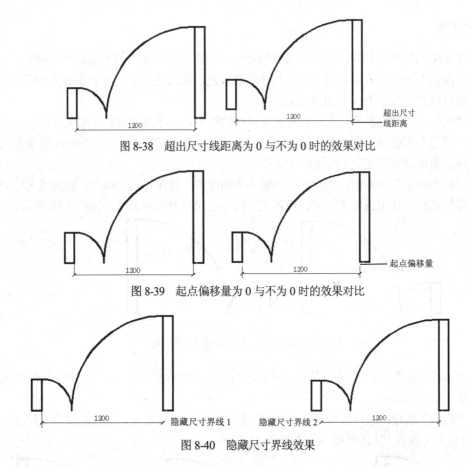

图 8-38　超出尺寸线距离为 0 与不为 0 时的效果对比

图 8-39　起点偏移量为 0 与不为 0 时的效果对比

图 8-40　隐藏尺寸界线效果

- "固定长度的尺寸界线"复选框：选中该复选框，可以使用具有特定长度的尺寸界线标注图形，其中在"长度"文本框中可以输入尺寸界线的数值。

8.2.3　设置符号和箭头

在"新建标注样式"对话框中，使用"符号和箭头"选项卡可以设置箭头、圆心标记、弧长符号和半径标注折弯的格式与位置，如图 8-41 所示。

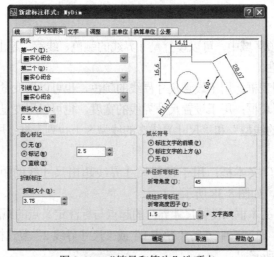

图 8-41　"符号和箭头"选项卡

1. 箭头

在"箭头"选项区域中，可以设置尺寸线和引线箭头的类型及尺寸大小等。通常情况下，尺寸线的两个箭头应一致。

为了适用于不同类型的建筑图形标注需要，AutoCAD 设置了 20 多种箭头样式。可以从对应的下拉列表框中选择箭头，并在"箭头大小"文本框中设置其大小。也可以使用自定义箭头，此时可在下拉列表框中选择"用户箭头"选项，打开"选择自定义箭头块"对话框，如图 8-42 所示。在"从图形块中选择"文本框内输入当前图形中已有的块名，然后单击"确定"按钮，AutoCAD 将以该块作为尺寸线的箭头样式，此时块的插入基点与尺寸线的端点重合。

2. 圆心标记

在"圆心标记"选项区域中，可以设置圆或圆弧的圆心标记类型，如"标记""直线"和"无"。其中，选择"标记"单选按钮可对圆或圆弧绘制圆心标记；选择"直线"单选按钮，可对圆或圆弧绘制中心线；选择"无"单选按钮，则没有任何标记，如图 8-43 所示。当选择"标记"或"直线"单选按钮时，可以在后面的文本框中设置圆心标记的大小。

图 8-42　"选择自定义箭头块"对话框

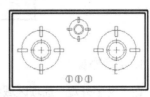

图 8-43　圆心标记类型

3. 弧长符号

在"弧长符号"选项区域中，可以设置弧长符号显示的位置，包括"标注文字的前缀""标注文字的上方"和"无" 3 种方式，如图 8-44 所示。

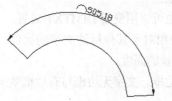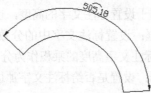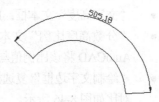

图 8-44　设置弧长符号的位置

4. 半径折弯标注

在"半径折弯标注"选项区域的"折弯角度"文本框中，可以设置标注圆弧半径时标注线的折弯角度大小。

5. 标注打断

在"标注打断"选项区域的"打断大小"文本框中，可以设置标注打断时标注线的长度大小。

6. 线性折弯标注

在"线性折弯标注"选项区域的"折弯高度因子"文本框中，可以设置折弯标注打断时折弯线的高度大小。

8.2.4　设置文字

在"新建标注样式"对话框中，可以使用"文字"选项卡设置标注文字的外观、位置和对齐方式，如图 8-45 所示。

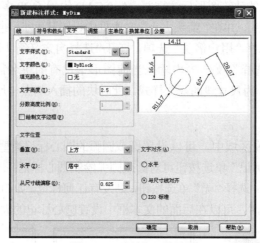

图 8-45　"文字"选项卡

1. 文字外观

在"文字外观"选项区域中，可以设置文字的样式、颜色、高度和分数高度比例，以及控制是否绘制文字边框等。部分选项的功能说明如下。

- "文字样式"下拉列表框：用于选择标注的文字样式。也可以单击其后的▉按钮，打开"文字样式"对话框，选择文字样式或新建文字样式。
- "文字颜色"下拉列表框：用于设置标注文字的颜色，也可以用变量 DIMCLRT 设置。
- "填充颜色"下拉列表框：用于设置标注文字的背景色。
- "文字高度"文本框：用于设置标注文字的高度，也可以用变量 DIMTXT 设置。
- "分数高度比例"文本框：设置标注文字中的分数相对于其他标注文字的比例，AutoCAD 将该比例值与标注文字高度的乘积作为分数的高度。
- "绘制文字边框"复选框：设置是否给标注文字加边框。文字无边框与有边框效果对比如图 8-46 所示。

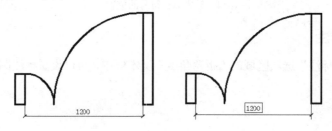

图 8-46　文字无边框与有边框效果对比

2. 文字位置

在"文字位置"选项区域中，可以设置文字的垂直、水平位置以及从尺寸线的偏移量，各选项的功能说明如下。

- "垂直"下拉列表框：用于设置标注文字相对于尺寸线在垂直方向的位置，如"居中""上方""外部"和 JIS。其中，选择"居中"选项可以把标注文字放在尺寸线中间；选择"上方"选项，将把标注文字放在尺寸线的上方；选择"外部"选项可以把标注文字放在远离第一定义点的尺寸线一侧；选择 JIS 选项则按 JIS 规则放置标注文字，如图 8-47 所示。
- "水平"下拉列表框：用于设置标注文字相对于尺寸线和尺寸界线在水平方向的位置，如"居中""第一条尺寸界线""第二条尺寸界线""第一条尺寸界线上方""第二条尺寸界线上方"，如图 8-48 所示。

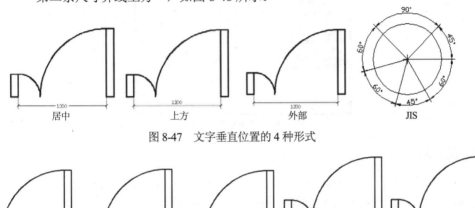

图 8-47　文字垂直位置的 4 种形式

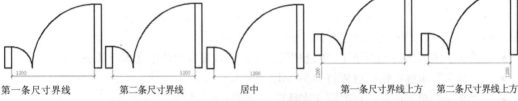

图 8-48　文字水平位置

- "从尺寸线偏移"文本框：设置标注文字与尺寸线之间的距离。如果标注文字位于尺寸线的中间，则表示断开处尺寸线端点与尺寸文字的间距。若标注文字带有边框，则可以控制文字边框与其中文字的距离。

3. 文字对齐

在"文字对齐"选项区域中，可以设置标注文字是保持水平还是与尺寸线平行。其中 3 个选项的意义如下。

- "水平"单选按钮：使标注文字水平放置。
- "与尺寸线对齐"单选按钮：使标注文字方向与尺寸线方向一致。
- "ISO 标准"单选按钮：使标注文字按 ISO 标准放置，当标注文字在尺寸界线之内时，它的方向与尺寸线方向一致，而在尺寸界线之外时将水平放置。

图 8-49 显示了上述 3 种文字对齐方式。

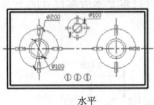
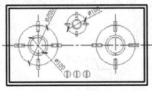

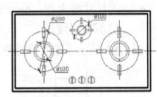

水平　　　　　　　　　　　　　与尺寸线对齐　　　　　　　　　　ISO 标准

图 8-49　文字对齐方式

8.2.5　设置调整

在"新建标注样式"对话框中，可以使用"调整"选项卡设置标注文字、尺寸线、尺寸箭头的位置，如图 8-50 所示。

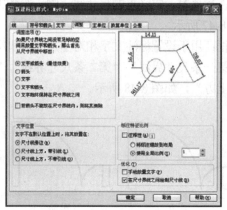

图 8-50　"调整"选项卡

1. 调整选项

在"调整选项"选项区域中，可以确定当尺寸界线之间没有足够的空间同时放置标注文字和箭头时，应从尺寸界线之间移出对象，部分如图 8-51 所示。

- "文字或箭头(最佳效果)"单选按钮：按最佳效果自动移出文本或箭头。
- "箭头"单选按钮：首先将箭头移出。
- "文字"单选按钮：首先将文字移出。
- "文字和箭头"单选按钮：将文字和箭头都移出。
- "文字始终保持在尺寸界线之间"单选按钮：将文本始终保持在尺寸界线之内。
- "若不能放在尺寸界线内，则消除箭头"复选框：选中该复选框可以抑制箭头显示。

图 8-51　标注文字和箭头在尺寸界线间的放置

2. 文字位置

在"文字位置"选项区域中，可以设置当文字不在默认位置时的位置。其中各选项意义如下。

- "尺寸线旁边"单选按钮：选中该单选按钮可以将文本放在尺寸线旁边。
- "尺寸线上方，带引线"单选按钮：选中该单选按钮可以将文本放在尺寸线的上方，并带上引线。
- "尺寸线上方，不带引线"单选按钮：选中该单选按钮可以将文本放在尺寸的上方，但不带引线。

图 8-52 显示了当文字不在默认位置时的上述设置效果。

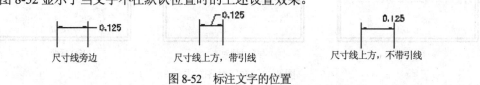

图 8-52　标注文字的位置

4. 优化

在"优化"选项区域中，可以对标注文字和尺寸线进行细微调整，该选项区域包括以下两个复选框。

- "手动放置文字"复选框：选中该复选框，则忽略标注文字的水平设置，在标注时可将标注文字放置在指定的位置。
- "在尺寸界线之间绘制尺寸线"复选框：选中该复选框，当尺寸箭头放置在尺寸界线之外时，也可在尺寸界线之内绘制出尺寸线。

8.2.6　设置主单位

在"新建标注样式"对话框中，可以使用"主单位"选项卡设置主单位的格式与精度等属性，如图 8-53 所示。

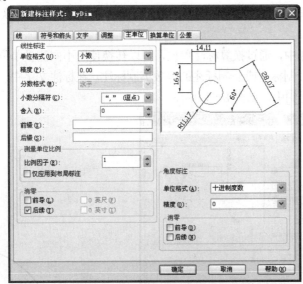

图 8-53　"主单位"选项卡

1. 线性标注

在"线性标注"选项区域中可以设置线性标注的单位格式与精度，主要选项功能如下。

- "单位格式"下拉列表框：设置除角度标注之外的其余各标注类型的尺寸单位，包括"科学""小数""工程""建筑""分数"等选项。
- "精度"下拉列表框：设置除角度标注之外的其他标注的尺寸精度。
- "分数格式"下拉列表框：当单位格式是分数时，可以设置分数的格式，包括"水平""对角"和"非堆叠"3 种方式。
- "小数分隔符"下拉列表框：设置小数的分隔符，包括"逗点""句点"和"空格"3 种方式。
- "舍入"文本框：用于设置除角度标注外的尺寸测量值的舍入值。
- "前缀"和"后缀"文本框：设置标注文字的前缀和后缀，在相应的文本框中输入字符即可。

- "测量单位比例"选项区域：使用"比例因子"文本框可以设置测量尺寸的缩放比例，AutoCAD 的实际标注值为测量值与该比例的乘积。选中"仅应用到布局标注"复选框，可以设置该比例关系仅适用于布局。
- "消零"选项区域：可以设置是否显示尺寸标注中的前导和后续零。

2．角度标注

在"角度标注"选项区域中，可以使用"单位格式"下拉列表框设置标注角度时的单位，使用"精度"下拉列表框设置标注角度的尺寸精度，使用"消零"选项区域设置是否消除角度尺寸的前导和后续零。

8.2.7　设置单位换算

在"新建标注样式"对话框中，可以使用"换算单位"选项卡设置换算单位的格式，如图 8-54 所示。

在 AutoCAD 2008 中，通过换算标注单位，可以转换使用不同测量单位制的标注，通常是显示英制标注的等效公制标注或公制标注的等效英制标注。在标注文字中，换算标注单位显示在主单位旁边的方括号[ ]中，如图 8-55 所示。

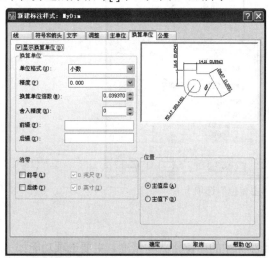

图 8-54　"换算单位"选项卡

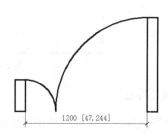

图 8-55　使用换算单位

选中"显示换算单位"复选框后，对话框的其他选项才可用，可以在"换算单位"选项区域中设置换算单位的"单位格式""精度""换算单位乘数""舍入精度""前缀"及"后缀"等，方法与设置主单位的方法相同。

在"位置"选项区域中，可以设置换算单位的位置，包括"主值后"和"主值下"两种方式。

8.2.8　设置公差

在"新建标注样式"对话框中，可以使用"公差"选项卡设置是否标注公差，以及以何种方式进行标注，如图 8-56 所示。

图 8-56　"公差"选项卡

在"公差格式"选项区域中，可以设置公差的标注格式，部分选项的功能说明如下。

- "方式"下拉列表框：确定以何种方式标注公差，如图 8-57 所示。

图 8-57　公差标注

- "上偏差""下偏差"文本框：设置尺寸的上偏差、下偏差。
- "高度比例"文本框：确定公差文字的高度比例因子。确定后，AutoCAD 将该比例因子与尺寸文字高度之积作为公差文字的高度。
- "垂直位置"下拉列表框：控制公差文字相对于尺寸文字的位置，包括"上""中"和"下"3 种方式。
- "换算单位公差"选项：当标注换算单位时，可以设置换算单位精度和是否消零。

【练习 8-1】按建筑制图规范创建名为"标注 1-100"的标注样式，具体要求如下。

- 基线标注尺寸线间距为 10 毫米。
- 尺寸界限的起点偏移量为 2 毫米，超出尺寸线的距离为 2 毫米。
- 箭头使用"建筑标记"形状，大小为 2.0。
- 标注文字的高度为 2.5 毫米，位于尺寸线的中间，文字从尺寸线偏移距离为 1 毫米。
- 标注单位的精度为 0.0。

(1) 选择"格式"|"标注样式"命令，打开"标注样式管理器"对话框。

(2) 单击"新建"按钮打开"创建新标注样式"对话框。在"新样式名"文本框中输入新建样式的名称"标注 1-100"。

(3) 单击"继续"按钮，打开"新建标注样式：标注 1-100"对话框。

(4) 在"线"选项卡的"尺寸线"选项区域中，设置"基线间距"为 10 毫米；在"尺寸界线"选项区域中，设置"超出尺寸线"为 2 毫米，设置"起点偏移量"为 2 毫米。

(5) 在"箭头"选项区域的"第一个"和"第二个"下拉列表框中，选择"建筑标记"选项，并设置"箭头大小"为 2。

(6) 选择"文字"选项卡，在"文字外观"选项区域中设置"文字高度"为 2.5 毫米；在

"文字位置"选项区域中，设置"水平"为"居中"，设置"从尺寸线偏移"为 1 毫米。

(7) 选择"主单位"选项卡，在"线性标注"选项区域中设置"精度"为 0.0。

(8) 设置完毕，单击"确定"按钮，关闭"新建标注样式：标注 1-100"对话框。然后再单击"关闭"按钮，关闭"标注样式管理器"对话框。

8.3　长度型尺寸标注

长度型尺寸标注用于标注图形中两点间的长度，可以是端点、交点、圆弧弦线端点或能够识别的任意两个点。在 AutoCAD 2008 中，长度型尺寸标注包括多种类型，如线性标注、对齐标注、弧长标注、基线标注和连续标注等。

8.3.1　线性标注

选择"标注"|"线性"命令(DIMLINEAR)，或在"标注"工具栏中单击"线性"按钮 ⊢⊣，可创建用于标注用户坐标系 XY 平面中的两个点之间的距离测量值，并通过指定点或选择一个对象来实现，此时命令行提示如下信息。

指定第一条尺寸界线原点或 <选择对象>:

1. 指定起点

默认情况下，在命令行提示下直接指定第一条尺寸界线的原点，并在"指定第二条尺寸界线原点:"提示下指定了第二条尺寸界线原点后，命令行提示如下。

指定尺寸线位置或[多行文字(M)/文字(T)/角度(A)/水平(H)/垂直(V)/旋转(R)]:

默认情况下，指定了尺寸线的位置后，系统将按自动测量出的两个尺寸界线起始点间的相应距离标注出尺寸。此外，其他各选项的功能说明如下。

- "多行文字(M)"选项：选择该选项将进入多行文字编辑模式，可以使用"多行文字编辑器"对话框输入并设置标注文字。其中，文字输入窗口中的尖括号(<>)表示系统测量值。
- "文字(T)"选项：可以以单行文字的形式输入标注文字，此时将显示"输入标注文字 <1>:"提示信息，要求输入标注文字。
- "角度(A)"选项：设置标注文字的旋转角度。
- "水平(H)"选项和"垂直(V)"选项：标注水平尺寸和垂直尺寸。可以直接确定尺寸线的位置，也可以选择其他选项来指定标注的标注文字内容或者标注文字的旋转角度。
- "旋转(R)"选项：旋转标注对象的尺寸线。

2. 选择对象

如果在线性标注的命令行提示下直接按 Enter 键，则要求选择要标注尺寸的对象。当选择了对象以后，AutoCAD 将该对象的两个端点作为两条尺寸界线的起点，并显示如下提示(可以使用前面介绍的方法标注对象)。

指定尺寸线位置或[多行文字(M)/文字(T)/角度(A)/水平(H)/垂直(V)/旋转(R)]:

注意:

当两个尺寸界线的起点不位于同一水平线或同一垂直线上时，可以通过拖动来确定是创建水平标注还是垂直标注。使光标位于两尺寸界线的起始点之间，上下拖动可引出水平尺寸线；使光标位于两尺寸界线的起始点之间，左右拖动则可引出垂直尺寸线。

8.3.2　对齐标注

选择 "标注" | "对齐" 命令(DIMALIGNED)，或在 "标注" 工具栏中单击 "对齐" 按钮，可以对对象进行对齐标注，命令行提示如下信息。

指定第一条尺寸界线原点或 <选择对象>:

由此可见，对齐标注是线性标注尺寸的一种特殊形式。在对直线段进行标注时，如果该直线的倾斜角度未知，那么使用线性标注方法将无法得到准确的测量结果，这时可以使用对齐标注。

【练习 8-2】标注图 8-58 中主要的线性标注和对齐标注尺寸。

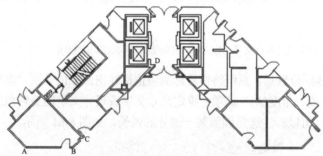

图 8-58　需要标注的建筑图形

(1) 选择 "标注" | "线性" 命令，或在 "标注" 工具栏中单击 "线性" 按钮。

(2) 在状态栏上单击 "对象捕捉" 按钮，打开对象捕捉模式。

(3) 在图上捕捉点 A，指定第一条尺寸界线的起点。

(4) 在图上捕捉点 B，指定第二条尺寸界线的终点。

(5) 在命令提示行输入 H，创建水平标注，然后拖动光标，确定尺寸线的位置，结果如图 8-59 所示。

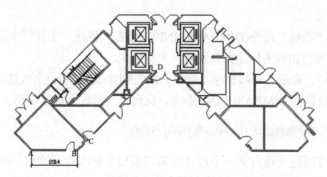

图 8-59　创建水平标注

(6) 选择 "标注" | "对齐" 命令，或在 "标注" 工具栏中单击 "对齐" 按钮 。

(7) 捕捉点 C 和点 D，然后拖动鼠标确定尺寸线的位置，结果如图 8-60 所示。

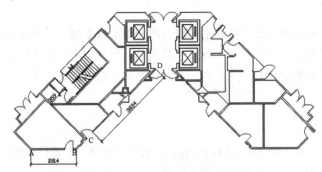

图 8-60　创建对齐标注

(8) 使用相同的方法，绘制其他的线性标注和对齐标注。

8.3.3　弧长标注

选择 "标注" | "弧长" 命令(DIMARC)，或在 "标注" 工具栏中单击 "弧长" 按钮 ，可以标注圆弧线段或多段线圆弧线段部分的弧长。当选择需要的标注对象后，命令行提示如下信息。

指定弧长标注位置或 [多行文字(M)/文字(T)/角度(A)/部分(P)/引线(I)]:

当指定了尺寸线的位置后，系统将按实际测量值标注出圆弧的长度。也可以利用 "多行文字(M)" "文字(T)" 或 "角度(A)" 选项，确定尺寸文字或尺寸文字的旋转角度。另外，如果选择 "部分(P)" 选项，可以标注选定圆弧某一部分的弧长，如图 8-61 所示。

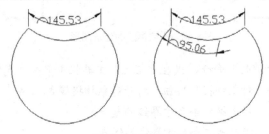

图 8-61　弧长标注

8.3.4　基线标注

选择 "标注" | "基线" 命令(DIMBASELINE)，或在 "标注" 工具栏中单击 "基线" 按钮 ，可以创建一系列由相同的标注原点测量出来的标注。

与连续标注一样，在进行基线标注之前也必须先创建(或选择)一个线性、坐标或角度标注作为基准标注，然后执行 DIMBASELINE 命令，此时命令行提示如下信息。

指定第二条尺寸界线原点或 [放弃(U)/选择(S)] <选择>:

在该提示下，可以直接确定下一个尺寸的第二条尺寸界线的起始点。AutoCAD 将按基线标注方式标注出尺寸，直到按 Enter 键结束命令为止。

8.3.5 连续标注

选择"标注"|"连续"命令(DIMCONTINUE),或在"标注"工具栏中单击"连续"按钮 ⊞,可以创建一系列端对端放置的标注,每个连续标注都从前一个标注的第二个尺寸界线处开始。

在进行连续标注之前,必须先创建(或选择)一个线性、坐标或角度标注作为基准标注,以确定连续标注所需要的前一尺寸标注的尺寸界线,然后执行 DIMCONTINUE 命令,此时命令行提示如下。

> 指定第二条尺寸界线原点或 [放弃(U)/选择(S)] <选择>:

在该提示下,当确定了下一个尺寸的第二条尺寸界线原点后,AutoCAD 按连续标注方式标注出尺寸,即把上一个或所选标注的第二条尺寸界线作为新尺寸标注的第一条尺寸界线标注尺寸。当标注完成后,按 Enter 键即可结束该命令。

【练习 8-3】使用"连续标注"功能,标注图 8-62 所示图形中的尺寸。

(1) 选择"标注"|"线性"命令,或在"标注"工具栏中单击"线性"按钮 ⊟,创建点 A 与点 B 之间的水平线性标注,如图 8-63 所示。

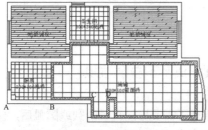

图 8-62 需要标注的图形

图 8-63 创建线性标注

(2) 选择"标注"|"连续"命令,或在"标注"工具栏中单击"连续"按钮 ⊞,系统将以最后一次创建的尺寸标注 AB 的点 B 作为基点。

(3) 依次在图样中单击点 C 和 D,指定连续标注尺寸界限的原点,最后按 Enter 键,此时标注效果如图 8-64 所示。

(4) 使用线性标注和连续标注命令标注其他尺寸,结果如图 8-65 所示。

图 8-64 创建连续标注

图 8-65 最终标注效果

8.4 半径、直径和圆心标注

在 AutoCAD 中,可以使用"标注"菜单中的"半径""直径"与"圆心"命令,标注圆或圆弧的半径尺寸、直径尺寸及圆心位置。

8.4.1 半径标注

选择"标注"|"半径"命令(DIMRADIUS)，或在"标注"工具栏中单击"半径"按钮，可以标注圆和圆弧的半径。执行该命令，并选择要标注半径的圆弧或圆，此时命令行提示如下信息。

指定尺寸线位置或 [多行文字(M)/文字(T)/角度(A)]:

当指定了尺寸线的位置后，系统将按实际测量值标注出圆或圆弧的半径。也可以利用"多行文字(M)""文字(T)"或"角度(A)"选项，确定尺寸文字或尺寸文字的旋转角度。其中，当通过"多行文字(M)"和"文字(T)"选项重新确定尺寸文字时，只有给输入的尺寸文字加前缀 R，才能使标出的半径尺寸有半径符号 R，否则没有该符号。

8.4.2 折弯标注

选择"标注"|"折弯"命令(DIMJOGGED)，或在"标注"工具栏中单击"折弯"按钮，可以折弯标注圆和圆弧的半径。该标注方式与半径标注方法基本相同，但需要指定一个位置代替圆或圆弧的圆心。

8.4.3 直径标注

选择"标注"|"直径"命令(DIMDIAMETER)，或在"标注"工具栏中单击"直径标注"按钮，可以标注圆和圆弧的直径。

直径标注的方法与半径标注的方法相同。当选择了需要标注直径的圆或圆弧后，直接确定尺寸线的位置，系统将按实际测量值标注出圆或圆弧的直径。并且，当通过"多行文字(M)"和"文字(T)"选项重新确定尺寸文字时，需要在尺寸文字前加前缀%%C，才能使标出的直径尺寸有直径符号 Φ。

【例 8-4】使用"半径标注"和"直径标注"功能，标注图 8-66 所示图形中圆和圆弧的半径、直径。

(1) 选择"标注"|"直径"命令，或单击"标注"工具栏中的"直径"按钮。

(2) 在命令行的"选择圆弧或圆:"提示下，选择图形中的小圆。

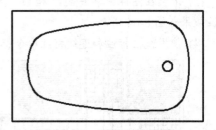

图 8-66 需要标注的图形

(3) 在命令行的"指定尺寸线位置或[多行文字(M)/文字(T)/角度(A)]:"提示下，在小圆外部适当位置单击，标注出小圆的直径。

(4) 选择"标注"|"半径"命令，或单击"标注"工具栏中的"半径"按钮。在"选择圆弧或圆:"提示信息下选择图形中的任意一个圆弧。在命令行的"指定尺寸线位置或[多行文字(M)/文字(T)/角度(A)]:"提示信息下，在圆弧外部适当位置单击，标注出圆弧的半径。

(5) 重复步骤(4)，标注出图形中其他圆弧的半径，最终效果如图 8-67 所示。

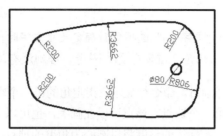

图 8-67 需要标注的图形

8.4.4 圆心标记

选择"标注"|"圆心标记"命令(DIMCENTER),或在"标注"工具栏中单击"圆心标记"按钮 ⊕,即可标注圆和圆弧的圆心,此时只需要选择待标注其圆心的圆弧或圆即可。

圆心标记的形式可以由系统变量 DIMCEN 设置。当该变量的值大于 0 时,绘制圆心标记,且该值是圆心标记线长度的一半;当变量的值小于 0 时,画出中心线,且该值是圆心处小十字线长度的一半。

8.5 角度标注与其他类型的标注

在 AutoCAD 2008 中,除了前面介绍的几种常用尺寸标注外,还可以使用角度标注及其他类型的标注功能,对图形中的角度、坐标等元素进行标注。

8.5.1 角度标注

选择"标注"|"角度"命令(DIMANGULAR),或在"标注"工具栏中单击"角度"按钮 ⊿,都可以测量圆和圆弧的角度、两条直线间的角度,或者三点间的角度,如图 8-68 所示。执行 DIMANGULAR 命令,此时命令行提示如下。

选择圆弧、圆、直线或 <指定顶点>:

图 8-68 角度标注方式

在该提示下,可以选择需要标注的对象,其功能说明如下。

- 标注圆弧角度:当选择圆弧时,命令行显示"指定标注弧线位置或 [多行文字(M)/文字(T)/角度(A)]:"提示信息。此时,如果直接确定标注弧线的位置,AutoCAD 会按实际测量值标注出角度。也可以使用"多行文字(M)""文字(T)"及"角度(A)"选项,设置尺寸文字和它的旋转角度。

注意：

通过"多行文字(M)"和"文字(T)"选项重新确定尺寸文字时，只有给新输入的尺寸文字加后缀%%D，才能使标注出的角度值带有度(°)符号，否则没有该符号。

- 标注圆角度：当选择圆时，命令行显示"指定角的第二个端点："提示信息，要求确定另一点作为角的第二个端点。该点可以在圆上，也可以不在圆上，然后再确定标注弧线的位置。这时，标注的角度将以圆心为角度的顶点，以通过所选择的两个点为尺寸界线(或延伸线)。
- 标注两条不平行直线之间的夹角：需要选择这两条直线，然后确定标注弧线的位置，AutoCAD将自动标注出这两条直线的夹角。
- 根据3个点标注角度：这时首先需要确定角的顶点，然后分别指定角的两个端点，最后指定标注弧线的位置。

【**练习8-5**】使用"角度标注"功能，标注图8-69所示图形中底部圆弧的角度。

(1) 选择"标注"|"角度"命令，或单击"标注"工具栏中的"角度"按钮△。

(2) 在命令行的"选择圆弧、圆、直线或<指定顶点>："提示信息下，选择图形底部的圆弧，然后拖动鼠标确定尺寸线的位置，结果如图8-70所示。

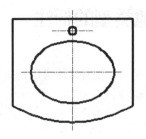　　　　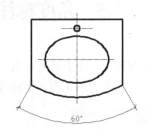

图8-69　需要标注的图形　　　　图8-70　创建角度标注

8.5.2　多重引线标注

选择"标注"|"多重引线"命令(MLEADER)，或在"多重引线"工具栏中(如图8-71所示)单击"多重引线"按钮 ，都可以创建引线和注释，并且可以设置引线和注释的样式。

图8-71　"多重引线"工具栏

1. 创建多重引线标注

执行"多重引线"命令，命令行将提示"指定引线箭头的位置或[引线钩线优先(L)/内容优先(C)/选项(O)] <选项>："，在图形中单击确定引线箭头的位置；然后在打开的文字输入窗口输入注释内容即可。图8-72所示为在倒角位置添加倒角的文字注释。

在"多重引线"工具栏中单击"添加引线"按钮 ，可以为图形继续添加多个引线和注释。图8-73所示为在图8-72上再添加一个倒角引线注释。

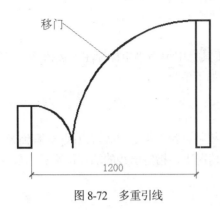

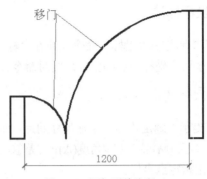

图 8-72　多重引线　　　　　　　　　　　　图 8-73　添加引线注释

2. 管理多重引线样式

在"多重引线"工具栏中单击"多重引线样式"按钮 ，将打开"多重引线样式管理器"对话框，如图 8-74 所示。该对话框和"标注样式管理器"对话框功能类似，可以设置多重引线的格式、结构和内容。单击"新建"按钮，在打开的"创建新多重引线样式"对话框中可以创建多重引线样式，如图 8-75 所示。

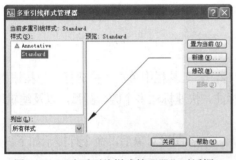

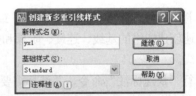

图 8-74　"多重引线样式管理器"对话框　　　　　图 8-75　"创建新多重引线样式"对话框

设置了新样式的名称和基础样式后，单击该对话框中的"继续"按钮，将打开"修改多重引线样式"对话框，可以创建多重引线的格式、结构和内容，如图 8-76 所示。用户自定义多重引线样式后，单击"确定"按钮。然后在"多重引线样式管理器"对话框将新样式置为当前即可。

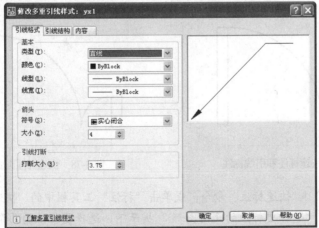

图 8-76　"修改多重引线样式"对话框

8.5.3　坐标标注

选择"标注"|"坐标"命令，或在"标注"工具栏中单击"坐标标注"按钮 ，都可以标注相对于用户坐标原点的坐标，此时命令行提示如下信息。

> 指定点坐标:

在该提示下确定要标注坐标尺寸的点，而后系统将显示"指定引线端点或[X 基准(X)/Y 基准(Y)/多行文字(M)/文字(T)/角度(A)]:"提示。默认情况下，指定引线的端点位置后，系统将在该点标注出指定点坐标。

注意：
在"指定点坐标:"提示下确定引线的端点位置之前，应首先确定标注点坐标是 X 坐标还是 Y 坐标。如果在此提示下相对于标注点上下移动光标，将标注点的 X 坐标；若相对于标注点左右移动光标，则标注点的 Y 坐标。

此外，在命令提示中，"X 基准(X)""Y 基准(Y)"选项分别用来标注指定点的 X、Y 坐标，"多行文字(M)"选项用于通过当前文本输入窗口输入标注的内容，"文字(T)"选项直接要求输入标注的内容，"角度(A)"选项则用于确定标注内容的旋转角度。

8.5.4　快速标注

选择"标注"|"快速标注"命令，或在"标注"工具栏中单击"快速标注"按钮 ，都可以快速创建成组的基线、连续、阶梯和坐标标注，快速标注多个圆、圆弧，以及编辑现有标注的布局。

执行"快速标注"命令，并选择需要标注尺寸的各图形对象后，命令行提示如下。

> 指定尺寸线位置或[连续(C)/并列(S)/基线(B)/坐标(O)/半径(R)/直径(D)/基准点(P)/编辑(E)/设置(T)] <连续>:

由此可见，使用该命令可以进行"连续(C)""并列(S)""基线(B)""坐标(O)""半径(R)"及"直径(D)"等一系列标注。

【练习 8-6】使用"快速标注"命令，标注图 8-77 所示图形中圆弧的半径，效果如图 8-78 所示。

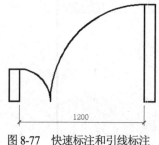

图 8-77　快速标注和引线标注

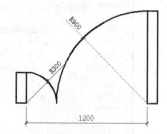

图 8-78　快速标注圆弧

(1) 选择"标注"|"快速标注"命令，或单击"标注"工具栏中的"快速标注"按钮 。
(2) 在命令行的"选择要标注的几何图形:"提示下，选择要标注的两个移门圆弧，然后按 Enter 键。

(3) 在命令行的"指定尺寸线位置或[连续(C)/并列(S)/基线(B)/坐标(O)/半径(R)/直径(D)/基准点(P)/编辑(E)/设置(T)]<连续>:"提示下输入 R，然后按 Enter 键，即可快速标注出所选择的圆弧的半径，效果如图 8-78 所示。

8.5.5　标注间距和标注打断

选择"标注" | "标注间距"命令，或在"标注"工具栏中单击"标注间距"按钮 ，可以修改已标注图形中的标注线的位置间距大小。

执行"标注间距"命令，命令行将提示"选择基准标注:"，在图形中选择第一个标注线；然后命令行提示"选择要产生间距的标注:"，这时再选择第二个标注线；接下来命令行提示"输入值或 [自动(A)] <自动>:"，这里输入标注线的间距数值，按 Enter 键完成标注间距的设置。该命令可以选择连续设置多个标注线之间的间距。图 8-79 所示为标注线设置标注间距前后的效果对比。

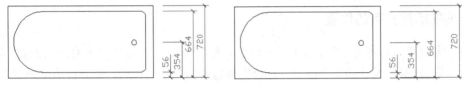

图 8-79　标注间距前后对比

选择"标注" | "标注打断"命令，或在"标注"工具栏中单击"标注打断"按钮 ，可以在标注线和图形之间产生一个隔断。

执行"标注打断"命令，命令行将提示"选择标注或[多个(M)]:"，在图形中选择需要打断的标注线；然后命令行提示"选择要打断标注的对象或[自动(A)/恢复(R)/手动(M)] <自动>:"，这时选择该标注对应的选段，按 Enter 键完成标注打断。图 8-80 所示为标注线设置标注打断前后的效果对比。

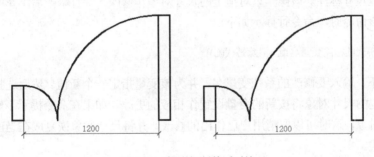

图 8-80　标注打断前后对比

8.6　编辑标注对象

在 AutoCAD 2008 中，可以对已标注对象的文字、位置及样式等内容进行修改，而不必删除所标注的尺寸对象再重新进行标注。

8.6.1　编辑标注

在"标注"工具栏中，单击"编辑标注"按钮 ，即可编辑已有标注的标注文字内容和放置位置，此时命令行提示如下。

输入标注编辑类型 [默认(H)/新建(N)/旋转(R)/倾斜(O)] <默认>:

各选项的含义如下。

- "默认(H)"选项：选择该选项并选择尺寸对象，可以按默认位置和方向放置尺寸文字。
- "新建(N)"选项：选择该选项可以修改尺寸文字，此时系统将显示"文字格式"工具栏和文字输入窗口。修改或输入尺寸文字后，选择需要修改的尺寸对象即可。
- "旋转(R)"选项：选择该选项可以将尺寸文字旋转一定的角度，同样是先设置角度值，然后选择尺寸对象。
- "倾斜(O)"选项：选择该选项可以使非角度标注的尺寸界线倾斜一角度。这时需要先选择尺寸对象，然后设置倾斜角度值。

8.6.2　编辑标注文字的位置

选择"标注"|"对齐文字"子菜单中的命令，或在"标注"工具栏中单击"编辑标注文字"按钮 ，都可以修改尺寸的文字位置。选择需要修改的尺寸对象后，命令行提示如下。

指定标注文字的新位置或 [左(L)/右(R)/中心(C)/默认(H)/角度(A)]:

默认情况下，可以通过拖动光标来确定尺寸文字的新位置。也可以输入相应的选项指定标注文字的新位置。

8.6.3　替代标注

选择"标注"|"替代"命令(DIMOVERRIDE)，可以临时修改尺寸标注的系统变量设置，并按该设置修改尺寸标注。该操作只对指定的尺寸对象作修改，并且修改后不影响原系统的变量设置。执行该命令时，命令行提示如下。

输入要替代的标注变量名或 [清除替代(C)]:

默认情况下，输入要修改的系统变量名，并为该变量指定一个新值。然后选择需要修改的对象，这时指定的尺寸对象将按新的变量设置作相应的更改。如果在命令提示下输入 C，并选择需要修改的对象，这时可以取消用户已作出的修改，并将尺寸对象恢复成在当前系统变量设置下的标注形式。

8.6.4　更新标注

选择"标注"|"更新"命令，或在"标注"工具栏中单击"标注更新"按钮 ，都可以更新标注，使其采用当前的标注样式，此时命令行提示如下。

输入标注样式选项[保存(S)/恢复(R)/状态(ST)/变量(V)/应用(A)/?] <恢复>:

在该命令提示中，各选项的功能如下。

- "保存(S)"选项：将当前尺寸系统变量的设置作为一种尺寸标注样式来命名保存。
- "恢复(R)"选项：将用户保存的某一尺寸标注样式恢复为当前样式。

- "状态(ST)"选项：查看当前各尺寸系统变量的状态。选择该选项，可切换到文本窗口，并显示各尺寸系统变量及其当前设置。
- "变量(V)"选项：显示指定标注样式或对象的全部或部分尺寸系统变量及其设置。
- "应用(A)"选项：可以根据当前尺寸系统变量的设置更新指定的尺寸对象。
- "?"选项：显示当前图形中命名的尺寸标注样式。

8.6.5　尺寸关联

尺寸关联是指所标注尺寸与被标注对象有关联关系。如果标注的尺寸值是按自动测量值标注，且尺寸标注是按尺寸关联模式标注的，那么改变被标注对象的大小后相应的标注尺寸也将发生改变，即尺寸界线、尺寸线的位置都将改变到相应的新位置，尺寸值也改变成新测量值。反之，改变尺寸界线起始点的位置，尺寸值也会发生相应的变化。

例如，在图 8-81(a)图中，矩形中标注出了矩形边的高度和宽度尺寸，且该标注是按尺寸关联模式标注的，那么改变矩形左上角点的位置后，相应的标注也会自动改变，且尺寸值为新长度值，如图 8-81(b)图所示。

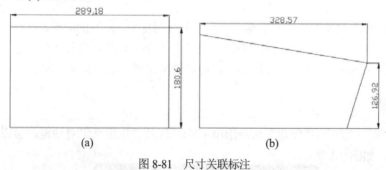

图 8-81　尺寸关联标注

8.7　思 考 练 习

1. 在中文版 AutoCAD 2008 中，尺寸标注类型有哪些，各有什么特点？
2. 在中文版 AutoCAD 2008 中，如何创建引线标注？
3. 绘制图 8-82 所示的屋顶平面并标注尺寸。
4. 绘制图 8-83 所示的家具腿并标注尺寸。

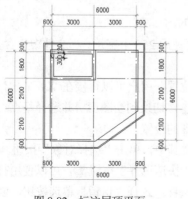

图 8-82　标注屋顶平面

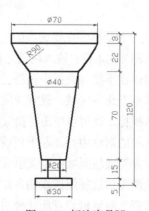

图 8-83　标注家具腿

第9章 块和AutoCAD设计中心

在使用 AutoCAD 绘制建筑图形时，经常会遇到需要重复使用的图形对象，例如门窗、桌椅等，这时就可以把重复绘制的图形创建成块(也称为图块)，并根据需要为块创建属性，指定块的名称、用途及设计者等信息，在需要时直接插入它们，从而增加绘图的准确性，提高绘图效率和减小文件尺寸。此外，用户可以通过 AutoCAD 设计中心浏览、查找、预览、使用和管理 AutoCAD 图形、块等不同的资源文件。

9.1 创建与编辑块

块是一个或多个对象组成的对象集合，常用于绘制复杂、重复的图形。一旦一组对象组合成块，就可以根据作图需要将这组对象插入到图中任意指定位置，而且还可以按不同的比例和旋转角度插入。在 AutoCAD 中，使用块可以提高绘图速度、节省存储空间、便于修改图形。

9.1.1 创建块

选择"绘图"|"块"|"创建"命令(BLOCK)，打开"块定义"对话框，可以将已绘制的对象创建为块，如图 9-1 所示。

图 9-1 "块定义"对话框

"块定义"对话框中主要选项的功能说明如下。

- "名称"文本框：输入块的名称，最多可使用 255 个字符。当文件中包含多个块时，还可以在下拉列表框中选择已有的块。
- "基点"选项区域：设置块的插入基点位置。用户可以直接在 X、Y、Z 文本框中输入坐标，也可以单击"拾取点"按钮 ，切换到绘图窗口并选择基点。一般基点选在块的对称中心、左下角或其他有特征的位置。
- "对象"选项区域：设置组成块的对象。其中，单击"选择对象"按钮 ，可切换到绘图窗口选择组成块的各对象；单击"快速选择"按钮 ，可以使用打开的"快速选择"对话框设置所选择对象的过滤条件；选择"保留"单选按钮，创建块后仍在绘图窗口上保留组成块的各对象；选择"转换为块"单选按钮，创建块后将组成块的各对象保留并把它们转换成块；选择"删除"单选按钮，创建块后删除绘图窗口上组成块的原对象。

- "方式"选项区域：设置组成块的对象的显示方式。选择"按同一比例缩放"复选框，设置对象是否按统一的比例进行缩放；选择"允许分解"复选框，设置对象是否允许被分解。
- "设置"选项区域：设置块的基本属性。单击"块单位"下拉列表框，可以选择从 AutoCAD 设计中心中拖动块时的缩放单位；单击"超链接"按钮，将打开"插入超链接"对话框，在该对话框中可以插入超链接文档，如图 9-2 所示。
- "说明"文本框：用来输入当前块的说明部分。

【练习 9-1】将图 9-3 所示的椅子创建为块。

图 9-2　"插入超链接"对话框　　　　　图 9-3　创建为块的椅子

(1) 选择"绘图"|"块"|"创建"命令，打开"块定义"对话框。

(2) 在"名称"文本框中输入块的名称，如 Chair。

(3) 在"基点"选项区域中单击"拾取点"按钮 ，然后单击椅子底部圆弧的中点，确定基点位置。

(4) 在"对象"选项区域中选择"保留"单选按钮，再单击"选择对象"按钮 ，切换到绘图窗口，使用窗口选择方法选择椅子，然后按 Enter 键返回"块定义"对话框。

(5) 在"块单位"下拉列表中选择"毫米"选项，将单位设置为毫米。

(6) 在"说明"文本框中输入对图块的说明，如"椅子"。

(7) 设置完毕，单击"确定"按钮保存设置。

注释：

创建块时，必须先绘出要创建为块的对象。如果新块的名称与已定义的块名重复，系统将显示警告对话框，要求用户重新定义块名称。此外，使用 BLOCK 命令(即"绘图"|"块"|"创建"命令)创建的块只能由该块所在的图形使用，而不能由其他图形使用。如果希望在其他图形中也使用块，则需使用 WBLOCK 命令创建块。

9.1.2　插入块

选择"插入"|"块"命令，将打开"插入"对话框，如图 9-4 所示。使用该对话框，可以在图形中插入块或其他图形，在插入的同时还可以改变所插入块或图形的比例与旋转角度。

"插入"对话框中各主要选项的意义如下。

- "名称"下拉列表框：用于选择块或图形的名
  称。也可以单击其后的"浏览"按钮，打开"选
  择图形文件"对话框，选择保存的块和外部图
  形。

- "插入点"选项区域：用于设置块的插入点位
  置。可直接在 X、Y、Z 文本框中输入点的坐
  标，也可以通过选中"在屏幕上指定"复选框，
  在屏幕上指定插入点位置。

图 9-4　"插入"对话框

- "比例"选项区域：用于设置块的插入比例。可直接在 X、Y、Z 文本框中输入块
  在 3 个方向上的比例；也可以通过选中"在屏幕上指定"复选框，在屏幕上指定插
  入比例。此外，该选项区域中的"统一比例"复选框用于确定所插入块在 X、Y、Z
  这 3 个方向的插入比例是否相同，选中时表示比例将相同，用户只需在 X 文本框中
  输入比例值即可。
- "旋转"选项区域：用于设置块插入时的旋转角度。可直接在"角度"文本框中输
  入角度值，也可以选择"在屏幕上指定"复选框，在屏幕上指定旋转角度。
- "分解"复选框：选择该复选框，可以将插入的块分解成组成块的各基本对象。

【练习 9-2】在图 9-5 所示的图形中插入【练习 9-1】中定义的块，并设置缩放比例为 80%。

(1) 选择"插入" | "块"命令，打开"插入"对话框。

(2) 在"名称"下拉列表框中选择 Chair。

(3) 在"插入点"选项区域中选中"在屏幕上指定"复选框。

(4) 在"缩放比例"选项区域中选中"统一比例"复选框，并在 X 文本框中输入 0.8。

(5) 单击"确定"按钮，然后单击绘图窗口中需要插入块的位置，这时块插入的效果如图 9-6
所示。

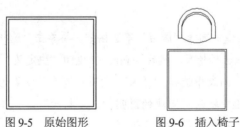

图 9-5　原始图形　　　　图 9-6　插入椅子

9.1.3　存储块

在 AutoCAD 2008 中，使用 WBLOCK 命令可以将块以文件的形式写入磁盘。执行
WBLOCK 命令将打开"写块"对话框，如图 9-7 所示。

在该对话框的"源"选项区域中，可以设置组成块的对象来源，各选项的功能说明
如下。

- "块"单选按钮：用于将使用 BLOCK 命令创建的块写入磁盘，可在其后的下拉列
  表框中选择块名称。
- "整个图形"单选按钮：用于将全部图形写入磁盘。

- "对象"单选按钮：用于指定需要写入磁盘的块对象。选择该单选按钮时，用户可根据需要使用"基点"选项区域设置块的插入基点位置，使用"对象"选项区域设置组成块的对象。

在该对话框的"目标"选项区域中可以设置块的保存名称和位置，各选项的功能说明如下。

- "文件名和路径"文本框：用于输入块文件的名称和保存位置，用户也可以单击其后的 按钮，使用打开的"浏览文件夹"对话框设置文件的保存位置。

- "插入单位"下拉列表框：用于选择从 AutoCAD 设计中心中拖动块时的缩放单位。

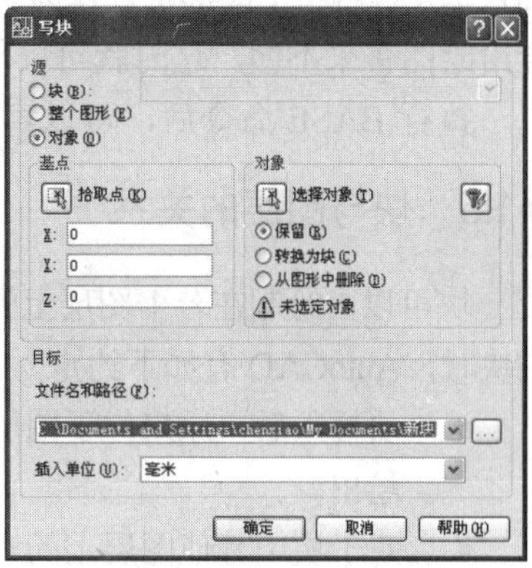

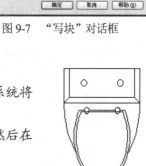

图 9-7 "写块"对话框

【练习 9-3】创建一个块并将其写入磁盘中，然后将这个块插入到其他绘图文档中。

(1) 选择"绘图"|"块"|"创建"命令，创建图 9-8 所示的块，并定义块的名称为 Myblock1。

(2) 打开创建的块文档，并在命令行中输入命令 WBLOCK，系统将打开"写块"对话框。

(3) 在该对话框的"源"选项区域中选择"块"单选按钮，然后在其后的下拉列表框中选择创建的块 Myblock1。

(4) 在"目标"选项区域的"文件名和路径"文本框中输入文件名和路径，如 E:\Myblock1.dwg，并在"插入单位"下拉列表中选择"毫米"选项。

图 9-8 创建块

(5) 单击"确定"按钮，然后打开图 9-9 所示的文档。

(6) 选择"插入块"命令，打开"插入"对话框。从中单击"浏览"按钮，在打开的"选择图形文件"对话框中选择创建的块 E:\Myblock.dwg，并单击"打开"按钮。

(7) 在"插入"对话框的"插入点"选项区域中选中"在屏幕上指定"复选框，然后单击"确定"按钮。

(8) 在图 9-9 所示文档中的适当位置单击，即可插入块。

(9) 使用相同的步骤插入多个块，最后的效果如图 9-10 所示。

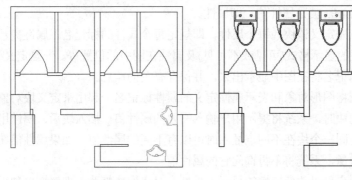

图 9-9 打开文档　　　　图 9-10 插入块后的效果

9.1.4　设置插入基点

选择"绘图"|"块"|"基点"命令，或在命令行输入 BASE 命令，可以设置当前图形的插入基点。将某个图形文件作为块插入时，系统默认将该图的坐标原点作为插入点，这样往往会给绘图带来不便。这时就可以使用"基点"命令，对图形文件指定新的插入基点。

执行 BASE 命令后，可以直接在"输入基点:"提示下指定作为块插入基点的坐标。

9.1.5　块与图层的关系

块可以由绘制在若干图层上的对象组成，系统可以将图层的信息保留在块中。当插入这样的块时，AutoCAD 有如下约定。

- 块插入后，原来位于图层上的对象被绘制在当前图层，并按当前图层的颜色与线型绘出。
- 对于块中其他图层上的对象，若块中包含与图形中的图层同名的图层，块中该图层上的对象仍绘制在图中的同名图层上，并按图中该图层的颜色与线型绘制。块中其他图层上的对象仍在原来的图层上绘出，并给当前图形增加相应的图层。
- 如果插入的块由多个位于不同图层上的对象组成，那么冻结某一对象所在的图层后，此图层上属于块上的对象将不可见；当冻结插入块时的当前图层时，不管块中各对象处于哪一个图层，整个块将不可见。

9.2　编辑与管理块属性

块属性是附属于块的非图形信息，是块的组成部分，是可包含在块定义中的特定文字对象。在定义一个块时，属性必须先定义后选定。属性通常用于在块的插入过程中进行自动注释。

9.2.1　块属性的特点

在 AutoCAD 中，用户可以在图形绘制完成后(甚至在绘制完成前)，使用 ATTEXT 命令将块属性数据从图形中提取出来，并将这些数据写入到一个文件中，这样就可以从图形数据库文件中获取块数据信息。块属性具有以下特点。

- 块属性由属性标记名和属性值两部分组成。例如，可以把 Name 定义为属性标记名，而具体的姓名 Mat 就是属性值，即属性。
- 定义块前，应先定义该块的每个属性，即规定每个属性的标记名、属性提示、属性默认值、属性的显示格式(可见或不可见)及属性在图中的位置等。一旦定义了属性，该属性及其标记名将在图中显示出来，并保存有关的信息。
- 定义块时，应将图形对象和表示属性定义的属性标记名一起用来定义块对象。
- 插入有属性的块时，系统将提示用户输入需要的属性值。插入块后，属性用它的值表示。因此，同一个块在不同点插入时可以有不同的属性值。如果属性值在属性定义时规定为常量，系统将不再询问它的属性值。
- 插入块后，用户可以改变属性的显示可见性，对属性作修改，把属性单独提取出来写入文件，以供统计、制表使用，还可以与其他高级语言或数据库进行数据通信。

9.2.2　创建并使用带有属性的块

选择"绘图"|"块"|"定义属性"命令(ATTDEF)，可以使用打开的"属性定义"对话框创建块属性，如图 9-11 所示。其中各选项的功能如下。

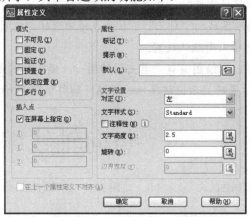

图 9-11　"属性定义"对话框

- "模式"选项区域：用于设置属性的模式。其中，"不可见"复选框用于确定插入块后是否显示其属性值；"固定"复选框用于设置属性是否为固定值，为固定值时，插入块后该属性值不再发生变化；"验证"复选框用于验证所输入的属性值是否正确；"预置"复选框用于确定是否将属性值直接预置成它的默认值；"锁定位置"复选框用于固定插入块的坐标位置；"多行"复选框用于使用多段文字来标注块的属性值。
- "属性"选项区域：用于定义块的属性。其中，"标记"文本框用于输入属性的标记；"提示"文本框用于输入插入块时系统显示的提示信息；"默认"文本框用于输入属性的默认值。
- "插入点"选项区域：用于设置属性值的插入点，即属性文字排列的参照点。用户可直接在 X、Y、Z 文本框中输入点的坐标，也可以单击"拾取点"按钮 ，在绘图窗口上拾取一点作为插入点。

注意：

确定该插入点后，系统将以该点为参照点，按照在"文字设置"选项区域的"对正"下拉列表框中确定的文字排列方式放置属性值。

- "文字设置"选项区域：用于设置属性文字的格式，包括对正、文字样式、文字高度以及旋转角度等选项。

此外，在"属性定义"对话框中选中"在上一个属性定义下对齐"复选框，可以为当前属性采用上一个属性的文字样式、字高及旋转角度，且另起一行，按上一个属性的对正方式排列。

设置完"属性定义"对话框中的各项内容后，单击对话框中的"确定"按钮，系统将完成一次属性定义，用户可以用上述方法为块定义多个属性。

【练习 9-4】定义绘制好的轴线圆，直径为 800mm，如图 9-12 所示，给其定义一个属性，标记为"竖向轴线编号"，属性提示为"请输入竖向轴线编号"，默认值为 1，设置对齐样式为"中间"，文字高度 500，旋转角度 0。插入点选择圆顶部的象限点。

(1) 选择"绘图"|"块"|"定义属性"命令，打开"属性定义"对话框。

(2) 在"属性"选项区域的"标记"文本框中输入"竖向轴线编号"，在"提示"文本框中输入"请输入竖向轴线编号"，在"默认"文本框中输入 1。

(3) 在"插入点"选项区域中选择"在屏幕上指定"选项。

(4) 在"文字设置"选项区域的"对正"下拉列表框中选择"中间"选项，在"文字高度"文本框中输入 500，其他选项采用默认设置。

(5) 单击"确定"按钮，在绘图窗口中单击圆的圆心，确定插入点的位置。完成属性块的定义，同时在图中的定义位置将显示出该属性的标记，如图 9-13 所示。

竖向轴线编号

图 9-12　定义带有属性的块　　　　　图 9-13　显示属性的标记

(6) 在命令行中输入命令 WBLOCK，打开"写块"对话框，在"基点"选项区域中单击"拾取点"按钮，然后在绘图窗口中单击圆顶部的象限点。

(7) 在"对象"选项区域中选择"保留"单选按钮，并单击"选择对象"按钮，然后在绘图窗口中使用窗口选择圆和其属性。

(8) 在"目标"选项区域的"文件名和路径"文本框中输入 E:\BASE.dwg，并在"插入单位"下拉列表框中选择"毫米"选项，然后单击"确定"按钮。

9.2.3　在图形中插入带属性定义的块

在创建带有附加属性的块时，需要同时选择块属性作为块的成员对象。带有属性的块创建完成后，就可以使用"插入"对话框在文档中插入该块。

【练习 9-5】在图 9-14 中插入【练习 9-4】中定义的属性块。

(1) 选择"文件"|"打开"命令，打开图 9-14 所示的图形文件。

(2) 选择"插入"|"块"命令，打开"插入"对话框。单击"浏览"按钮，选择创建的 BASE.dwg 块并打开。

(3) 在"插入点"选项区域中选择"在屏幕上指定"选项，然后单击"确定"按钮。

(4) 在绘图窗口中单击，确定插入点的位置，并在命令行的"请输入竖向轴线编号<1>:"提示下直接按 Enter 键，结果如图 9-15 所示。

　　　　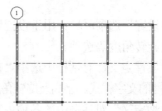

图 9-14　图形文档　　　　　　　图 9-15　插入带属性的块

9.2.4　修改属性定义

选择"修改"|"对象"|"文字"|"编辑"命令(DDEDIT)或双击块属性，打开"增强属性

编辑器"对话框。在"属性"选项卡的列表中选择文字属性，然后在下面的"值"文本框中可以编辑块中定义的标记和值属性，如图 9-16 所示。

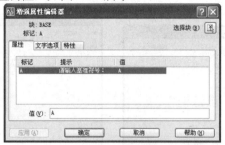

图 9-16 "增强属性编辑器"对话框

选择"修改"|"对象"|"文字"|"比例"命令(SCALETEXT)，或在"文字"工具栏中单击"缩放文字"按钮 ，可以按同一缩放比例因子同时修改多个属性定义的比例。

> 输入缩放的基点选项[现有(E)/左(L)/中心(C)/中间(M)/右(R)/左上(TL)/中上(TC)/右上(TR)/左中(ML)/正中(MC)/右中(MR)/左下(BL)/中下(BC)/右下(BR)]:

选择"修改"|"对象"|"文本"|"对正"命令(JUSTIFYTEXT)，或在"文字"工具栏中单击"对正文字"按钮 ，可以在不改变属性定义位置的前提下重新定义文字的插入基点，命令行提示如下。

> 输入对正选项[左(L)/对齐(A)/调整(F)/中心(C)/中间(M)/右(R)/左上(TL)/中上(TC)/右上(TR)/左中(ML)/正中(MC)/右中(MR)/左下(BL)/中下(BC)/右下(BR)]:

9.2.5 编辑块属性

选择"修改"|"对象"|"属性"|"单个"命令(EATTEDIT)，或在"修改Ⅱ"工具栏中单击"编辑属性"按钮 ，都可以编辑块对象的属性。在绘图窗口中选择需要编辑的块对象后，系统将打开"增强属性编辑器"对话框，如图 9-17 所示。其中 3 个选项卡的功能如下。

- "属性"选项卡：显示了块中每个属性的标识、提示和值。在列表框中选择某一属性后，在"值"文本框中将显示出该属性对应的属性值，可以通过它来修改属性值。
- "文字选项"选项卡：用于修改属性文字的格式，如图 9-18 所示。在其中可以设置文字样式、对齐方式、高度、旋转角度、宽度比例、倾斜角度等内容。

图 9-17 "增强属性编辑器"对话框

图 9-18 "文字选项"选项卡

- "特性"选项卡：用于修改属性文字的图层以及其线宽、线型、颜色及打印样式等，如图 9-19 所示。

此外，执行 ATTEDIT(属性)命令，并选择需要编辑的块对象后，系统将打开"编辑属性"对话框，也可以在其中编辑或修改块的属性值，如图 9-20 所示。

图 9-19　"特性"选项卡

图 9-20　"编辑属性"对话框

9.2.6　块属性管理器

选择"修改"|"对象"|"属性"|"块属性管理器"命令(BATTMAN)，或在"修改 II"工具栏中单击"块属性管理器"按钮，都可打开"块属性管理器"对话框，可在其中管理块的属性，如图 9-21 所示。

在"块属性管理器"对话框中，单击"编辑"按钮，将打开"编辑属性"对话框，可以重新设置属性定义的构成、文字特性和图形特性等，如图 9-22 所示。

图 9-21　"块属性管理器"对话框

图 9-22　"编辑属性"对话框

在"块属性管理器"对话框中单击"设置"按钮，将打开"块属性设置"对话框，可以设置在"块属性管理器"对话框的属性列表框中能够显示的内容，如图 9-23 所示。

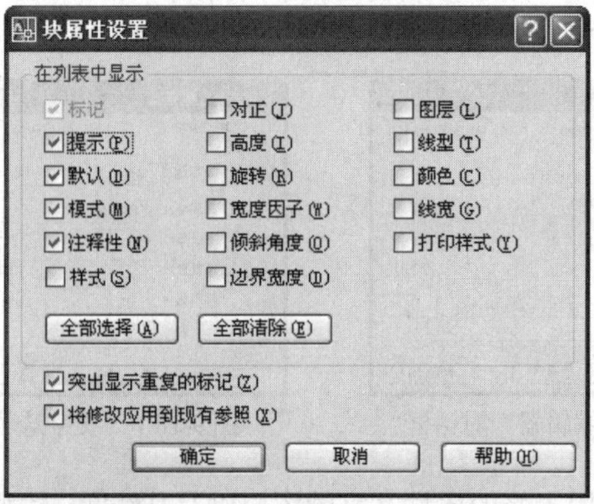

图 9-23　"块属性设置"对话框

9.2.7　使用 ATTEXT 命令提取属性

AutoCAD 的块及其属性中含有大量的数据，例如块的名字、块的插入点坐标、插入比例、各个属性的值等。可以根据需要将这些数据提取出来，并将它们写入到文件中作为数据文件保存，以供其他高级语言程序分析使用，也可以传送给数据库。

在命令行输入 ATTEXT 命令，即可提取块属性的数据。此时将打开"属性提取"对话框，如图 9-24 所示。该对话框中各选项的功能如下。

- "文件格式"选项区域：设置数据提取的文件格式。用户可以在 CDF、SDF、DXF 三种文件格式中选择，选中相应的单选按钮即可。

  - 逗号分隔文件格式(CDF)：CDF(Comma Delimited File)文件是 .TXT 类型的数据文件，是一种文本文件。该文件把每个块及其属性以一个记录的形式提取，其中每个记录的字段由逗号分隔符隔开，字符串的定界符默认为单引号对。

  - 空格分隔文件格式(SDF)：SDF(Space Delimited File)文件是 .TXT 类型的数据文件，也是一种文本文件。该文件把每个块及其属性以一个记录的形式提取，但在每个记录中使用空格分隔符，记录中的每个字段占有预先规定的宽度(每个字段的格式由样板文件规定)。

  - DXF 格式提取文件格式(DXX)：DXF(Drawing Interchange File，即图形交换文件)格式与 AutoCAD 的标准图形交换文件格式一致，文件类型为 .DXF。

- "选择对象"按钮：用于选择块对象。单击该按钮，AutoCAD 将切换到绘图窗口，用户可选择带有属性的块对象，按 Enter 键后返回到"属性提取"对话框。

- "样板文件"按钮：用于样板文件。用户可以直接在"样板文件"按钮后的文本框内输入样板文件的名字，也可以单击"样板文件"按钮，打开"样板文件"对话框，从中可以选择样板文件，如图 9-25 所示。

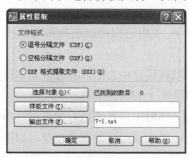
图 9-24　"属性提取"对话框

图 9-25　"样板文件"对话框

- "输出文件"按钮：用于设置提取文件的名字。可以直接在其后的文本框中输入文件名，也可以单击"输出文件"按钮，打开"输出文件"对话框，并指定存放数据文件的位置和文件名。

9.3　使用 AutoCAD 设计中心

AutoCAD 设计中心(AutoCAD Design Center，简称 ADC)为用户提供了一个直观且高效的工

具，它与 Windows 资源管理器类似。选择"工具"|"选项板"|"设计中心"命令，或在"标准注释"工具栏中单击"设计中心"按钮 ，可以打开"设计中心"选项板，如图 9-26 所示。

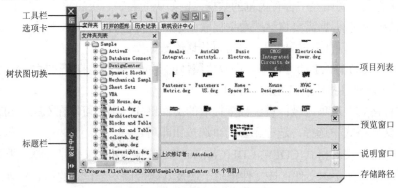

图 9-26　"设计中心"选项板

9.3.1　AutoCAD 设计中心的功能

在 AutoCAD 2008 中，使用 AutoCAD 设计中心可以完成如下工作。

- 创建频繁访问的图形、文件夹和 Web 站点的快捷方式。
- 根据不同的查询条件在本地计算机和网络上查找图形文件，找到后可以将它们直接加载到绘图区或设计中心。
- 浏览不同的图形文件，包括当前打开的图形和 Web 站点上的图形库。
- 查看块、图层和其他图形文件的定义，并将这些图形定义插入到当前图形文件中。
- 通过控制显示方式来控制设计中心控制板的显示效果，还可以在控制板中显示与图形文件相关的描述信息和预览图像。

9.3.2　观察图形信息

AutoCAD 设计中心窗口包含一组工具按钮和选项卡，使用它们可以选择和观察设计中心中的图形。

- "文件夹"选项卡：显示设计中心的资源，可以将设计中心的内容设置为本计算机的桌面，或是本地计算机的资源信息，也可以是网上邻居的信息。
- "打开的图形"选项卡：显示在当前 AutoCAD 环境中打开的所有图形，其中包括最小化的图形。此时单击某个文件图标，就可以看到该图形的有关设置，如图层、线型、文字样式、块及尺寸样式等，如图 9-27 所示。
- "历史记录"选项卡：显示最近访问过的文件，包括这些文件的完整路径，如图 9-28 所示。

图 9-27　"打开的图形"选项卡

图 9-28　"历史记录"选项卡

- "联机设计中心"选项卡：通过联机设计中心，可以访问数以千计的预先绘制的符号、制造商信息以及内容集成商站点，如图 9-29 所示。
- "树状图切换"按钮 ▣：单击该按钮，可以显示或隐藏树状视图。
- "收藏夹"按钮 ▨：单击该按钮，可以在"文件夹列表"中显示 Favorites/Autodesk 文件夹(在此称为收藏夹)中的内容，同时在树状视图中反向显示该文件夹。可以通过收藏夹来标记存放在本地硬盘、网络驱动器或 Internet 网页上常用的文件，如图 9-30 所示。

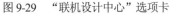

图 9-29　"联机设计中心"选项卡

图 9-30　AutoCAD 设计中心的收藏夹

- "加载"按钮 ▨：单击该按钮，将打开"加载"对话框，使用该对话框可以从 Windows 的桌面、收藏夹或通过 Internet 加载图形文件。
- "预览"按钮 ▣：单击该按钮，可以打开或关闭预览窗格，以确定是否显示预览图像。打开预览窗格后，单击控制板中的图形文件，如果该图形文件包含预览图像，则在预览窗格中显示该图像。如果选择的图形中不包含预览图像，则预览窗格为空。也可以通过拖动鼠标的方式改变预览格的大小。
- "说明"按钮 ▤：打开或关闭说明窗格，以确定是否显示说明内容。打开说明窗格后，单击控制板中的图形文件，如果该图形文件包含文字描述信息，则在说明窗格中显示出图形文件的文字描述信息。如果图形文件没有文字描述信息，则说明窗格为空。可以通过拖动鼠标的方式来改变说明窗格的大小。
- "视图"按钮 ▤▾：用于确定控制板所显示内容的显示格式。单击该按钮将弹出一个快捷菜单，可从中选择显示内容的显示格式。
- "搜索"按钮 ▨：用于快速查找对象。单击该按钮，将打开"搜索"对话框，如图 9-31 所示。可使用该对话框，快速查找诸如图形、块、图层及尺寸样式等图形内容或设置。

图 9-31　"搜索"对话框

9.3.3　在"设计中心"中查找内容

使用 AutoCAD 设计中心的查找功能，可通过"搜索"对话框快速查找诸如图形、块、图层及尺寸样式等图形内容或设置。

在"搜索"对话框中，可以设置条件来缩小搜索范围，或者搜索块定义说明中的文字和其他任何"图形属性"对话框中指定的字段。例如，如果不记得将块保存在图形中还是保存为单独的图形，则可以选择搜索图形和块。

当在"搜索"下拉列表框中选择的对象不同时，对话框中显示的选项卡也将不同。例如，当选择了"图形"选项时，"搜索"对话框中将包含以下 3 个选项卡，可以在每个选项卡中设置不同的搜索条件。

- "图形"选项卡：使用该选项卡可提供按"文件名""标题""主题""作者"或"关键字"查找图形文件的条件，如图 9-31 所示。
- "修改日期"选项卡：指定图形文件创建或上一次修改的日期或指定日期范围。默认情况下不指定日期，如图 9-32 所示。
- "高级"选项卡：指定其他搜索参数，如图 9-33 所示。例如，可以输入文字进行搜索，查找包含特定文字的块定义名称、属性或图形说明。还可以在该选项卡中指定搜索文件的大小范围。例如，如果在"大小"下拉列表框中选择"至少"选项，并在其后的文本框中输入 50，则表示查找大小为 50KB 以上的文件。

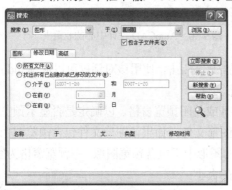

图 9-32　"修改日期"选项卡　　　　　　　图 9-33　"高级"选项卡

【练习 9-6】使用 AutoCAD 2008 设计中心的查找功能，查找计算机中的图形文件 House Designer.dwg。

(1) 选择"工具"｜"选项板"｜"设计中心"命令，打开 AutoCAD 2008"设计中心"选项板。

(2) 在工具栏中单击"搜索"按钮，打开"搜索"对话框。

(3) 在"搜索"下拉列表框中选择"图形"选项，在"于"下拉列表框中选择需要搜索的范围，如"我的电脑"。

(4) 在"图形"选项卡的"搜索文字"文本框中输入需要查找的图形文件 House Designer.dwg，再在"位于字段"下拉列表框中选择"文件名"选项。

(5) 单击"立即搜索"按钮，系统开始搜索并在下方对话框中显示搜索结果。

注意:

在"搜索"对话框中，如果单击"新搜索"按钮，可以清除当前搜索并使用新条件进行新搜索。在搜索结果列表中找到所需项目后，可以将其添加到打开的图形中。

9.3.4　使用设计中心的图形

使用 AutoCAD 设计中心，可以方便地在当前图形中插入块，在图形之间复制块、复制图层、线型、文字样式、标注样式以及用户定义的内容等。

1. 插入块

插入块时，用户可以选择在插入时是自动换算插入比例，还是在插入时确定插入点、插入比例和旋转角度。

如果采用"插入时自动换算插入比例"方法，可以从设计中心窗口中选择要插入的块，并拖到绘图窗口，移到插入位置时释放鼠标，即可实现块的插入。系统将按在"选项"对话框的"用户系统配置"选项卡中确定的单位，自动转换插入比例。

如果采用"在插入时确定插入点、插入比例和旋转角度"方法，可以在设计中心窗口中选择要插入的块，然后用鼠标右键将该块拖到绘图窗口后释放鼠标，此时将弹出一个快捷菜单，选择"插入块"命令。打开"插入"对话框，可以利用插入块的方法，确定插入点、插入比例及旋转角度。

2. 在图形中复制图层、线型、文字样式、尺寸样式、布局及块等

在绘图过程中，一般将具有相同特征的对象放在同一个图层上。利用 AutoCAD 设计中心，可以将图形文件中的图层复制到新的图形文件中。这样一方面节省了时间，另一方面也保持了不同图形文件结构的一致性。

在 AutoCAD 的"设计中心"选项板中，选择一个或多个图层，将它们拖动到打开的图形文件，然后释放鼠标，即可将图层从一个图形文件复制到另一个图形文件。

9.4 思考练习

1. 在 AutoCAD 中，块具有哪些特点？如何创建块？
2. 在 AutoCAD 中，块属性具有哪些特点？如何创建带属性的块？
3. 在中文版 AutoCAD 2008 中，使用"设计中心"窗口主要可以完成哪些操作？
4. 绘制图 9-34 所示的电视机，并将其保存为块(电视机的尺寸由读者自己确定)。
5. 绘制图 9-35 所示的卫生间，并将其保存为块。

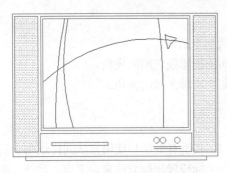

图 9-34 保存为块的电视机

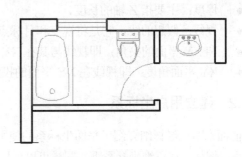

图 9-35 绘制的卫生间块

第10章 绘制建筑三维图形

AutoCAD 除了有非常强大的二维图形绘制功能外，还提供了比较强大的三维图形绘制功能。三维图形能够直观地表达建筑的全部效果，这是二维绘图所不能达到的。建筑三维图形的绘制在设计方案阶段尤其重要，它能直观地表现建筑物自身以及与周围建筑物之间的空间关系。使用 AutoCAD 可以通过 3 种方式来创建三维图形，即线架模型、曲面模型和实体模型。线架模型为一种轮廓模型，它由三维的直线和曲线组成，没有面和体的特征。曲面模型用面描述三维对象，它不仅定义了三维对象的边界，而且还定义了表面，即具有面的特征。实体模型不仅具有线和面的特征，而且还具有体的特征，各实体对象间可以进行各种布尔运算操作，从而创建复杂的三维实体图形。

10.1 三维绘图基础

在 AutoCAD 中，要创建和观察三维图形，就一定要使用三维坐标系和三维坐标。因此，了解并掌握三维坐标系，树立正确的空间观念，是学习三维图形绘制的基础。

10.1.1 了解三维绘图的基本术语

三维实体模型需要在三维实体坐标系下进行描述，在三维坐标系下，可以使用直角坐标或极坐标方法来定义点。此外，在绘制三维图形时，还可使用柱坐标和球坐标来定义点。在创建三维实体模型前，应先了解下面的一些基本术语。

- XY 平面：它是 X 轴垂直于 Y 轴组成的一个平面，此时 Z 轴的坐标是 0。
- Z 轴：Z 轴是一个三维坐标系的第三轴，它总是垂直于 XY 平面。
- 高度：主要指 Z 轴上的坐标值。
- 厚度：主要指 Z 轴的长度。
- 视线：假想的线，它是将视点和目标点连接起来的线。
- 和 XY 平面的夹角：即视线与其在 XY 平面的投影线之间的夹角。
- XY 平面角度：即视线在 XY 平面的投影线与 X 轴之间的夹角。

10.1.2 建立用户坐标系

前面章节已经详细介绍了平面坐标系的使用方法，其所有变换和使用方法同样适用于三维坐标系。例如，在三维坐标系下，同样可以使用直角坐标或极坐标方法来定义点。此外，在绘制三维图形时，还可使用柱坐标和球坐标来定义点。

1. 柱坐标

柱坐标使用 XY 平面的角和沿 Z 轴的距离来表示，如图 10-1 所示，其格式如下。

- XY 平面距离<XY 平面角度，Z 坐标(绝对坐标)。
- @XY 平面距离<XY 平面角度，Z 坐标(相对坐标)。

2. 球坐标

球坐标系具有 3 个参数：点到原点的距离、在 XY 平面上的角度、和 XY 平面的夹角(如图 10-2 所示)，其格式如下。

- XYZ 距离<XY 平面角度<和 XY 平面的夹角(绝对坐标)。
- @XYZ 距离<XY 平面角度<和 XY 平面的夹角(相对坐标)。

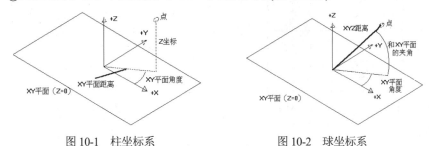

图 10-1　柱坐标系　　　　　　　　图 10-2　球坐标系

10.1.3　设立视图观测点

视点是指观察图形的方向。例如，绘制三维物体时，如果使用平面坐标系即 Z 轴垂直于屏幕，此时仅能看到物体在 XY 平面上的投影。如果调整视点至适当的位置，将看到一个三维物体，如图 10-3 所示。

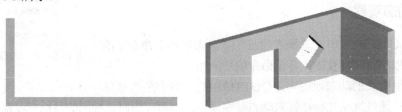

图 10-3　在平面坐标系和三维视图中显示的效果

在 AutoCAD 中，可以使用视点预置、视点命令等多种方法来设置视点。

1. 使用"视点预置"对话框设置视点

选择"视图"|"三维视图"|"视点预置"命令(DDVPOINT)，打开"视点预置"对话框，为当前视口设置视点，如图 10-4 所示。

对话框中的左图用于设置原点和视点之间的连线在 XY 平面的投影与 X 轴正向的夹角；右面的半圆形图用于设置该连线与投影线之间的夹角，在图上直接拾取即可。也可以在"X 轴""XY 平面"两个文本框内输入相应的角度。

单击"设置为平面视图"按钮，可以将坐标系设置为平面视图。默认情况下，观察角度是相对于 WCS 坐标系的。选择"相对于 UCS"单选按钮，可相对于 UCS 坐标系定义角度。

2. 使用罗盘确定视点

选择"视图"|"三维视图"|"视点"命令(VPOINT)，可以为当前视口设置视点。该视点

均是相对于 WCS 坐标系的。这时可通过屏幕上显示的罗盘定义视点，如图 10-5 所示。

在图 10-5 所示的坐标球和三轴架中，三轴架的 3 个轴分别代表 X、Y 和 Z 轴的正方向。当光标在坐标球范围内移动时，三维坐标系通过绕 Z 轴旋转可调整 X、Y 轴的方向。坐标球中心及两个同心圆可定义视点和目标点连线与 X、Y、Z 平面的角度。

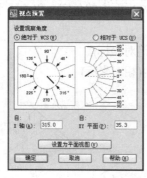

图 10-4　"视点预置"对话框

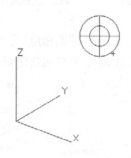

图 10-5　使用罗盘定义视点

3. 使用"三维视图"菜单设置视点

选择"视图"|"三维视图"子菜单中的"俯视""仰视""左视""右视""主视""后视""西南等轴测""东南等轴测""东北等轴测"和"西北等轴测"命令，从多个方向来观察图形，如图 10-6 所示。

10.1.4　动态观察

在 AutoCAD 2008 中，选择"视图"|"动态观察"命令中的子命令，可以动态观察视图，各子命令的功能如下。

图 10-6　"三维视图"菜单

- "受约束的动态观察"命令(3DORBIT)：用于在当前视口中通过拖动光标指针来动态观察模型，观察视图时，视图的目标位置保持不动，相机位置(或观察点)围绕该目标移动(尽管在用户看来目标是移动的)。默认情况下，观察点会约束为沿着世界坐标系的 XY 平面或 Z 轴移动，如图 10-7 所示。
- "自由动态观察"命令(3DFORBIT)：与"受约束的动态观察"命令类似，但是观察点不会约束为沿着 XY 平面或 Z 轴移动。当移动光标时，其形状也将随之改变，以指示视图的旋转方向，如图 10-8 所示。

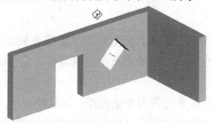

图 10-7　受约束的动态观察

图 10-8　自由动态观察

- "连续动态观察"命令(3DCORBIT)：用于连续动态地观察图形。此时光标指针将变为一个由两条线包围的球体，在绘图区域单击并沿任何方向拖动光标指针，可以使对象沿着拖动的方向开始移动，释放鼠标按钮，对象将在指定的方向沿着轨道连续旋转。光标移动的速度决定了对象旋转的速度，如图 10-9 所示。单击或再次拖动鼠标可以改变旋转轨迹的方向。也可以在绘图窗口右击，并从弹出的快捷菜单中选择一个命令来修改连续轨迹的显示。例如，单击状态栏的"栅格"按钮可以向视图中添加栅格，而不用退出"连续观察"状态，如图 10-10 所示。

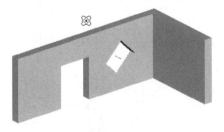　　　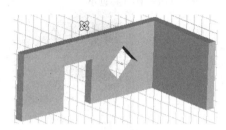

　　　　图 10-9　连续动态观察　　　　　　　　　　图 10-10　显示栅格

10.1.5　观察三维图形

　　AutoCAD 2008 在三维制图方面整合了 3ds max 的很多功能，使得 AutoCAD 在三维制图方面的功能有了大幅度的提高。用户在使用 AutoCAD 绘制三维图形的过程中，同样需要以不同的方式对三维图形从不同的视点、不同的角度、不同的位置进行观察。用户可以对三维图形进行平移和缩放，同时可以通过消隐等各种视觉样式来观察三维图形。

1. 平移和缩放

　　与二维图形一样，选择"视图"|"缩放"子菜单中的命令可以在三维空间中，对三维图形进行缩放操作；选择"视图"|"平移"子菜单中的命令可以在三维空间中，对三维图形进行平移操作。

2. 消隐

　　一般情况下，三维图形绘制完成后，当前视口中将会显示线框模型，图 10-11 所示为沙发线框模型，此时可以看见所有的直线，包括被其他对象遮盖的直线。选择"视图"|"消隐"命令或在命令行输入 HIDE，均可从屏幕上消除隐藏线，如图 10-12 所示。

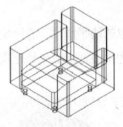　　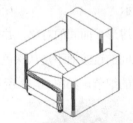

　　　图 10-11　沙发线框　　　　图 10-12　消隐后的沙发

3. 应用视觉样式

　　在 AutoCAD 中，视觉样式用来控制视口中边和着色的显示。一旦应用了视觉样式或更改了其设置，就可以在视口中查看效果。

选择"视图"|"视觉样式"菜单中的子菜单命令可以观察各种三维图形的视觉样式。选择"视觉样式管理器"子菜单命令，打开视觉样式管理器，如图 10-13 所示。

AutoCAD 提供了以下 5 种默认视觉样式。

- 二维线框：显示用直线和曲线表示边界的对象。光栅和 OLE 对象、线型和线宽均可见，如图 10-14 所示。

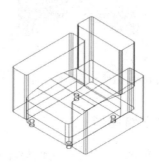

图 10-13　视觉样式管理器　　　　　　图 10-14　二维线框

- 三维线框：显示用直线和曲线表示边界的对象，如图 10-15 所示。
- 三维隐藏：显示用三维线框表示的对象并隐藏表示后向面的直线，如图 10-16 所示。

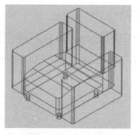

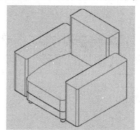

图 10-15　三维线框　　　　　　　　　图 10-16　三维隐藏

- 真实：着色多边形平面间的对象，并使对象的边平滑化，将显示已附着到对象的材质，如图 10-17 所示。
- 概念：着色多边形平面间的对象，并使对象的边平滑化。着色使用古氏面样式，一种冷色和暖色之间的过渡而不是从深色到浅色的过渡。效果缺乏真实感，但是可以更方便地查看模型的细节，如图 10-18 所示。

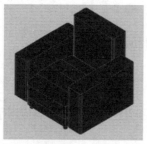

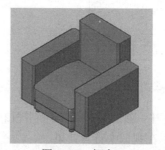

图 10-17　真实　　　　　　　　　　　图 10-18　概念

10.2　绘制三维网格

在 AutoCAD 中，不仅可以绘制三维曲面，还可以绘制旋转网格、平移网格、直纹网格和边界网格。使用"绘图"|"建模"|"网格"子菜单中的命令绘制这些曲面，如图 10-19 所示。

图 10-19　"网格"菜单

10.2.1　平面曲面

在 AutoCAD 2008 中，选择"绘图"|"建模"|"平面曲面"命令(PLANESURF)，可以创建平面曲面或将对象转换为平面对象。

绘制平面曲面时，命令行显示如下提示信息。

指定第一个角点或 [对象(O)] <对象>:

在该提示信息下，如果直接指定点，可绘制平面曲面，此时还需要在命令行的"指定其他角点:"提示信息下输入其他角点坐标。如果要将对象转换为平面曲面，可以选择"对象(O)"选项，然后在绘图窗口中选择对象即可。图 10-20 所示为绘制的平面曲面。

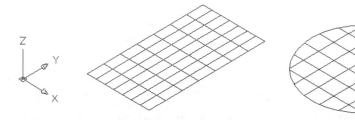

图 10-20　平面曲面

10.2.2　三维面与多边三维面

选择"绘图"|"建模"|"网格"|"三维面"命令(3DFACE)，可以绘制三维面。三维面是三维空间的表面，它没有厚度，也没有质量属性。由"三维面"命令创建的每个面的各顶点可以有不同的 Z 坐标，但构成各个面的顶点最多不能超过 4 个。如果构成面的 4 个顶点共面，消隐命令认为该面是不透明的可以消隐。反之，消隐命令对其无效。

例如，要绘制图 10-21 所示的图形，可选择"绘图"|"建模"|"网格"|"三维面"命令，然后在命令行中依次输入三维面上的点坐标(60,40,0)、(80,60,40)、(80,100,40)、(60,120,0)、(140,120,0)、(120,100,40)、(120,60,40)、(140,40,0)、(60,40,0)、(80,60,40)，并适当设置视点后，最后按 Enter 键结束命令。

使用"三维面"命令只能生成 3 条或 4 条边的三维面，而要生成多边曲面，则必须使用 PFACE 命令。在该命令提示信息下，可以输入多个点。例如，要在图 10-22 所示图形上添加一个面，可在命令行中输入 PFACE，并依次单击点 1~4，然后在命令行中依次输入顶点编号 1~4，消隐后的效果如图 10-23 所示。

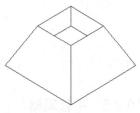

图 10-21　绘制的三维面

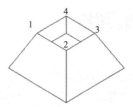
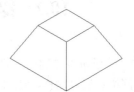

图 10-22　原始图形　　　　　图 10-23　添加三维多重面并消隐后的效果

10.2.3　三维网格

选择"绘图"|"建模"|"网格"|"三维网格"命令(3DMESH)，可以根据指定的 M 行 N 列个顶点和每一顶点的位置生成三维空间多边形网格。M 和 N 的最小值为 2，表明定义多边形网格至少要 4 个点，其最大值为 256。

例如，要绘制图 10-24 所示的 4×4 网格，可选择"绘图"|"建模"|"网格"|"三维网格"命令，并设置 M 方向上的网格数量为 4，N 方向上的网格数量为 4，然后依次指定 16 个顶点的位置，如图 10-24 所示。选择"修改"|"对象"|"多段线"命令，则可以编辑绘制的网格。例如，使用该命令的"平滑曲面"选项可以平滑曲面，效果如图 10-25 所示。

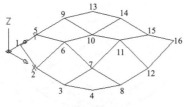
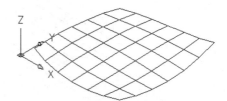

图 10-24　绘制网格　　　　　图 10-25　对三维网格进行平滑处理后的效果

10.2.4　旋转网格

选择"绘图"|"建模"|"网格"|"旋转网格"命令(REVSURF)，可以将曲线绕旋转轴旋转一定的角度，形成旋转网格。例如，将图 10-26(a)图的图形绕直线旋转 360°后，可得到图 10-26(b)图所示的效果。其中，旋转方向的分段数由系统变量 SURFTAB1 确定，旋转轴方向的分段数由系统变量 SURFTAB2 确定。

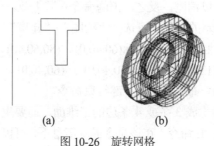

　　　　　(a)　　　　　　　　　　(b)

图 10-26　旋转网格

10.2.5　平移网格

选择"绘图"|"建模"|"网格"|"平移网格"命令(RULESURF)，可以将路径曲线沿方向矢量进行平移后构成平移曲面，如图 10-27 所示。这时可在命令行的"选择用作轮廓曲线的

对象:"提示下选择曲线对象,在"选择用作方向矢量的对象:"提示信息下选择方向矢量。当确定了拾取点后,系统将向方向矢量对象上远离拾取点的端点方向创建平移曲面。平移曲面的分段数由系统变量 SURFTAB1 确定。

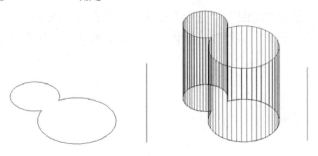

图 10-27　创建平移网格

10.2.6　直纹网格

选择"绘图"|"建模"|"网格"|"直纹网格"命令(RULESURF),可以在两条曲线之间用直线连接从而形成直纹网格。这时可在命令行的"选择第一条定义曲线:"提示信息下选择第一条曲线,在命令行的"选择第二条定义曲线:"提示信息下选择第二条曲线。

例如,通过对图 10-28(a)图中的两个圆使用"直纹网格"命令,将得到图 10-28(b)图所示的效果。

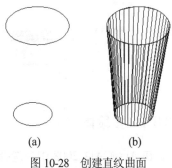

(a)　　　　(b)

图 10-28　创建直纹曲面

10.2.7　边界网格

选择"绘图"|"建模"|"网格"|"边界网格"命令(EDGESURF),可以使用 4 条首尾连接的边创建三维多边形网格。这时可在命令行的"选择用作曲面边界的对象 1:"提示信息下选择第一条曲线,在命令行的"选择用作曲面边界的对象 2:"提示信息下选择第二条曲线,在命令行的"选择用作曲面边界的对象 3:"提示信息下选择第三条曲线,在命令行的"选择用作曲面边界的对象 4:"提示信息下选择第四条曲线。

例如,通过对图 10-29(a)图中的边界曲线使用"边界网格"命令,将得到图 10-29(b)图所示的效果。

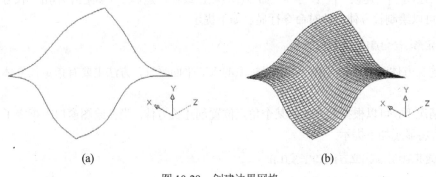

(a)　　　　　　　　(b)

图 10-29　创建边界网格

10.3　绘制基本实体

在 AutoCAD 中，使用"绘图"|"建模"子菜单中的命令，或使用"建模"工具栏，可以绘制多段体、长方体、楔体、圆锥体、球体、圆柱体、圆环体及棱锥面等基本实体模型，如图 10-30 所示。

图 10-30　"建模"菜单和工具栏

10.3.1　多段体

在 AutoCAD 2008 中，选择"绘图"|"建模"|"多段体"命令(POLYSOLID)，可以创建多段体或将对象转换为多段体。

绘制多段体时，命令行显示如下提示信息。

> 指定起点或 [对象(O)/高度(H)/宽度(W)/对正(J)] <对象>:

选择"高度"选项，可以设置多段体的高度；选择"宽度"选项，可以设置多段体的宽度；选择"对正"选项，可以设置多段体的对正方式，如左对正、居中和右对正，默认为居中对正。当设置了高度、宽度和对正方式后，可以通过指定点来绘制多段体，也可以选择"对象"选项将图形转换为多段体。

10.3.2　长方体与楔体

选择"绘图"|"建模"|"长方体"命令(BOX)，或在"建模"工具栏中单击"长方体"按钮 ▯，都可以绘制长方体，此时命令行显示如下提示。

> 指定第一个角点或 [中心(C)]:

在创建长方体时，其底面应与当前坐标系的 XY 平面平行，方法主要有指定长方体角点和中心两种。

默认情况下，可以根据长方体的某个角点位置创建长方体。当在绘图窗口中指定了一角点后，命令行将显示如下提示。

> 指定其他角点或 [立方体(C)/长度(L)]:

如果在该命令提示下直接指定另一角点，可以根据另一角点位置创建长方体。当在绘图窗口中指定角点后，如果该角点与第一个角点的 Z 坐标不一样，系统将以这两个角点作为长方体的对角点创建出长方体。如果第二个角点与第一个角点位于同一高度，系统则需要用户在"指定高度:"提示下指定长方体的高度。

在命令行提示下，选择"立方体(C)"选项，可以创建立方体。创建时需要在"指定长度:"提示下指定立方体的边长；选择"长度(L)"选项，可以根据长、宽、高创建长方体，此时，用户需要在命令提示行下依次指定长方体的长度、宽度和高度值。

在创建长方体时，如果在命令的"指定第一个角点或 [中心(C)]:"提示下选择"中心(C)"选项，则可以根据长方体的中心点位置创建长方体。在命令行的"指定中心:"提示信息下指定了中心点的位置后，将显示如下提示，用户可以参照"指定角点"的方法创建长方体。

> 指定角点或 [立方体(C)/长度(L)]:

注意:

在 AutoCAD 中，创建的长方体的各边应分别与当前 UCS 的 X 轴、Y 轴和 Z 轴平行。在根据长度、宽度和高度创建长方体时，长、宽、高的方向分别与当前 UCS 的 X 轴、Y 轴和 Z 轴方向平行。在系统提示中输入长度、宽度及高度时，输入的值可正、可负，正值表示沿相应坐标轴的正方向创建长方体，反之沿坐标轴的负方向创建长方体。

在 AutoCAD 2008 中，虽然创建"长方体"和"楔体"的命令不同，但创建方法却相同，因为楔体是长方体沿对角线切成两半后的结果。

选择"绘图"|"建模"|"楔体"命令(WEDGE)，或在"建模"工具栏中单击"楔体"按钮，都可以绘制楔体。由于楔体是长方体沿对角线切成两半后的结果，因此可以使用与绘制长方体类似的方法来绘制楔体。

10.3.3　圆柱体与圆锥体

选择"绘图"|"建模"|"圆柱体"命令(CYLINDER)，或在"建模"工具栏中单击"圆柱体"按钮，可以绘制圆柱体或椭圆柱体，如图 10-31 所示。

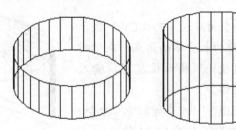

图 10-31　绘制圆柱体或椭圆柱体

绘制圆柱体或椭圆柱体时，命令行将显示如下提示。

> 指定底面的中心点或 [三点(3P)/两点(2P)/相切、相切、半径(T)/椭圆(E)]

默认情况下，可以通过指定圆柱体底面的中心点位置来绘制圆柱体。在命令行的"指定底面半径或 [直径(D)]:"提示下指定圆柱体底面的半径或直径后，命令行显示如下提示信息。

> 指定高度或 [两点(2P)/轴端点(A)]:

可以直接指定圆柱体的高度，根据高度创建圆柱体；也可以选择"轴端点(A)"选项，根据圆柱体另一底面的中心位置创建圆柱体，此时两中心点位置的连线方向为圆柱体的轴线方向。

当执行 CYLINDER 命令时，如果在命令行提示下选择"椭圆(E)"选项，可以绘制椭圆柱体。此时，用户首先需要在命令行的"指定第一个轴的端点或 [中心(C)]:"提示下指定基面上的椭圆形状(其操作方法与绘制椭圆相似)，然后在命令行的"指定高度或 [两点(2P)/轴端点(A)]:"提示下指定圆柱体的高度或另一个圆心位置即可。

选择"绘图"|"建模"|"圆锥体"命令(CONE)，或在"建模"工具栏中单击"圆锥体"按钮 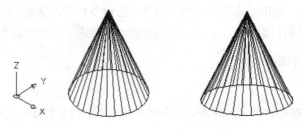，即可绘制圆锥体或椭圆形锥体，如图 10-32 所示。

图 10-32　绘制圆锥体或椭圆形锥体

绘制圆锥体或椭圆形锥体时，命令行显示如下提示信息。

指定底面的中心点或 [三点(3P)/两点(2P)/相切、相切、半径(T)/椭圆(E)]:

在该提示信息下，如果直接指定点即可绘制圆锥体，此时需要在命令行的"指定底面半径或 [直径(D)]:"提示信息下指定圆锥体底面的半径或直径，以及在命令行的"指定高度或 [两点(2P)/轴端点(A)/顶面半径(T)]:"提示下指定圆锥体的高度或圆锥体的锥顶点位置。如果选择"椭圆(E)"选项，则可以绘制椭圆锥体，此时需要先确定椭圆的形状(方法与绘制椭圆的方法相同)，然后在命令行的"指定高度或 [两点(2P)/轴端点(A)/顶面半径(T)]:"提示信息下，指定圆锥体的高度或顶点位置即可。

【练习 10-1】使用"长方体""圆柱体"和"圆锥体"，绘制图 10-33 所示的小凉亭。

(1) 选择"绘图"|"建模"|"长方体"命令，或在"建模"工具栏中单击"长方体"按钮 🔲，发出 BOX 命令。

(2) 在命令行的"指定第一个角点或 [中心(C)]:"提示信息下，单击窗口中的任一点作为长方体的角点。在"指定其他角点或[立方体(C)/长度(L)]:"提示信息下，输入@2000,3000,200，绘制一个长方体。

(3) 选择"视图"|"三维视图"|"东南等轴测"命令，以东南等轴测视图方式来显示图形，如图 10-34 所示。

(4) 选择"绘图"|"建模"|"圆柱体"命令，或在"建模"工具栏中单击"圆柱体"按钮 🔲，发出 CYLINDER 命令。

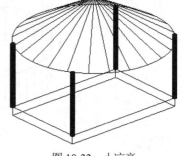

图 10-33　小凉亭

(5) 在"指定底面的中心点或 [三点(3P)/两点(2P)/相切、相切、半径(T)/椭圆(E)]:"提示信息下，捕捉长方体一个表面的角点作为圆柱体的底面中心点。在"指定底面半径或 [直径(D)]:"提示信息下，输入 50 作为圆柱体底面的半径。在"指定高度或 [两点(2P)/轴端点(A)]:"提示信息下，输入 1500 作为圆柱体的高度，如图 10-35 所示。

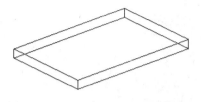

图 10-34　绘制长方体

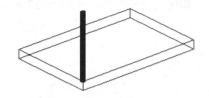
图 10-35　绘制圆柱体

(6) 重复步骤(4)和(5)，分别在长方体的其他 3 个角点上绘制相同大小的圆柱体。

(7) 选择"绘图"|"直线"命令，在处于对角线的两个圆柱体的顶面圆心之间绘制一条直线，作为绘制圆锥体的辅助线。

(8) 选择"绘图"|"建模"|"圆锥体"命令，或在"建模"工具栏中单击"圆锥体"按钮 🔺，发出 CONE 命令。

(9) 在"指定底面的中心点或 [三点(3P)/两点(2P)/相切、相切、半径(T)/椭圆(E)] :"提示信息下，捕捉辅助直线的中间点作为圆锥体底面的中心点。在"指定底面半径或 [直径(D)]:"提示信息下，单击直线的一个端点。在"指定高度或 [两点(2P)/轴端点(A)/顶面半径(T)]:"提示信息下，输入 1000 作为圆锥体的高。

(10) 在命令行输入 ISOLINES，在"输入 ISOLINES 的新值<4>:"提示信息下，输入 24 作为新的线框密度值。

(11) 选择"视图"|"重生成"命令，显示的结果如图 10-33 所示。

10.3.4　球体与圆环体

选择"绘图"|"建模"|"球体"命令(SPHERE)，或在"建模"工具栏中单击"球体"按钮 🔵，都可以绘制球体。这时只需要在命令行的"指定中心点或 [三点(3P)/两点(2P)/相切、相切、半径(T)]:"提示信息下指定球体的球心位置，在命令行的"指定半径或 [直径(D)]:"提示信息下指定球体的半径或直径即可。

绘制球体时可以通过改变 ISOLINES 变量，来确定每个面上的线框密度，如图 10-36 所示。

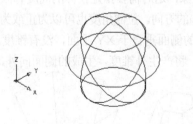
ISOLINES=4

ISOLINES=32
图 10-36　球体实体示例图

选择"绘图"|"建模"|"圆环体"命令(TORUS)，或在"建模"工具栏中单击"圆环体"按钮 🔵，都可以绘制圆环实体，此时需要指定圆环的中心位置、圆环的半径或直径，以及圆管的半径或直径。

10.3.5　棱锥面

选择"绘图"|"建模"|"棱锥面"命令(PYRAMID)，或在"建模"工具栏中单击"棱锥

面"按钮 ，即可绘制棱锥面，如图 10-37 所示。

图 10-37　棱锥面

绘制棱锥面时，命令行显示如下提示信息。

> 指定底面的中心点或 [边(E)/侧面(S)]:

在该提示信息下，如果直接指定点即可绘制棱锥面，此时需要在命令行的"指定底面半径或 [内接(I)]:"提示信息下指定棱锥面底面的半径，以及在命令行的"指定高度或 [两点(2P)/轴端点(A)/顶面半径(T)]:"提示下指定棱锥面的高度或棱锥面的锥顶点位置。如果选择"顶面半径(T)"选项，可以绘制有顶面的棱锥面，在"指定顶面半径:"提示下输入顶面的半径，在"指定高度或 [两点(2P)/轴端点(A)]:"提示下指定棱锥面的高度或棱锥面的锥顶点位置即可。

10.4　通过二维图形创建实体

在 AutoCAD 中，通过拉伸二维轮廓曲线或者将二维曲线沿指定轴旋转，可以创建出三维实体。

10.4.1　二维图形拉伸成实体

在 AutoCAD 中，选择"绘图"|"建模"|"拉伸"命令(EXTRUDE)，可以将二维图形沿 Z 轴或某个方向拉伸成实体。拉伸对象称为断面，可以是任何二维封闭多段线、圆、椭圆、封闭样条曲线和面域，多段线对象的顶点数不能超过 500 个且不小于 3 个。

默认情况下，可以沿 Z 轴方向拉伸对象，这时需要指定拉伸的高度和倾斜角度。其中，拉伸高度值可以为正或为负，它们表示了拉伸的方向。拉伸角度也可以为正或为负，其绝对值不大于 90°。默认值为 0°，表示生成的实体的侧面垂直于 XY 平面，没有锥度。如果为正，将产生内锥度，生成的侧面向里靠；如果为负，将产生外锥度，生成的侧面向外，如图 10-38 所示。

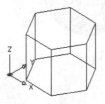　　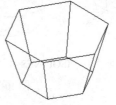

拉伸倾斜角为 0°　　　拉伸倾斜角为 15°　　　拉伸倾斜角为－10°
图 10-38　拉伸锥角效果

注意:

在拉伸对象时，如果倾斜角度或拉伸高度较大，将导致拉伸对象或拉伸对象的一部分在到达拉伸高度之前就已经汇聚到一点，此时将无法进行拉伸。

通过指定拉伸路径，也可以将对象拉伸成三维实体，拉伸路径可以是开放的，也可以是封闭的。

【练习 10-2】将图 10-39 所示的二维图形拉伸为图 10-40 所示的三维楼梯，其中楼梯的宽度为 1200。

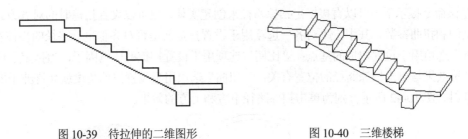

图 10-39 待拉伸的二维图形   图 10-40 三维楼梯

(1) 选择"绘图"|"面域"命令，选择图 10-39 中的所有对象，然后按 Enter 键，创建包含所有对象的面域。

(2) 选择"绘图"|"建模"|"拉伸"命令，在"选择要拉伸的对象:"提示信息下，选择创建的面域，按 Enter 键确认。在"指定拉伸的高度或[方向(D)/路径(P)/倾斜角(T)]"提示信息下，输入 1200 作为楼梯的宽度。在"指定旋转角度<360>:"提示信息下，直接按 Enter 键使用默认值。

(3) 选择"视图"|"动态观察"|"连续动态观察"命令，将图形旋转到合适的位置。选择"视图"|"消隐"命令，得到的效果如图 10-40 所示。

10.4.2 将二维图形旋转成实体

在 AutoCAD 中，可以使用"绘图"|"建模"|"旋转"命令(REVOLVE)，将二维对象绕某一轴旋转生成实体。用于旋转的二维对象可以是封闭多段线、多边形、圆、椭圆、封闭样条曲线、圆环及封闭区域。三维对象、包含在块中的对象、有交叉或自干涉的多段线不能被旋转，而且每次只能旋转一个对象。

选择"绘图"|"建模"|"旋转"命令，并选择需要旋转的二维对象后，通过指定两个端点来确定旋转轴。例如，图 10-41 所示图形为封闭多段线绕直线旋转一周后得到的实体。

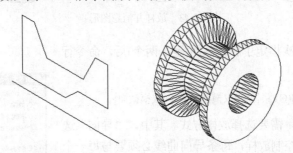

图 10-41 将二维图形旋转成实体

10.4.3 二维图形扫掠成实体

在 AutoCAD 2008 中，选择"绘图"|"建模"|"扫掠"命令(SWEEP)，可以绘制网格面或三维实体。如果要扫掠的对象不是封闭的图形，那么使用"扫掠"命令后得到的是网格面，否

则得到的是三维实体。

使用"扫掠"命令绘制三维实体时，当用户指定了封闭图形作为扫掠对象后，命令行显示如下提示信息。

选择扫掠路径或 [对齐(A)/基点(B)/比例(S)/扭曲(T)]:

在该命令提示下，可以直接指定扫掠路径来创建实体，也可以设置扫掠时的对齐方式、基点、比例和扭曲参数。其中，"对齐"选项用于设置扫掠前是否对齐垂直于路径的扫掠对象；"基点"选项用于设置扫掠的基点；"比例"选项用于设置扫掠的比例因子，当指定了该参数后，扫掠效果与单击扫掠路径的位置有关；"扭曲"选项用于设置扭曲角度或允许非平面扫掠路径倾斜。图 10-42 所示分别为单击扫掠路径下方和上方的效果。

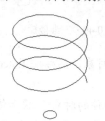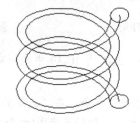

图 10-42　通过扫掠绘制实体

10.4.4　将二维图形放样成实体

在 AutoCAD 2008 中，选择"绘图"|"建模"|"放样"命令，可以将二维图形放样成实体，如图 10-43 所示。

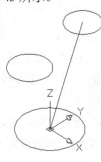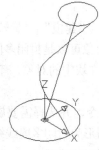

图 10-43　放样并消隐图形

在放样时，当依次指定了放样截面(至少两个)后，命令行显示如下提示信息。

输入选项 [导向(G)/路径(P)/仅横截面(C)] <仅横截面>:

在该命令提示下，需要选择放样方式。其中，"导向"选项用于使用导向曲线控制放样，每条导向曲线必须要与每一个截面相交，并且起始于第一个截面，结束于最后一个截面；"路径"选项用于使用一条简单的路径控制放样，该路径必须与全部或部分截面相交；"仅横截面"选项用于只使用截面进行放样，此时将打开"放样设置"对话框，可以设置放样横截面上的曲面控制选项，如图 10-44 所示。

图 10-44　"放样设置"对话框

【练习 10-3】在(0,0,0)、(50,50,100)、(200,200,200) 3 点处绘制边数为 5，内切圆半径分别为 50、100 和 50 的正五边形，然后以过点(0,0,0)和(200,200,200)的直线为放样路径，创建放样实体。

(1) 在"绘图"工具栏中单击"正多边形"按钮，分别在(0,0,0)、(50,50,100)、(200,200,200) 3 点处绘制边数为 5，内切圆半径分别为 50、100 和 50 的正五边形作为放样截面，如图 10-45 所示。

(2) 在"绘图"工具栏中单击"直线"按钮，绘制过点(0,0,0)和(200,200,200)的直线作为放样路径，如图 10-46 所示。

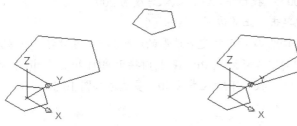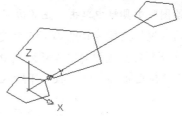

图 10-45　绘制放样截面　　　　　　　　　　图 10-46　绘制放样路径

(3) 选择"绘图"|"建模"|"放样"命令，并在命令行的"按放样次序选择横截面"提示信息下从下向上依次单击绘制的 3 个正五边形。

(4) 在命令行的"输入选项 [导向(G)/路径(P)/仅横截面(C)] <仅横截面>:"提示信息下输入 P，选择通过路径进行放样。

(5) 在命令行的"选择路径曲线:"提示信息下单击绘制直线，此时放样效果如图 10-47 所示。

(6) 选择"视图"|"消隐"命令，消隐图形，效果如图 10-48 所示。

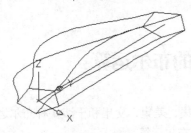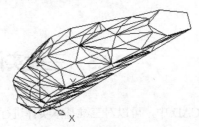

图 10-47　放样效果　　　　　　　　　　　　图 10-48　消隐后的效果

10.4.5　根据标高和厚度绘制三维图形

在 AutoCAD 中，用户可以为将要绘制的对象设置标高和延伸厚度。一旦设置了标高和延伸厚度，就可以用二维绘图的方法得到三维图形。使用 AutoCAD 绘制二维图形时，绘图面应是当前 UCS 的 XY 面或与其平行的平面。标高就是用来确定这个面的位置，它用绘图面与当前 UCS 的 XY 面的距离表示。厚度则是所绘二维图形沿当前 UCS 的 Z 轴方向延伸的距离。

在 AutoCAD 中，规定当前 UCS 的 XY 面的标高为 0，沿 Z 轴正方向的标高为正，沿负方向为负。沿 Z 轴正方向延伸时的厚度为正，反之则为负。

实现标高、厚度设置的命令是 ELEV。执行该命令，AutoCAD 提示：

　　指定新的默认标高 <0.0000>：　(输入新标高)
　　指定新的默认厚度 <0.0000>：　(输入新厚度)

设置标高、厚度后，用户就可以创建在标高方向上各截面形状和大小相同的三维对象。

注释：

执行 AutoCAD 的绘制矩形命令时，可以直接根据选择项设置标高和厚度。

【**练习 10-4**】通过设置对象标高和厚度的方法，绘制图 10-49 所示的图形。

(1) 执行 ELEV 命令，在 "指定新的默认标高 <0.0000>：" 提示下，指定默认标高为 100，在 "指定新的默认厚度<0.0000>：" 提示下，指定默认厚度为 200。

(2) 在 "绘图" 工具栏中单击 "正多边形" 按钮 ⬠。

(3) 在 "输入边的数目 <4>：" 提示下指定多边形的边数为 5，在 "指定正多边形的中心点或[边(E)]" 提示下指定多边形的中心点为(0, 0)；在 "[内接于圆(I)/外切于圆(C)] <C>：" 提示下按 Enter 键，在 "指定圆的半径：" 提示下输入半径 40，多边形如图 10-50 所示。

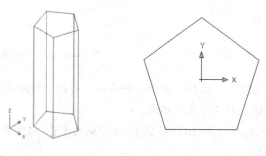

　　图 10-49　多边形实体　　　　　　图 10-50　绘制多边形

(4) 选择 "视图" | "三维视图" | "东南等轴测" 命令，这时可以看到绘制的图形如图 10-49 所示。

10.5　三维实体的布尔运算

在 AutoCAD 中，可以对三维基本实体进行并集、差集、交集和干涉 4 种布尔运算，从而创建复杂的实体，其中常用的为并集、差集、交集布尔运算。

10.5.1　对对象求并集

选择 "修改" | "实体编辑" | "并集" 命令(UNION)，或在 "实体编辑" 工具栏中单击 "并集" 按钮 ⬛，就可以通过组合多个实体生成一个新实体。该命令主要用于将多个相交或相接触的对象组合在一起。当组合一些不相交的实体时，其显示效果看起来还是多个实体，但实际上却被当作一个对象。在使用该命令时，只需要依次选择待合并的对象即可。求并集的效果如图 10-51 所示。

图 10-51　求并集

10.5.2　对对象求差集

选择"修改"|"实体编辑"|"差集"命令(SUBTRACT)，或在"实体编辑"工具栏中单击"差集"按钮 ▣，即可从一些实体中去掉部分实体，从而得到一个新的实体。求差集的效果如图 10-52 所示。

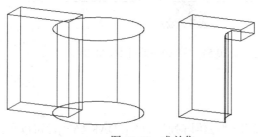

图 10-52　求差集

10.5.3　对对象求交集

选择"修改"|"实体编辑"|"交集"命令(INTERSECT)，或在"实体编辑"工具栏中单击"交集"按钮 ▣，就可以利用各实体的公共部分创建新实体。

例如，要对图 10-53(a)图所示的实体求交集，可在"实体编辑"工具栏中单击"交集"按钮 ▣，然后单击所有需要求交集的实体，按 Enter 键即可得到交集效果，如图 10-53(b)图所示。

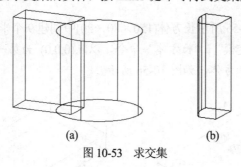

　　(a)　　　　　　　　　　(b)

图 10-53　求交集

10.6　三　维　操　作

在 AutoCAD 2008 中，二维图形的许多操作命令(如移动、复制、删除等)同样适用于三维图形。另外，用户可以使用"修改"|"三维操作"菜单中的子命令，对三维空间中的对象进行"三维阵列""三维镜像""三维旋转"以及对齐位置等操作。

10.6.1　三维移动

选择"修改" | "三维操作" | "三维移动"命令(3DMOVE)，可以移动三维对象。执行"三维移动"命令时，首先需要指定一个基点，然后指定第二点即可移动三维对象，如图 10-54 所示。

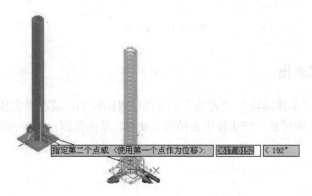

图 10-54　在三维空间中移动对象

10.6.2　三维阵列

选择"修改" | "三维操作" | "三维阵列"命令(3DARRAY)，可以在三维空间中使用环形阵列或矩形阵列方式复制对象。

1. 矩形阵列

在命令行的"输入阵列类型 [矩形(R)/环形(P)] <矩形>:"提示下，选择"矩形"选项或者直接按 Enter 键，可以以矩形阵列方式复制对象，此时需要依次指定阵列的行数、列数、阵列的层数、行间距、列间距及层间距。其中，矩形阵列的行、列、层分别沿着当前 UCS 的 X 轴、Y 轴和 Z 轴的方向；输入某方向的间距值为正值时，表示将沿相应坐标轴的正方向阵列，否则沿反方向阵列。

【练习 10-5】在图 10-55 所示长方体(150×80×20)中创建 9 个半径为 8 的圆孔。

(1) 选择"绘图" | "建模" | "长方体"命令，以点(0,0,0) 为第一个角点，绘制一个长为 150，宽为 80，高为 20 的长方体，如图 10-56 所示。

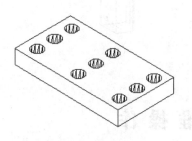

图 10-55　总体效果图

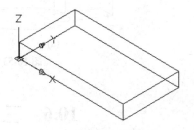

图 10-56　绘制长方体

(2) 选择"绘图" | "建模" | "圆柱体"命令，以点(17,15,0)为圆柱体底面中心点，绘制一个半径为 8，高为 20 的圆柱体，结果如图 10-57 所示。

(3) 选择"修改" | "三维操作" | "三维阵列"命令，在"输入阵列类型 [矩形(R)/环形(P)] <矩形>:"提示信息下输入 R，选择矩形阵列，输入行数 3，列数 3，层数 1，行间距 25，列间距 60，阵列复制结果如图 10-58 所示。

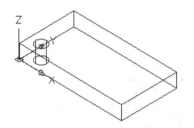

图 10-57　绘制圆柱体

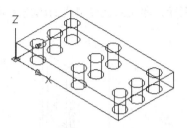

图 10-58　阵列复制结果

(4) 选择"修改" | "实体编辑" | "差集"命令，对源图形与新绘制的 9 个圆柱体做差集运算，然后再选择"视图" | "消隐"命令消隐图形，得到的最后结果如图 10-59 所示。

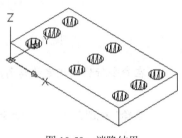

图 10-59　消隐结果

2. 环形阵列

在命令行的"输入阵列类型 [矩形(R)/环形(P)] <矩形>:"提示下，选择"环形(R)"选项，可以以环形阵列方式复制对象，此时需要输入阵列的项目个数，并指定环形阵列的填充角度，确认是否要进行自身旋转，然后指定阵列的中心点及旋转轴上的另一点，确定旋转轴。

10.6.3　三维镜像

选择"修改" | "三维操作" | "三维镜像"命令(MIRROR3D)，可以在三维空间中将指定对象相对于某一平面镜像。执行该命令并选择需要进行镜像的对象，然后指定镜像面。镜像面可以通过 3 点确定，也可以是对象、最近定义的面、Z 轴、视图、XY 平面、YZ 平面和 ZX 平面。图 10-60 所示为将沙发按照图中所示 3 点通过镜像复制得到的效果。

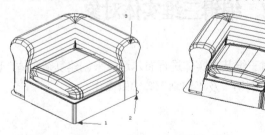

图 10-60　镜像复制图形

10.6.4　三维旋转

选择"修改" | "三维操作" | "三维旋转"命令(ROTATE3D)，可以使对象绕三维空间中的任意轴(X 轴、Y 轴或 Z 轴)、视图、对象或两点旋转，其方法与三维镜像图形的方法相似。

【练习 10-6】将图 10-61 所示的图形绕 X 轴旋转 90°。

(1) 选择"修改" | "三维操作" | "三维旋转"命令，在"选择对象:"提示下选择需要旋

转的对象。

(2) 在命令行的"指定基点:"提示信息下确定旋转的基点。

(3) 此时在绘图窗口中出现一个球形坐标(红色代表 X 轴，绿色代表 Y 轴，蓝色代表 Z 轴)，如图 10-62 所示。单击红色环型线确认绕 X 轴旋转。

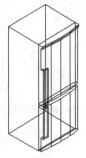

　　　　图 10-61　原始图形　　　　　　图 10-62　球形坐标

(4) 在命令行的"指定旋转角度，或 [复制(C)/参照(R)] <0d>:"提示信息下输入旋转角度为 90°。

(5) 选择"视图"|"消隐"命令消隐图形，结果如图 10-63 所示。

10.6.5　三维对齐

选择"修改"|"三维操作"|"对齐"命令(ALIGN)，可以对齐三维对象。首先选择源对象，在命令行"指定基点或 [复制(C)]:"提示下输入第 1 个点，在命令行"指定第二个点或 [继续(C)] <C>:"提示下输入第 2 个点，在命令行"指定第三个点或 [继续(C)] <C>:"提示下输入第 3 个点。在目标对象上同样需要确定 3 个点，与源对象的点一一对应。

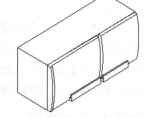

图 10-63　旋转后的图形

10.7　编辑三维实体对象

在 AutoCAD 2008 中，可以对三维基本实体进行布尔运算来创建复杂实体，也可以对实体进行"分解""圆角""倒角""剖切"及"切割"等编辑操作。

10.7.1　分解实体

选择"修改"|"分解"命令(EXPLODE)，可以将实体分解为一系列面域和主体。其中，实体中的平面被转换为面域，曲面被转化为主体。用户还可以继续使用该命令，将面域和主体分解为组成它们的基本元素，如直线、圆及圆弧等。

对图 10-64(a)图所示的图形进行分解，然后移动生成的面域或主体，效果如图 10-64(b)图所示。

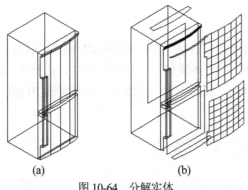

(a)　　　　　　　　　(b)

图 10-64　分解实体

10.7.2　对实体修倒角和圆角

选择"修改"|"倒角"命令(CHAMFER)，可以对实体的棱边修倒角，从而在两相邻曲面间生成一个平坦的过渡面。

选择"修改"|"圆角"命令(FILLET)，可以为实体的棱边修圆角，从而在两个相邻面间生成一个圆滑过渡的曲面。在为几条交于同一个点的棱边修圆角时，如果圆角半径相同，则会在该公共点上生成球面的一部分。

【练习 10-7】对图 10-65 所示栏杆中顶面的外轮廓线进行修倒角操作，倒角边长为 20。

(1) 选择"修改"|"倒角"命令，在"选择第一条直线或 [放弃(U)/多段线(P)/距离(D)/角度(A)/修剪(T)/方式(E)/多个(M)]："提示信息下，单击选择栏杆的顶面。

(2) 在命令行的"输入曲面选择选项 [下一个(N)/当前(OK)] <当前(OK)>:"提示信息下按Enter 键，指定栏杆顶面为当前面。

(3) 在命令行的"指定基面的倒角距离:"提示信息下输入 20，指定基面的倒角距离为 20。

(4) 在命令行的"指定其他面的倒角距离 <20.000>:"提示信息下按 Enter 键，指定其他曲面的倒角距离也为 20。

(5) 在命令行的"选择边或 [环(L)]:"提示信息下，单击顶面的轮廓线。然后在"选择边或 [环(L)]:"提示信息下，按 Enter 键结束倒角操作，效果如图 10-66 所示。

图 10-65　栏杆顶面　　　　图 10-66　对顶面修倒角

10.7.3　剖切实体

选择"修改"|"三维操作"|"剖切"命令(SLICE)，或在"实体"工具栏中单击"剖切"按钮 ，都可以使用平面剖切一组实体。剖切面可以是对象、Z 轴、视图、XY/YZ/ZX 平面或3 点定义的面。

10.7.4 加厚

选择"修改"|"三维操作"|"加厚"命令(THICKEN)，可以为曲面添加厚度，使其成为一个实体。例如选择"修改"|"三维操作"|"加厚"命令，选择图 10-67(a)图的长方形曲面，在命令行"指定厚度 <0.0000>:"提示下输入厚度 50，结果如图 10-67(b)图所示。

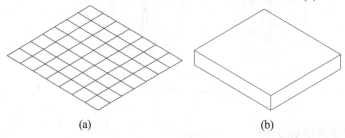

(a) (b)

图 10-67 加厚操作

10.7.5 编辑实体面

在 AutoCAD 中，使用"修改"|"实体编辑"子菜单中的命令，可以对实体面进行拉伸、移动、偏移、删除、旋转、倾斜、着色和复制等操作。

- "拉伸面"命令：用于按指定的长度或沿指定的路径拉伸实体面。例如，将图 10-68 所示图形中的背面进行拉伸，结果如图 10-69 所示。
- "移动面"命令：用于按指定的距离移动实体的指定面。例如，将图 10-68 所示图形中的背面进行移动，结果如图 10-70 所示。
- "偏移面"命令：用于按等距离偏移实体的指定面。例如，将图 10-68 所示图形中的背面进行偏移，结果如图 10-71 所示。

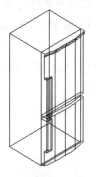 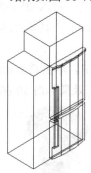 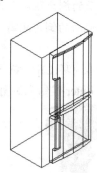 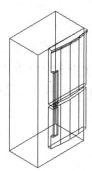

图 10-68 待拉伸的图形　　图 10-69 拉伸后的效果　　图 10-70 移动背面　　图 10-71 偏移背面

- "删除面"命令：用于删除实体上指定的面。
- "旋转面"命令：用于绕指定轴旋转实体的面。
- "倾斜面"命令：用于将实体面倾斜为指定角度。
- "着色面"命令：用于对实体上指定的面进行颜色修改。
- "复制面"命令：用于复制指定的实体面。

10.7.6 编辑实体边

在 AutoCAD 中，选择"修改"|"实体编辑"|"着色边"命令，或在"实体编辑"工具

栏中单击"着色边"按钮 ，即可着色实体边，其方法与着色实体面的方法相同；选择"修改"|"实体编辑"|"复制边"命令，或在"实体编辑"工具栏中单击"复制边"按钮 ，可以复制三维实体的边，其方法与复制实体面的方法相同。

10.7.7 实体压印、清除、分割、抽壳与检查

在 AutoCAD 中，还可以使用"修改"|"实体编辑"子菜单中的命令，对实体进行压印、清除、分割、抽壳与检查等操作。在使用这些命令时，应注意以下几点。

- 通过压印圆弧、圆、直线、二维和三维多段线、椭圆、样条曲线、面域、体和三维实体，可以创建新的面或三维实体。
- 如果边的两侧或顶点共享相同的面或顶点，通过清除操作可以删除这些边或顶点。
- 通过分割操作，可以将组合实体分割成零件。组合三维实体对象不能共享公共的面积或体积。在将三维实体分割后，独立的实体保留其图层和原始颜色。所有嵌套的三维实体对象都将分割成最简单的结构。
- 通过执行抽壳操作，可以从三维实体对象中以指定的厚度创建壳体或中空的墙体。系统通过将现有的面向原位置的内部或外部偏移来创建新的面。偏移时，系统将连续相切的面看作单一的面。
- 通过执行检查操作，可以检查实体对象是否是有效的三维实体对象。对于有效的三维实体，对其进行修改不会导致 ACIS 失败的错误信息。如果三维实体无效，则不能编辑对象。

10.8 思 考 练 习

1. 在 AutoCAD 2008 中，设置视点的方法有哪些？
2. 在 AutoCAD 2008 中，用户可以通过哪些方式创建三维图形？
3. 绘制三维多段线时有哪些注意事项？
4. 绘制图 10-72 所示的图形。

图 10-72 绘图练习

5. 给定图 10-73(a)所示的图形，通过三维阵列绘制图 10-73(b)所示的图形。

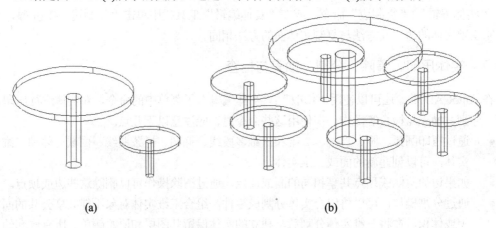

(a)　　　　　　　　　　　　　　　　　　(b)

图 10-73　三维阵列操作题

第11章 建筑图纸绘制标准与样板图绘制

《房屋建筑制图统一标准》(GB/T50001-2010)和《建筑制图标准》(GB/T50104-2010)是目前我国建筑制图主要标准，也是每一个工程技术人员必须遵守的法规，只有熟悉现行的制图标准，才能在设计时绘制出符合要求的施工图纸。

在 AutoCAD 中，样板图是指已经创建好的、用户可以直接调用的图形样板文件。用户在需要创建使用相同惯例和默认设置的多个图形时，通过创建或自定义样板文件而不是每次启动时都指定惯例和默认设置可以节省很多时间。本章介绍在建筑制图中创建各种样板图文件的方法。

11.1 图幅图框与绘图比例

在绘制建筑图纸时，图幅图框与绘图比例应符合下面规定的格式。

11.1.1 图幅图框

图幅是指图纸幅面的大小，分为横式幅面和立式幅面，分为 A0、A1、A2、A3 和 A4，图幅与图框的大小规范有严格的规定。图纸以短边作为垂直边称为横式，以短边作为水平边称为立式。一般 A0～A3 图纸宜横式使用，必要时，也可立式使用。具体尺寸如表 11-1 及图 11-1、图 11-2 所示。

表 11-1　图幅及图框尺寸　　　　　　　　　　　　　　　　(单位：mm)

尺寸代号 ＼ 幅面代号	A0	A1	A2	A3	A4
$b \times l$	841×1189	594×841	420×594	297×420	210×297
c	10			5	
a	25				

如果需要微缩复制的图纸，其一个边上应附一段准确米制尺度，四个边上均附对中标志，米制尺度的总长应为 100mm，分格应为 10mm。对中标志应画在图纸各边长的中点处，线宽应为 0.35mm，伸入框内应为 5mm。图 11-1 所示为横式使用的图纸布置方法。

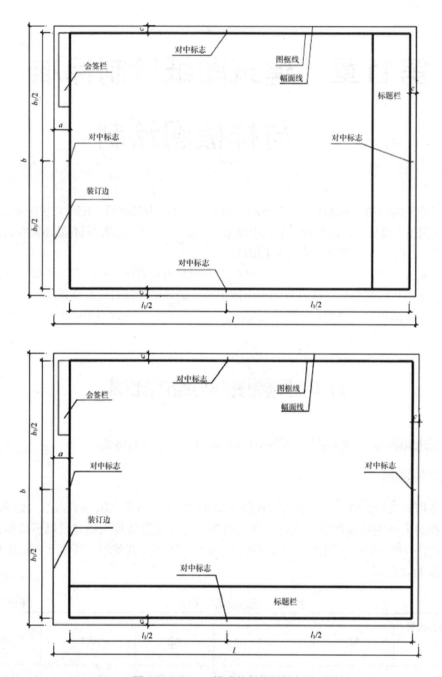

图 11-1　A0~A3 横式使用的图纸布置

图 11-2 所示为立式使用的图纸布置方法。

　　图纸的短边一般不应加长，长边可加长，但应符合表 11-2 所示的规定。一个工程设计中所使用的图纸，一般不宜多于两种幅面，不含目录及表格所采用的 A4 幅面。

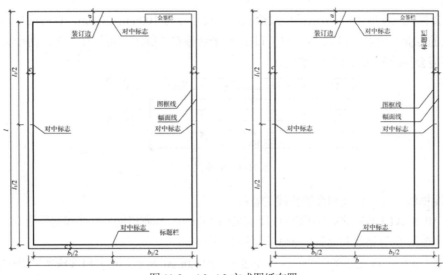

图 11-2　A0~A3 立式图纸布置

表 11-2　图纸长边加长尺寸　　　　　　　　　　　　　　（单位：mm）

幅面尺寸	长边尺寸	长边加长后的尺寸
A0	1189	1486(A0+1/4*l*)　　1635(A0+3/8*l*)　　1783(A0+1/2*l*)　　1932(A0+5/8*l*)　　2080(A0+3/4*l*) 2230(A0+7/8*l*)　　2378(A0+1*l*)
A1	841	1051(A1+1/4*l*)　　1261(A1+1/2*l*)　　1471(A1+3/4*l*)　　1682(A1+1*l*)　　1892(A1+5/4*l*) 2102(A1+3/2*l*)
A2	594	743(A2+1/4*l*)　　891(A2+1/2*l*)　　1041(A2+3/4*l*)　　1189(A2+1*l*)　　1338(A2+5/4*l*) 1486(A2+3/2*l*)　　1635(A2+7/4*l*)　　1783(A2+2*l*)　　1932(A2+9/4*l*)　　2080(A2+5/2*l*)
A3	420	630(A3+1/2*l*)　　841(A3+1*l*)　　1051(A3+3/2*l*)　　1261(A3+2*l*)　　1471(A3+5/2*l*) 1682(A3+3*l*)　　1892(A2+7/2*l*)

注：有特殊需要的图纸，可采用 *b*×*l* 为 841mm×891mm 与 1189mm×1261mm 的幅面。

11.1.2　标题栏与会签栏

纸的标题栏与会签栏如图 11-3、图 11-4 所示。其格式和具体尺寸还应符合下列规定。

(1) 标题栏应按图 11-3 所示，根据工程需要选择确定其尺寸、格式及分区。签字区应包含实名列和签名列。涉外工程的标题栏内，各项主要内容的中文下方应附有译文，设计单位的上方或左方，应加"中华人民共和国"字样。

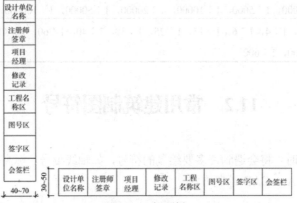

图 11-3　标题栏

(2) 会签栏应按图 11-4 所示的格式绘制，其尺寸应为 100mm×20mm，栏内应填写会签人员所代表的专业、姓名、日期(年、月、日)；一个会签栏不够时，可另加一个，两个会签栏应并列；不需会签的图纸可不设会签栏。

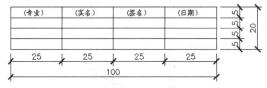

图 11-4　会签栏

(3) 图框线、标题栏线和会签栏线的宽度。

- A0 和 A1 图幅的图纸的图框线线宽采用 1.4mm，标题栏的外框线线宽采用 0.7mm，标题栏的分格线和会签栏线线宽采用 0.35mm。
- A2、A3 和 A4 图幅的图纸的图框线线宽采用 1.0mm，标题栏的外框线线宽采用 0.7mm，标题栏的分格线和会签栏线线宽采用 0.35mm。

11.1.3　绘图比例

比例是图形与实物相对应的线性尺寸之比。比例的大小是指比值的大小，如比例 1∶50 就大于比例 1∶100。比例的符号为"∶"，比例应以阿拉伯数字表示，例如 1∶1、1∶2、1∶100 等。同一张图纸中若只有一个比例，则在标题栏中统一注明图纸的比例大小。若在同一张图纸中有多个比例，则比例大小应该注明在图名的右侧，且字的基准线应取平；比例的字高宜比图名的字高小一号或二号，如图 11-5 所示。

平面图　1∶100　　　⑥　1∶20

图 11-5　比例的注写

绘图所用的比例，应根据图样的用途与被绘对象的复杂程度，从表 11-3 中选用，并优先使用表中常用比例。一般情况下，一个图样应选用一种比例。根据专业制图需要，同一图样可选用两种比例。

表 11-3　绘图所用的比例

常用比例	1∶1，1∶2，1∶5，1∶10，1∶20，1∶50，1∶100，1∶150，1∶200，1∶500，1∶1000，1∶2000，1∶5000，1∶10000，1∶20000，1∶50000，1∶100000，1∶200000
可用比例	1∶3，1∶4，1∶6，1∶15，1∶25，1∶30，1∶40，1∶60，1∶80，1∶250，1∶300，1∶400，1∶600

11.2　常用建筑制图符号

绘制建筑施工图时，将会遇到许多要绘制的符号，如轴线编号、标高等。本节主要介绍各种符号的规范要求和 AutoCAD 绘制方法。

11.2.1　定位轴线编号和标高

定位轴线编号和标高的绘制方法在前面的章节中已经介绍，在此主要介绍规范对定位轴线编号的一些要求。

轴线应用细点划线绘制，定位轴线一般应编号，编号应注写在轴线端部的圆内。圆应用细实线绘制，直径为 8～10mm。定位轴线圆的圆心，应在定位轴线的延长线上或延长线的折线上。

平面图上定位轴线的编号，宜标注在图样的下方与左侧。横向编号应用阿拉伯数字，从左至右顺序编写，竖向编号应用大写拉丁字母，从下至上顺序编写，如图 11-6 所示。为了防止与数字 1、0、2 混淆，拉丁字母的 I、O、Z 不得用做轴线编号。如字母数量不够使用，可增用双字母或单字母加数字注脚，例如 AA、BA…YA 或 A1、B1…Y1。

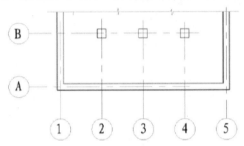

图 11-6　轴线编号

组合较复杂的平面图中定位轴线也可采用分区编号，编号的注写形式应为"分区号—该分区编号"；分区号采用阿拉伯数字或大写拉丁字母表示，如图 11-7 所示。

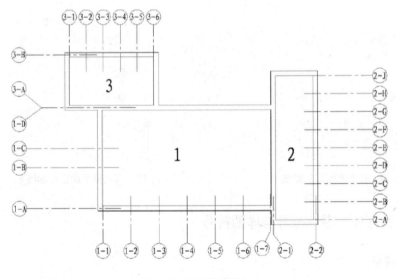

图 11-7　分区轴线编号

附加定位轴线的编号，应以分数形式表示，并应按下列规定编写：两根轴线间的附加轴线，应以分母表示前一轴线的编号，分子表示附加轴线的编号，编号宜用阿拉伯数字顺序编写；1 号轴线或 A 号轴线之前的附加轴线的分母应以 01 或 0A 表示，如图 11-8 所示。

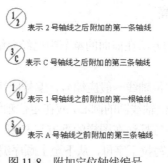

图 11-8　附加定位轴线编号

一个详图适用于几根轴线时，应同时注明各有关轴线的编号；通用详图中的定位轴线，应只画圆，不注写轴线编号，如图 11-9 所示。

图 11-9　详图的轴线编号

圆形平面图中定位轴线的编号，其径向轴线宜用阿拉伯数字表示，从左下角开始，按逆时针顺序编写；其圆周轴线宜用大写拉丁字母表示，从外向内顺序编写，如图 11-10 所示。折线形平面定位图中定位轴线的编号可按图 11-11 所示的形式绘制。

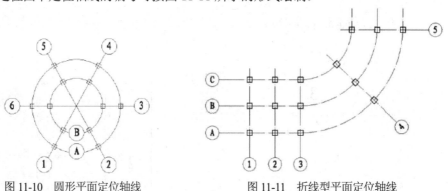

图 11-10　圆形平面定位轴线　　　　　图 11-11　折线型平面定位轴线

11.2.2　索引符号、零件符号与详图符号

1. 索引符号

工程图样中的某一局部或构件，如需另见详图，应通过索引符号索引。索引符号是由直径为 10mm 的圆和水平直径组成，索引圆中的数字宜采用 2.5 号字或者 3.5 号字书写，圆及水平直径均应以细实线绘制。索引符号应按下列规定编写。

索引出的详图，如与被索引的详图同在一张图纸内，应在索引符号的上半圆中用阿拉伯数字注明该详图的编号，并在下半圆中间画一段水平细实线，如图 11-12 所示。

索引出的详图，如与被索引的详图不在同一张图纸内，应在索引符号的上半圆中用阿拉伯数字注明该详图的编号，在索引符号的下半圆中用阿拉伯数字注明该详图所在图纸的编号，如图 11-13 所示。数字较多时，可加文字标注。

索引出的详图，如采用标准图，应在索引符号水平直径的延长线上加注该标准图册的编号，如图 11-14 所示。

图 11-12　同图索引　　　图 11-13　异图索引　　　图 11-14　标准图索引

索引符号如用于索引剖视详图，应在被剖切的部位绘制剖切位置线，并以引出线引出索引符号，引出线所在的一侧应为投射方向。剖切位置线用 6~10mm 长的粗实线绘制，与引出线的间隙约为 1mm。如图 11-15 所示。

图 11-15　用于索引剖面详图的索引符号

2. 零件符号

零件、杆件、钢筋、设备等的编号，一般以直径为 4~6mm(同一图样应保持一致)的细实线圆表示，其编号应用阿拉伯数字按顺序编写。

3. 详图符号

详图的位置和编号，应以详图符号表示。详图符号的圆应以直径为 14mm 粗实线绘制。详图应按下列规定编号。

详图与被索引的图样同在一张图纸内时，应在详图符号内用阿拉伯数字注明详图的编号，如图 11-16 所示。

详图与被索引的图样不在同一张图纸内，应用细实线在详图符号内画一水平直径，在上半圆中注明详图编号，在下半圆中注明被索引的图纸的编号，如图 11-17 所示。

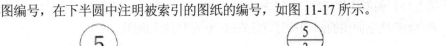

图 11-16　与被索引图样同在一张图纸　　　图 11-17　与被索引图样不在同一张图
　　　　　内的详图符号　　　　　　　　　　　　　　　纸内的详图符号

11.2.3　指北针

指北针的形状宜如图 11-18 所示，其圆的直径宜为 24mm，用细实线绘制；指针尾部的宽度宜为 3mm，指针头部应注"北"或 N 字。需用较大直径绘制指北针时，指针尾部宽度宜为直径的 1/8。

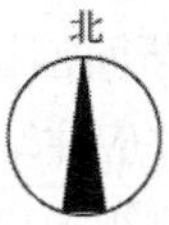

图 11-18　指北针

11.2.4 连接符号

连接符号应以折断线表示需连接的部位。两部位相距过远时，折断线两端靠图样一侧应标注大写拉丁字母表示连接编号。两个被连接的图样必须用相同的字母编号，如图 11-19 所示。

图 11-9　连接符号

11.2.5 对称符号

对称符号由对称线和两端的两对平行线组成。对称线用细点画线绘制；平行线用细实线绘制，其长度宜为 6～10mm，每对的间距宜为 2～3mm；对称线垂直平分于两对平行线，两端超出平行线宜为 2～3mm，如图 11-20 所示。

图 11-20　对称符号

11.2.6 图名

图名宜用 7 号长仿宋字书写，图名的下方绘制水平的粗实线，长度约与图名长度相当，当注明比例时，比例以 5 号字或 3.5 号字注在图名的右侧。

11.2.7 剖面和断面的剖切符号

1. 剖面剖切符号

剖视的剖切符号应符合下列规定。

剖视的剖切符号应由剖切位置线及投射方向线组成，均应以粗实线绘制。剖切位置线的长度宜为 6～10mm；投射方向线应垂直于剖切位置线，长度应短于剖切位置线，宜为 4～6mm。绘制时，剖视的剖切符号不应与其他图线相接触，如图 11-21 所示。

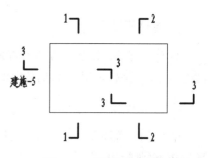

图 11-21　剖面剖切符号

剖视剖切符号的编号宜采用阿拉伯数字，按顺序由左至右、由下至上连续编排，并应注写在剖视方向线的端部。

需要转折的剖切位置线，应在转角的外侧加注与该符号相同的编号。

建(构)筑物剖面图的剖切符号宜注在±0.00 标高的平面图上。

2. 断面剖切符号

断面的剖切符号应只用剖切位置线表示，并应以粗实线绘制，长度宜为 6～10mm。

断面剖切符号的编号宜采用阿拉伯数字，按顺序连续编排，并应注写在剖切位置线的一侧；编号所在的一侧应为该断面的剖视方向，如图 11-22 所示。

剖面图或断面图，如与被剖切图样不在同一张图内，可在剖切位置线的另一侧注明其所在图纸的编号，也可以在图上集

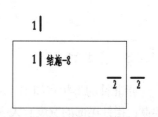

图 11-22　断面剖切符号

中说明，如图 11-21 和图 11-22 所示。

11.2.8　建筑施工图中的文字级配

建筑施工图中的文字注写，一定要按照制图标准的规定注写。编者建议选用 10 号字注写标题栏中的设计单位名称，7 号字注写图名，5 号字注写设计说明，3.5 或 2.5 字注写尺寸。轴线编号可以用 5 号字或 3.5 号字注写。零件编号可以用 3.5 号字或 2.5 号字注写。剖切标注可以用 7 号字或 5 号字注写。同一张图纸内的字号配置要一致。

11.3　建筑图纸中对线型和线宽的要求

《房屋建筑制图统一标准》(GB/T50001-2010)中对建筑制图的线型和线宽都有比较明确的规定，这样便于设计人员的读图和绘图，以及加强图纸的通用性。

(1) 图线的宽度 b，宜从 1.4mm、1.0mm、0.7mm、0.5mm、0.35mm、0.25mm、0.18mm、0.13mm 线宽系列中选取。图线宽度不应小于 0.1mm。每个图样，应根据复杂程度与比例大小，先选定基本线宽 b，再选用表 11-4 中相应的线宽组。

表 11-4　线宽组　　　　　　　(单位：mm)

线 宽 比	线 宽 组			
b	1.4	1.0	0.7	0.5
$0.7\,b$	1.0	0.7	0.5	0.35
$0.5\,b$	0.7	0.5	0.35	0.25
$0.25\,b$	0.35	0.25	0.18	0.13

注：1. 需要缩微的图纸，不宜采用 0.18mm 及更细的线宽；

2. 同一张图纸内，各不同线宽中的细线，可统一采用较细的线宽组的细线。

(2) 工程建设制图中不同的线型和线宽有着不同的含义，比较统一的选取原则读者可以参看《房屋建筑制图统一标准》中关于图线的规定，如图 11-5 所示。

表 11-5　图线

名 称		线 型	线 宽	用 途
实线	粗	——————	b	主要可见轮廓线
	中粗	——————	$0.7\,b$	可见轮廓线
	中	——————	$0.5\,b$	可见轮廓线、尺寸线、变更云线
	细	——————	$0.25\,b$	图例填充线、家具线
虚线	粗	— — — —	b	见各有关专业制图标准
	中粗	— — — —	$0.7\,b$	不可见轮廓线
	中	— — — —	$0.5\,b$	不可见轮廓线、图例线
	细	- - - - -	$0.25\,b$	图例填充线、家具线

（续表）

名 称		线 型	线 宽	用 途
单点长画线	粗		b	见各有关专业制图标准
	中		$0.5b$	见各有关专业制图标准
	细		$0.25b$	中心线、对称线、轴线等
双点长画线	粗		b	见各有关专业制图标准
	中		$0.5b$	见各有关专业制图标准
	细		$0.25b$	假想轮廓线、成型前原始轮廓线
折断线	细		$0.25b$	断开界线
波浪线	细		$0.25b$	断开界线

(3) 图纸的图框和标题栏线，可采用表 11-6 所示线宽。

表 11-6　图框线、标题栏线的宽度　　　　　　　　　　　　　　　（单位：mm）

幅 图 代 号	图框线	标题栏外框线	标题栏分格线、会签栏线
A0、A1	b	$0.5b$	$0.25b$
A2、A3、A4	b	$0.7b$	$0.35b$

(4) 相互平行的图线，其间隙不宜小于其中的粗线宽度，且不宜小于 0.7mm。

(5) 虚线、单点长画线或双点长画线的线段长度和间隔，宜各自相等。

(6) 单点长画线或双点长画线，当在较小图形中绘制有困难时，可用实线代替。

(7) 单点长画线或双点长画线的两端，不应是点。点画线与点画线交接或点画线与其他图线交接时，应是线段交接。

(8) 虚线与虚线交接或虚线与其他图线交接时，应是线段交接。虚线为实线的延长线时，不得与实线连接。

(9) 图线不得与文字、数字或符号重叠、混淆，不可避免时，应首先保证文字等的清晰。

提示：

在建筑制图的过程中，线型和线宽的设置应该满足规范对线型和线宽的要求，从一开始就养成良好的标准制图的习惯。图框的绘制在后续章节中详细介绍。

11.4　建筑制图中平、立、剖面图的线型

在前面的章节已经介绍了建筑行业的线型的通用标示方法，在此再详细介绍一下各种线型在平面、立面、剖面和详图中的应用和含义，主要内容如表 11-5 所示。线型图样如图 11-23、图 11-24 和图 11-25 所示。

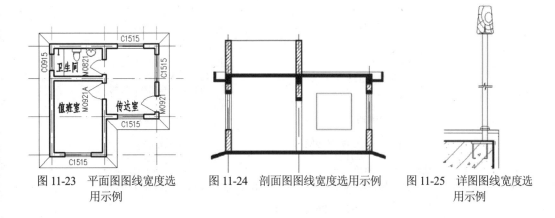

图 11-23　平面图图线宽度选用示例　　图 11-24　剖面图图线宽度选用示例　　图 11-25　详图图线宽度选用示例

提示:

绘制较简单的图样时,可采用两种线宽的线宽组,其线宽比宜为 $b : 0.25b$。b 的选择参见表 11-5。

11.5　CAD 制图统一规则关于图层的管理

CAD 制图统一规则《房屋建筑制图统一标准》(GB/T50001-2010)中的图层组织原则为:图层的组织根据不同的用途、阶段、实体属性和使用对象等可采取不同的方法,但应具有一定的逻辑性便于操作。

11.5.1　图层的命名规定

图层命名应符合下列规定。

(1) 图层可根据不同的用途、设计阶段、属性和使用对象等进行组织,但在工程上应具有明确的逻辑关系,便于识别、记忆、软件操作和检索。

(2) 图层名称可使用汉字、拉丁字母、数字和连字符"—"的组合,但汉字与拉丁字母不得混用。

(3) 在同一工程中,应使用统一的图层命名格式,图层名称应自始至终保持不变,且不得同时使用中文和英文的命名格式。

11.5.2　图层的命名格式

1. 中文图层命名格式

中文图层名格式应采用以下 4 种,如图 11-26 所示。

- 专业码:由两个汉字组成,用于说明专业类别,例如建筑、结构等。
- 主组码:由两个汉字组成,用于详细说明专业特征,可以和任意专业码组合,例如墙体。

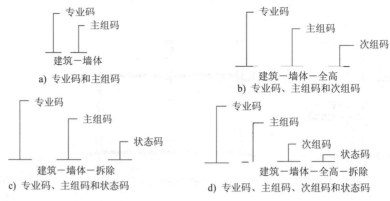

图 11-26　中文图层命名格式

- 次组码：由两个汉字组成用于进一步区分主组码类型，是可选项，用户可以自定义次组码(例如全高)，次组码可以和不同主组码组合。
- 状态码：由两个汉字组成用于区分改建加固房屋中该层实体的状态，例如新建、拆迁、保留、临时等，也是可选项。

2. 英文图层命名格式

英文图层名格式应采用以下 4 种，如图 11-27 所示。专业码由 1 个字符组成，主组码、次组码和状态码由 3 个字符组成。其含义同中文图层命名格式。

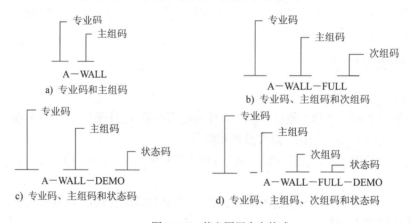

图 11-27　英文图层命名格式

提示：
养成按标准管理图层的习惯能够提高绘图效率，便于各专业协同工作。

11.6　创建样板图

在建筑制图中，设计人员在绘图时都需要严格按照各种制图规范进行绘图，因此对于图框、图幅大小、文字大小、线型和标注类型等，都是有一定限制的。绘制相同或相似类型的建筑图形时，各种规定都是一样的。为了节省时间，设计人员可以先创建一个样板图，在以后绘制类似图形时调用，或直接从系统自带的样板图中选择合适的样板图来使用。

样板图文件的扩展名为.dwt，其中包含标准设置。通常存储在样板文件中的惯例和设置包括：

- 单位类型和精度。
- 标题栏、边框和徽标。
- 图层名。
- 捕捉、栅格和正交设置。
- 栅格界限。
- 标注样式。
- 文字样式。
- 线型。

在目录 C:\Documents and Settings\用户名\Local Settings\ApplicationData\Autodesk\ AutoCAD 2008\R17.1\chs\Template("用户名"为安装软件的计算机的用户名)中为用户提供了各种样板。但是，由于提供的样板与国标相差比较大，用户一般可以自己创建建筑图样板文件。

本节将要给用户创建一个 A3 图幅的样板图，主要对绘图界限、图框、文字样式以及标注样式等进行事先定义。

11.6.1　设置绘图界限

建筑制图基本都在建筑图纸幅面中绘图，也就是说，一个图框限制了绘图的范围，其绘图界限不能超过这个范围。建筑制图标准中对于图纸幅面和图框尺寸的规定如表 11-1 所示。

在本书中，将要介绍的建筑图形大概需要 A3 大小的图纸，所以这里以 A3 大小的图纸绘图界限设置为例讲解设置方法。

(1) 选择"格式"|"绘图界限"命令，在"指定左下角点或 [开(ON)/关(OFF)] <0.0000, 0.0000>:"提示信息下，输入左下角点的坐标(0,0)。

(2) 在"指定右上角点 <420.0000,297.0000>:"提示信息下，输入右上角点的坐标(42000, 29700)，按 Enter 键完成绘图界限的设置。

(3) 选择"视图"|"缩放"|"范围"命令，使得设定的绘图界限在绘图区域内。

11.6.2　绘制图框

图框由比较简单的线组成，绘制方法比较简单。根据表 11-1 中 A3 图纸的尺寸要求进行绘制，具体操作步骤如下。

(1) 单击"面板"选项板中的"矩形"按钮 □，在"指定第一个角点或 [倒角(C)/标高(E)/圆角(F)/厚度(T)/宽度(W)]:"提示信息下，输入第一个角点的坐标(0,0)。在"指定另一个角点或 [面积(A)/尺寸(D)/旋转(R)]:"提示信息下，输入第二个角点的坐标(42000,29700)，得到的结果如图 11-28 所示。

(2) 选择"修改"|"分解"命令，将图 11-28 中的矩形分解。然后选择"修改"|"偏移"命令，在"指定偏移距离或 [通过(T)/删除(E)/图层(L)] <通过>:"提示信息下输入偏移距离为 200。在"选择要偏移的对象，或 [退出(E)/放弃(U)] <退出>:"提示信息下，选择分解矩形的左

边作为偏移对象。在"指定要偏移的那一侧上的点，或
[退出(E)/多个(M)/放弃(U)] <退出>:"提示信息下向右侧
偏移。在"选择要偏移的对象，或 [退出(E)/放弃(U)] <
退出>:"提示信息下，按 Enter 键结束偏移操作。

(3) 继续执行"偏移"命令，将其他边分别向内偏
移 500，效果如图 11-29 所示。

(4) 选择"修改" | "修剪"命令，根据图 11-30 所
示，对偏移的直线进行修剪。

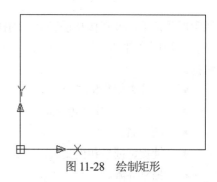

图 11-28   绘制矩形

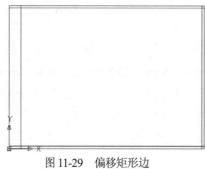

图 11-29   偏移矩形边

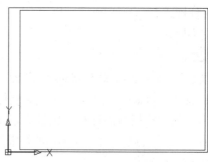

图 11-30   修剪偏移直线

(5) 选择"绘图" | "直线"命令，首先捕捉如
图 11-31 所示的基点，然后分别指定每个点的坐标
为(@-24000,0)、(@0,4000)和(@24000,0)，绘制相应
的直线，结果如图 11-31 所示。

(6) 选择"修改" | "偏移"命令，根据图 11-32
所示，将绘制的直线进行偏移。

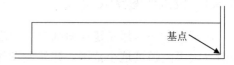

图 11-31   绘制标题栏直线

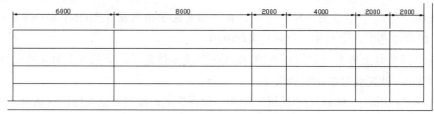

图 11-32   偏移标题栏直线

(7) 选择"修改" | "修剪"命令，根据图 11-33 所示，对偏移的直线进行修剪。

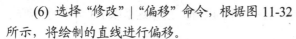

图 11-33   绘制完成的标题栏

(8) 选择"绘图" | "矩形"命令，绘制 10000×2000 的矩形，然后进行分解，将矩形的上
边依次向下偏移 500，左边依次向右偏移 2500，效果如图 11-34 所示。

图 11-34　绘制标题栏直线

11.6.3　添加图框文字

《建筑制图标准》(GB/T50104-2010)规定文字的字高应从 3.5mm、5mm、7mm、10mm、14mm、20mm 等选项中选用。如需书写更大的字，其高度应按 $\sqrt{2}$ 的比值递增。图样及说明中的汉字应该采用长仿宋体，宽度与高度的关系要满足表 11-7 中的规定。

表 11-7　长仿宋体字高宽关系表　　　　　　　　　　　　　　　(单位：mm)

字高	20	14	10	7	5	3.5
字宽	14	10	7	5	3.5	2.5

在样板图中创建字体样式 GB350、GB500、GB700 和 GB1000，并给图框添加文字，具体操作步骤如下。

(1) 选择"格式"|"文字样式"命令，打开"文字样式"对话框，单击"新建"按钮，打开"新建文字样式"对话框，设置样式名为 GB350，字高为 350，如图 11-35 所示。

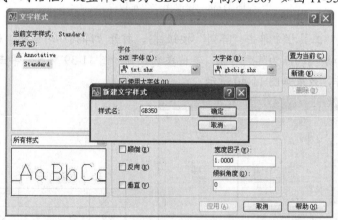

图 11-35　创建 GB350 文字样式

(2) 单击"确定"按钮，返回到"文字样式"对话框，在"字体名"下拉列表框中选择"仿宋_GB2312"，设置高度为 350，宽度比例为 0.7，如图 11-36 所示。单击"应用"按钮，完成 GB350 样式的创建。

(3) 使用同样的方法，创建文字样式 GB500、GB700 和 GB1000。创建完毕后，单击"关闭"按钮，完成文字样式的创建。

(4) 选择"格式"|"点样式"命令，打开"点样式"对话框，设置如图 11-37 所示的点样式。

图 11-36　设置 GB350 样式参数

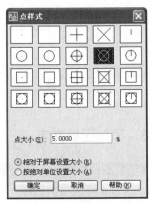

图 11-37　设置新的点样式

(5) 选择"绘图"|"点"命令，捕捉图 11-38 所示的点为基点，然后在"<偏移>:"提示信息下输入坐标(@1000,500)，通过相对偏移距离确定点。

图 11-38　绘制第一个定位点

(6) 在"绘图"工具栏中单击"阵列"按钮 ⊞，打开"阵列"对话框，选择"矩形阵列"单选按钮，以前面绘制的点为阵列对象，其他参数设置如图 11-39 所示，单击"确定"按钮，完成点的阵列操作，效果如图 11-40 所示。

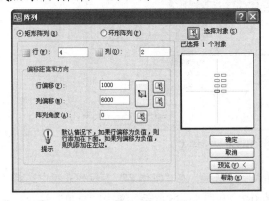

图 11-39　设置矩形阵列参数

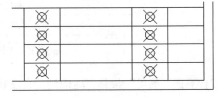

图 11-40　阵列生成其他定位点

(7) 选择"绘图"|"单行文字"命令，在"指定文字的起点或 [对正(J)/样式(S)]:"提示信息下输入 S，表示设置样式。在"输入样式名或 [?] <GB1000>:"提示信息下输入 GB500，表示使用 GB500 样式。在"指定文字的起点或 [对正(J)/样式(S)]:"提示信息下输入 J，设置对正样式。在"输入选项[对齐(A)/调整(F)/中心(C)/中间(M)/右(R)/左上(TL)/中上(TC)/右上(TR)/左中(ML)/正中(MC)/右中(MR)/左下(BL)/中下(BC)/右下(BR)]:"提示信息下输入 MC，设置正中对正。在"指定文字的中间点:"提示信息下捕捉步骤(5)中绘制的点为中间点。在"指定文字的旋转角度<0>:"提示信息下直接按 Enter 键，打开单行文字动态文本框，输入文字"审定"，中间

空 3 格, 如图 11-41 所示。

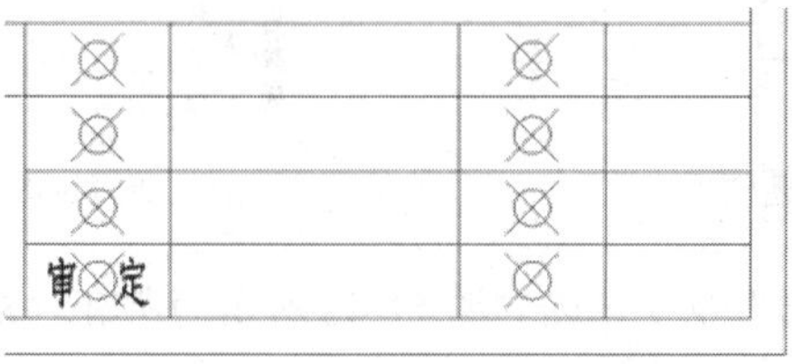

图 11-41　创建单行文字

(8) 选择"编辑"|"复制"命令, 以步骤(7)中创建的阵列点为基点, 复制前面创建的文字, 效果如图 11-42 所示。

(9) 双击复制生成的单行文字, 对文字内容进行编辑, 效果如图 11-43 所示。

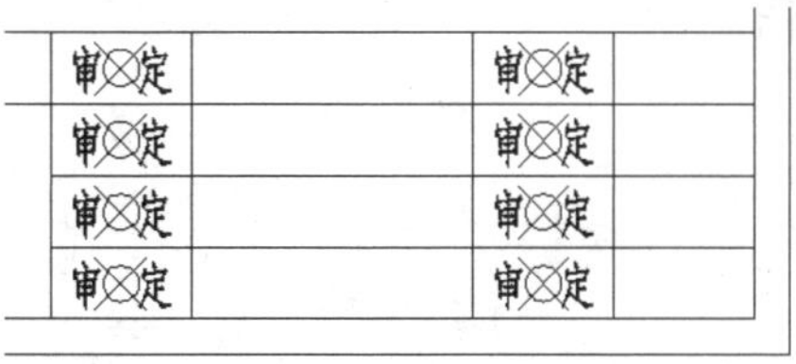

图 11-42　复制生成其他文字 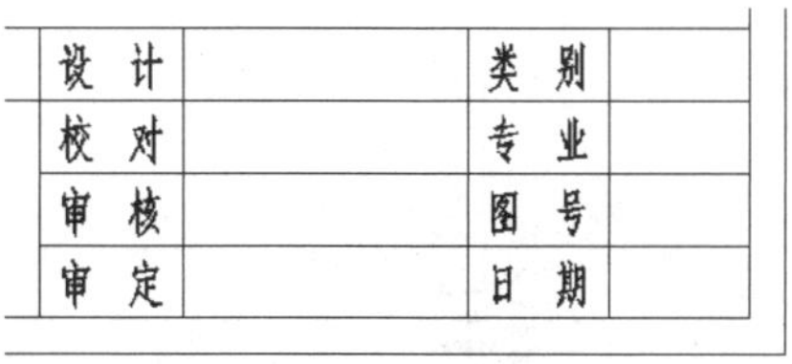　　　　　　　　　图 11-43　修改文字内容

(10) 选择"绘图"|"点"命令, 捕捉图 11-44 所示的基点, 然后在"<偏移>:"提示信息下输入相对偏移距离(@500,500)。然后使用相同的方法确定另一个定位点, 如图 11-44 所示。

图 11-44　绘制定位点

(11) 继续使用同样的方法, 创建下方的两个定位点, 基点如图 11-44 所示, 偏移相对坐标为(@500,-500), 效果如图 11-45 所示。

(12) 选择"绘图"|"单行文字"命令, 使用文字样式 GB350 创建单行文字, 并设置文字为左中对齐, 效果如图 11-46 所示。

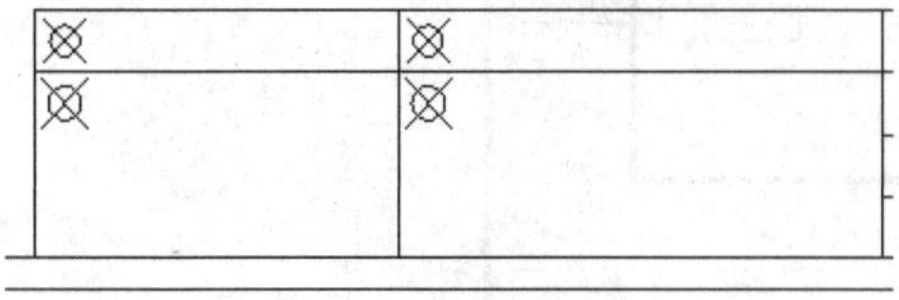

图 11-45　绘制另外两个定位点　　　　　　　　图 11-46　绘制单行文字

(13) 选择"绘图"|"单行文字"命令, 使用文字样式 GB350 创建单行文字, 并设置文字为左上对齐, 效果如图 11-47 所示。

(14) 使用创建标题栏文字的方法创建会签栏的文字, 文字样式为 GB350, 并且设置文字为左中对齐, 其中"建筑结构"文字之间有一个空格, "电气"文字之间有 4 个空格, "给排水"文字之间有一个空格, "暖通"文字之间有 4 个空格, 效果如图 11-48 所示。

图 11-47　创建标题栏　　　　　　　　　　　　图 11-48　创建会签栏文字

(15) 选择"修改" | "旋转"命令，选取图 11-48 所示的所有对象，以左下角点为基点旋转 90°，效果如图 11-49 所示。

(16) 选择"修改" | "移动"命令，将图 11-49 所示的图形根据图 11-50 所示移动到适当位置。

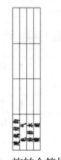

图 11-49　旋转会签栏

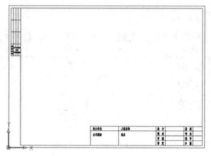

图 11-50　移动会签栏

11.6.4　创建尺寸标注样式

尺寸标注与绘图比例是相关的。本书的绘图比例可能会涉及 1∶100、1∶50 和 1∶25，因此需要创建 3 种标注样式，分别命名为 GB100、GB50 和 GB25，具体操作步骤如下。

(1) 选择"格式" | "标注样式"命令，打开"标注样式管理器"对话框，单击"新建"按钮，打开"创建新标注样式"对话框，如图 11-51 所示，设置新样式名为 GB100。

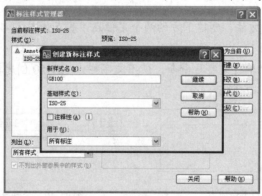

图 11-51　创建新标注样式

(2) 单击"继续"按钮，打开"新建标注样式"对话框，首先对"线"选项卡进行设置，如图 11-52 所示。

(3) 选择"符号和箭头"选项卡，设置箭头为"建筑标记"，箭头大小为 250，其他设置如图 11-53 所示。

(4) 选择"文字"选项卡，单击"文字样式"下拉列表框后的▢▢按钮，打开"文字样式"对话框，创建新的文字样式 GB250，具体设置如图 11-54 所示。

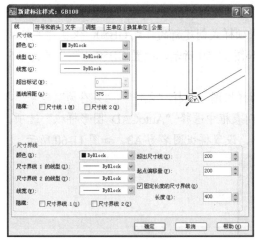

图 11-52　设置线

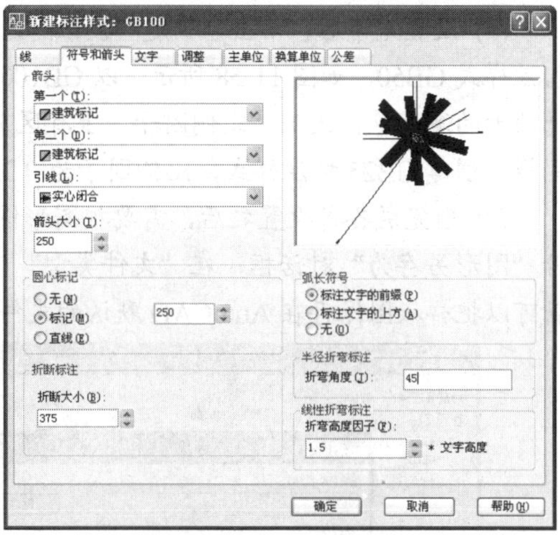

图 11-53　设置符号和箭头

(5) 在"文字样式"下拉列表框中选择 GB250 文字样式，其他设置如图 11-55 所示。

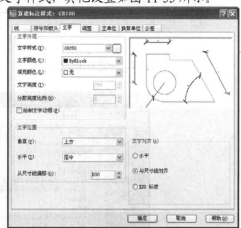

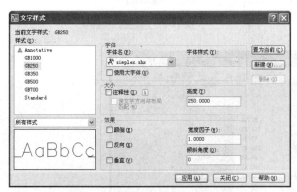

图 11-54　创建标注文字样式 GB250

图 11-55　设置文字

(6) 选择"调整"选项卡，设置全局比例为 1，其他设置如图 11-56 所示。

(7) 选择"主单位"选项卡，设置单位格式为"小数"，精度为 0，其他设置如图 11-57 所示。

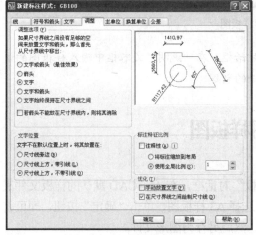

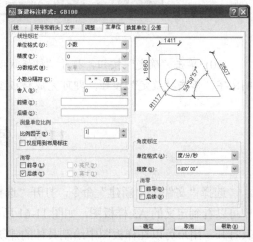

图 11-56　设置全局比例

图 11-57　设置主单位

(8) 设置完毕后，单击"确定"按钮，完成标注样式 GB100 的创建。重复以上步骤，创建标注样式 GB50，如图 11-58 所示。以 GB100 为基础样式创建新的样式 GB50，仅在"主单位"选项卡的测量单位比例"比例因子"上有区别，如图 11-59 所示，设置 GB50 比例因子为 0.5。同样，创建 GB25 标注样式，比例因子为 0.25。

(9) 当完成各种设置之后，需要把图形保存为样板图。选择"文件" | "另存为"命令，打开"图形另存为"对话框，在"文件类型"下拉列表框中选择"AutoCAD 图形样板"选项，就可以把样板图保存在 AutoCAD 默认的文件夹中，设置样板图名为 A3，如图 11-60 所示。

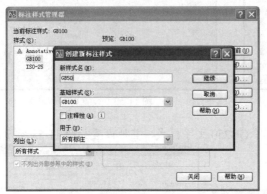

图 11-58　创建 GB50 标注样式

图 11-59　设置比例因子

图 11-60　保存样板图

(10) 单击"确定"按钮，打开"样板说明"对话框，在"说明"文本框中输入样板图的说明文字，单击"确定"按钮，即可完成样板图文件的创建。

11.7　使用样板图

选择"文件" | "新建"命令，打开"选择样板"对话框，在 AutoCAD 默认的样板文件夹中可以看到定义的 A3 样板图，如图 11-61 所示。选择 A3 样板图，单击"确定"按钮，即可将其打开。用户可以在样板图中绘制具体的建筑图，然后另存为图形文件。

图 11-61　调用样板图

11.8　思　考　练　习

1. 在建筑制图中，样板图的作用是什么？
2. 在 AutoCAD 中，样板图中通常包括哪些内容？
3. 在 AutoCAD 中，创建样板图一般分为哪几个步骤？
4. 绘制图 11-62 所示的样板图。
5. 绘制图 11-63 所示的样板图。

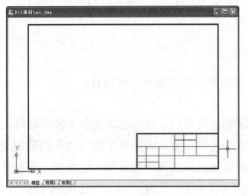

图 11-62　样板图 1

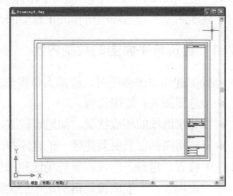

图 11-63　样板图 2

第12章 绘制建筑总平面图

在建筑制图中，建筑施工图用于建筑物的外部形状、内部布置、内外装修、构造及施工要求，同时还要满足国家有关建筑制图标准和建筑行业的习惯表达，它是建筑施工、编制建筑工程预算、工程验收的重要技术依据。一套完整的建筑施工图，包括图纸首页、建筑总平面图、建筑平面图、建筑立面图、建筑剖面图和建筑详图等图纸。本章将首先介绍建筑施工图中建筑总平面图的绘制方法和思路。

12.1 建筑总平面图概述

建筑总平面图简称总平面图，是表达建筑工程总体布局的图样。通常通过在建设地域上空向地面一定范围投影得到总平面图。总平面图表明新建房屋所在地有关范围内的总体布置，它反映了新建房屋、建筑物等的位置和朝向，室外场地、道路、绿化等布置，地形、地貌标高以及与原有环境的关系和临界状况。建筑总平面图是建筑物及其他设施施工的定位、土方施工以及绘制水、暖、电等管线总平面图和施工总平面图的依据。

在一定情况下，可以把建筑总平面图看成平面图的一个特例，仅仅是不需要剖开建筑本身，而对于建筑物及其周围环境所作的正投影图形。

12.1.1 建筑总平面图的绘制内容

在绘制建筑总平面图时，绘图人员需要在总平面图中表达以下一些内容：

* 总图图名、绘图比例。
* 建筑地域的环境状况，如地理位置、建筑物占地界限、原有建筑物和各种管道等。
* 应用图例以表明新建区、扩建区和改建区的总体布置，表明各个建筑物和构筑物的位置，道路、广场、室外场地和绿化等布置情况以及各个建筑物和层数等。在总平面图上，一般应该画出所采用的主要图例及其名称。此外，对于《建筑制图标准》中所缺乏规定而需要自定义的图例，必须在总平面图中绘制清楚，并注明名称。
* 确定新建或扩建工程的具体位置，一般根据原有的房屋或道路来定位，并以米为单位标注出定位尺寸。
* 当新建成片的建筑物和构筑物或较大的公共建筑和厂房时，往往采用坐标来确定每一个建筑物及其道路转折点等的位置。在地形起伏较大的地区，还应画出地形等高线。
* 注明新建房屋底层室内和室外平整地面的绝对标高。
* 未来计划扩建的工程位置。
* 画出风向频率玫瑰图形以及指北针图形，用来表示该地区的常年风向频率和建筑物、构筑物等方向，有时也可以只画出单独的指北针。

建筑总平面图所包括的范围较大，因此需要采用较大的比例，通常采用 1∶500，1∶1000、1∶5000 等比例尺，并以图例来表示出新建的、原有的、拟建的建筑物以及地形环境、道路和绿化布置。当标准图例不够时，必须另行设定图例，在建筑总平面图中画出自定义的图例并注明其名称。

12.1.2　建筑总平面图的绘制步骤

总平面图的图形是不规则的，画法上难度较大，对于精度的要求总体不是非常高，但是对于某些特征点，要求定位非常准确。

绘制建筑总平面图的一般步骤如下：

(1) 建立制图模板，设置各种绘图环境。

(2) 绘制复制网格环境体系。

(3) 绘制道路和各种建筑物、构筑物。

(4) 绘制建筑物局部和绿化的细节。

(5) 尺寸标注、文字说明和图例。

12.2　建筑总平面图绘制实例

图 12-1 所示为某一个地块的建筑总平面图，平面图的绘制比例为 1∶1000。下面就照常见的绘制步骤讲解该总平面图的绘制方法。

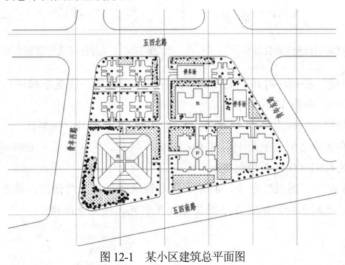

图 12-1　某小区建筑总平面图

12.2.1　设置绘图环境

本节将调用第 11 章绘制的样板图，由于建筑总平面图较大，因此需要在 A3 图纸的基础上创建 A2 图纸，并采用 1∶1000 比例绘图，需要补充设置尺寸标注，并同时建立图层。

(1) 打开 A3 样板图，删除轮廓线和图幅线，绘制 59400×42000 的矩形，将矩形分解，将左边向右偏移 2500，其他 3 条边向内偏移 1000，效果如图 12-2 所示。

(2) 选择"修改"|"修剪"命令，将偏移生成的直线进行修剪，修剪效果如图 12-3 所示。

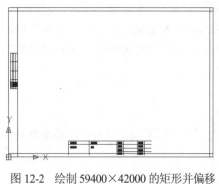
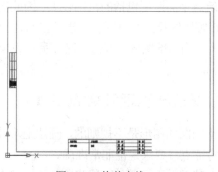

图 12-2　绘制 59400×42000 的矩形并偏移　　　　图 12-3　修剪直线

(3) 选择"修改"|"移动"命令，将会签栏和标题栏移动到图幅的角点，效果如图 12-4 所示。

(4) 选择"格式"|"标注样式"命令，打开"标注样式管理器"对话框，如图 12-5 所示。

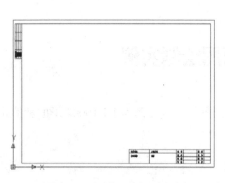
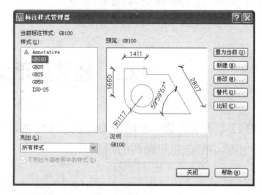

图 12-4　移动标题栏和会签栏　　　　　图 12-5　"标注样式管理器"对话框

(5) 单击"新建"按钮，打开"创建新标注样式"对话框，设置基础样式为 GB100，设置新样式名为 GB1000，如图 12-6 所示。

(6) 单击"继续"按钮，打开"新建标注样式"对话框，选择"主单位"选项卡，如图 12-7 所示。设置测量单位的比例因子为 10，单击"确定"按钮，完成设置，返回到"标注样式管理器"对话框，完成 GB1000 样式的创建。

(7) 选择"格式"|"图层"命令，打开"图层特性管理器"对话框，单击"新建图层"按钮，根据图 12-8 所示分别创建各个图层并设置颜色、线型等选项。

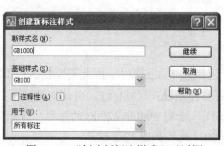

图 12-6　"创建新标注样式"对话框　　　　图 12-7　修改比例因子

图 12-8　设置图层

12.2.2　创建网格并绘制主要道路

设置绘图环境后，接下来使用"构造线"命令创建网格，并使用"直线""圆角""修剪"等各种命令绘制总平面图中的各个主要道路，具体步骤如下。

(1) 首先将"辅助线"图层设置为当前层。选择"绘图" | "构造线"命令，分别绘制水平和垂直的构造线；选择"修改" | "偏移"命令，将水平和垂直构造线分别向左和向下偏移，偏移距离为5000，最终效果如图 12-9 所示。为了叙述方便，垂直网格线从左到右分别命名为 V1～V7，水平网格线从上到下分别命名为 H1～H6。

(2) 将"已建道路"图层设置为当前层。选择"绘图" | "直线"命令，连接 4 个点，这 4 个点分别是 V1 与 H5 的交点，V6 与 H4 的交点，V4、H1、V5 与 H2 围成网格的中心和 V1、H1、V2 与 H1 围成网格的中心，效果如图 12-10 所示。

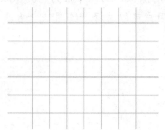

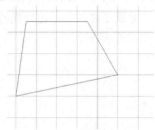

图 12-9　绘制完成的网格　　　　　　图 12-10　绘制小区粗略轮廓线

(3) 选择"修改" | "圆角"命令，在"选择第一个对象或 [放弃(U)/多段线(P)/半径(R)/修剪(T)/多个(M)]:"提示信息下输入 R，表示设置圆角半径。在"指定圆角半径 <0>:"提示信息下输入圆角半径1500，然后分别选择轮廓线某个角点的两条直线，对其执行倒圆角操作。

(4) 重复步骤(3)，对轮廓线的其他 3 个角点进行倒圆角操作，圆角半径均为1500，效果如图 12-11 所示。

(5) 选择"修改" | "偏移"命令，将左侧轮廓线向左偏移3000。

(6) 重复步骤(5)，将上方轮廓线向上偏移 3500、右侧轮廓线向右偏移 3000、下方轮廓线向下偏移3500，效果如图 12-12 所示。

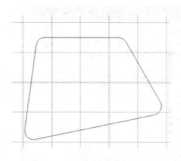

图 12-11　对轮廓线倒圆角

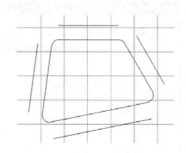

图 12-12　偏移轮廓线

(7) 过上方轮廓线绘制构造线，选择"修改"|"圆角"命令，将左侧轮廓线的偏移线与绘制的构造线进行圆角操作。其他的道路绘制采用同样的方法，圆角半径均为 1500，最终效果如图 12-13 所示。

(8) 选择"修改"|"偏移"命令，将 V3 分别向左、向右各偏移 500。选择偏移线，然后选择"已建道路"图层，将这两条偏移线设置为"已建道路"图层，效果如图 12-14 所示。

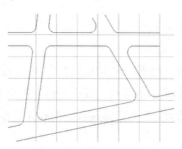

图 12-13　绘制周边道路

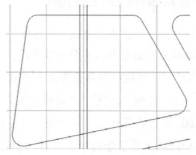

图 12-14　绘制偏移线

(9) 选择"修改"|"修剪"命令，修剪两条偏移线在小区轮廓线以内的部分；选择"修改"|"圆角"命令，对小区道路线与轮廓线进行圆角操作，圆角半径为 300，效果如图 12-15 所示。该圆角操作导致了左侧部分轮廓线的消失，用户可以选择"绘图"|"直线"命令添加该轮廓线，如图 12-16 所示。

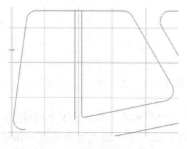

图 12-15　使用"圆角"命令

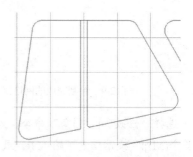

图 12-16　补充轮廓线

(10) 选择"修改"|"圆角"命令，对小区主道路和轮廓线的交点进行圆角操作，圆角半径为 3000。

(11) 切换到"新建道路"图层，绘制小区的另外一条主干道。对 H3 执行"偏移"命令，分别向上和向下偏移 3000，将两条偏移线设置为"新建道路"图层，修剪水平主道路与轮廓线交点以外的部分，并对水平主干道和垂直主干道的交叉部分进行圆角操作，圆角半径为 300，效果如图 12-17 所示。

(12) 选择"格式"|"线型"命令，打开"线型管理器"对话框，单击"加载"按钮，打开"加载或重载线型"对话框，如图 12-18 所示，在"可用线型"列表框中选择 ACAD_IS010W100，单击"确定"按钮返回到"线型管理器"对话框，单击"确定"按钮完成线型加载。

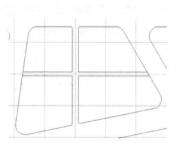
图 12-17　绘制水平主干道

图 12-18　加载线型

(13) 选择"绘图"|"直线"命令，绘制水平道路的中线。选中绘制的直线，将其线型设置为 ACAD_IS010W100，如图 12-19 所示。

(14) 设置完成后，可以看到线型没有变化，原因是比例不对。右击直线，从弹出的快捷菜单中选择"特性"命令，打开"特性"选项板，如图 12-20 所示，修改"线型比例"为 100。关闭"辅助线"层，这时候就可以看到线型效果，如图 12-21 所示。

图 12-19　选择线型

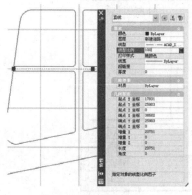
图 12-20　修改线型比例

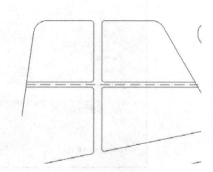
图 12-21　关闭"辅助线"层

12.2.3　绘制建筑物图块

在总平面图中，各种建筑物可以采用《总图制图标准》给出的图例或用代表建筑物形状的简单图形表示。下面分别介绍如何绘制一些简单的建筑物图块。

1. 塔楼

绘制塔楼的具体步骤如下。

(1) 选择"格式"|"点样式"命令，打开"点样式"对话框，如图 12-22 所示。选择点样式×，单击"确定"按钮关闭该对话框。

图 12-22　设置点样式

(2) 选择"绘图"|"点"命令，在绘图区绘制一个点。

(3) 选择"绘图"|"直线"命令，以步骤(2)绘制的点为基点，然后依次输入直线上各个点的相对坐标(@0,600)、(@100,0)、(@0,600)、(@400,0)、(@0,-500)、(@100,-100)，最后按 Enter 键完成直线输入，效果如图 12-23 所示。

(4) 选择"修改"|"镜像"命令，选择步骤(3)中绘制的对象，以步骤(2)中绘制的辅助点为镜像线的第一点，以步骤(3)所绘直线的最后一点为镜像线的第二点，按 Enter 键，得到的镜像效果如图 12-24 所示。

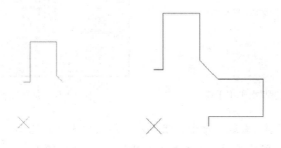

图 12-23　绘制直线　　　　　图 12-24　使用镜像命令

(5) 选择"修改"|"阵列"命令，打开"阵列"对话框，如图 12-25 所示，设置阵列类型为"环形阵列"，选择图 12-24 所示的镜像对象(辅助点除外)，以辅助点为阵列中心点，单击"确定"按钮，效果如图 12-26 所示。

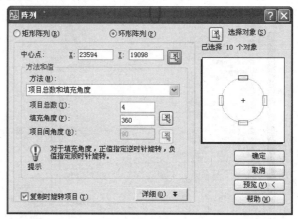

图 12-25　设置阵列参数

(6) 选择"绘图"|"矩形"命令，以辅助点为第一个角点，然后输入相对坐标(@200,200)，按 Enter 键，得到的矩形如图 12-27 所示。

(7) 选择"修改"|"移动"命令，选择步骤(6)中绘制的矩形，以辅助点为基点，然后输入相对坐标(@-100,-100)，移动该矩形，得到的效果如图 12-28 所示。

(8) 删除辅助点。选择"绘图"|"图案填充"命令，打开"图案填充和渐变色"对话框，单击"图案"下拉列表框后面的按钮 [...]，打开"填充图案选项板"对话框，如图 12-29 所示。选择"其他预定义"选项卡中的 SOLID 图案。单击"确定"按钮，返回到"图案填充和渐变色"对话框，如图 12-30 所示，单击"添加：拾取点"按钮 ▣，返回到绘图区。

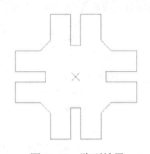

图 12-26　阵列效果

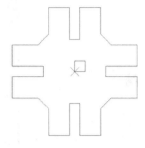

图 12-27　绘制矩形

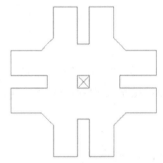

图 12-28　移动完成后的矩形

图 12-29　设置填充图案

图 12-30　"图案填充和渐变色"对话框

　　(9) 拾取矩形内的一点，返回到"图案填充和渐变色"对话框，单击"确定"按钮，填充效果如图 12-31 所示。

　　(10) 选择"绘图"|"块"|"创建"命令，打开"块定义"对话框，设置块的名称为"塔楼"，拾取矩形的中心为基点，选择图 12-31 所示的所有图形，如图 12-32 所示。单击"确定"按钮，完成块定义。

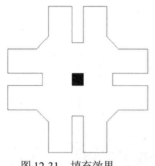

图 12-31   填充效果

图 12-32   设置"塔楼"图块

2. 综合楼

绘制综合楼的具体步骤如下。

(1) 选择"绘图"|"矩形"命令，绘制一个圆角矩形，圆角半径为 1000，在绘图区选择任意一点作为第一个角点，然后输入第二个角点的相对坐标(@6000,-6000)，得到的圆角矩形如图 12-33 所示。

(2) 选择"修改"|"分解"命令，分解绘制的圆角矩形。

(3) 选择"绘图"|"直线"命令，按照图 12-34 所示进行连接。

图 12-33   绘制圆角矩形

图 12-34   绘制连接直线

(4) 选择"修改"|"偏移"命令，设置偏移距离为 100，然后选择过圆角矩形中心的垂直直线，分别向左和向右偏移；然后选择过圆角矩形中心的水平直线，分别向上和向下偏移，得到的效果如图 12-35 所示。

(5) 删除过圆角矩形中心的水平和垂直直线，并对步骤(4)偏移完成的直线使用"修剪"命令进行修剪，效果如图 12-36 所示。

图 12-35   偏移效果

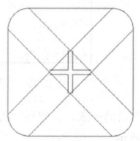

图 12-36   修剪效果

(6) 选择"修改"|"偏移"命令，偏移圆角矩形的左侧边，偏移距离为 475，连续偏移 4 次，效果如图 12-37 所示。

(7) 选择"修改"|"修剪"命令，修剪步骤(6)偏移完成的直线，修剪效果如图 12-38 所示。

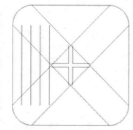

图 12-37 偏移圆角矩形左边

图 12-38 修剪偏移线

(8) 选择"修改"|"延伸"命令，延伸步骤(4)生成的两条水平偏移线到步骤(6)绘制的最右侧偏移线，效果如图 12-39 所示。

(9) 以步骤(6)绘制的最右侧偏移线为剪切边，使用"修剪"命令对斜线进行修剪，效果如图 12-40 所示。

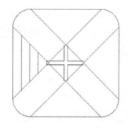

图 12-39 延伸直线

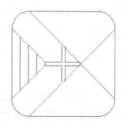

图 12-40 修剪斜线

(10) 删除除 12-41 所示的图形对象外的其他对象。

(11) 选择"修改"|"阵列"命令，打开"阵列"对话框，如图 12-42 所示，选择"环形阵列"单选按钮，以圆角矩形的中心点为阵列的中心点，选择图 12-41 中除圆角矩形外的其他对象，单击"确定"按钮，得到的阵列效果如图 12-43 所示。

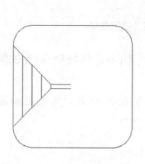

图 12-41 删除多余直线

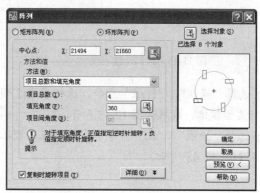

图 12-42 设置"阵列"对话框

(12) 选择"绘图"|"块"|"创建"命令，打开"块定义"对话框，设置块的名称为"综合楼"，拾取圆角矩形的中心为基点，选择图 12-43 所示的所有图形为对象，如图 12-44 所示，单击"确定"按钮完成块定义。

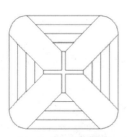

图 12-43　阵列效果

图 12-44　"块定义"对话框

3. 板楼

绘制板楼的具体步骤如下。

(1) 使用"点"命令绘制辅助点。选择"绘图"|"直线"命令，以辅助点为基点，输入相对坐标(@0,700)，确定直线的第一点。然后依次输入相对坐标(@200,0)、(@0,700)、(@0,1200)、(@500,0)、(@0,-350)、(@200,0)、(@0,350)、(@300,0)、(@0,200)、(@400,0)、(@0,-200)、(@600,0)、(@0,-1200)、(@-200,0)、(@0,-500)、(@-1000,0)、(@0,200)，按 Enter 键完成连续直线的绘制，效果如图 12-45 所示。

(2) 选择"修改"|"镜像"命令，选择步骤(1)中绘制的所有直线，然后以直线的最后一点为镜像的第一点，以辅助点为镜像的第二点，按 Enter 键完成上下镜像的操作，效果如图 12-46 所示。

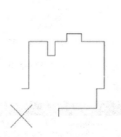

图 12-45　绘制连续直线

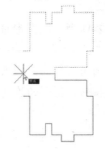

图 12-46　镜像效果

(3) 选择"修改"|"镜像"命令，选择步骤(2)镜像完成后的图形(不包括辅助点)为镜像对象，进行左右镜像，效果如图 12-47 所示。

(4) 选择"绘图"|"圆"命令，以辅助点为圆心，绘制半径为 600 的圆，然后删除辅助点，效果如图 12-48 所示。

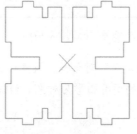

图 12-47　再次镜像效果

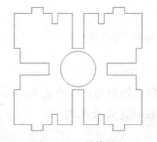

图 12-48　最终效果

(5) 选择"绘图"|"块"|"创建"命令，打开"块定义"对话框，设置块的名称为"板楼 1"，以圆心为基点，选择图 12-48 所示的所有图形为对象，单击"确定"按钮完成块定义。

(6) 选择"绘图"|"直线"命令，在绘图区任意选择一点作为直线的起点，然后依次输入相对坐标(@500,0)、(@0,−1000)、(@900,0)、(@0,600)、(@900,0)、(@0,−2400)、(@−900,0)、(@0,−2400)、(@−900,0)、(@0,−400)、(@−900,0)、(@0,400)、(@−500,0)，按 Enter 键完成直线的绘制，效果如图 12-49 所示。

(7) 选择"修改"|"镜像"命令，选择图 12-49 所示的图形为镜像对象，进行左右镜像，效果如图 12-50 所示。

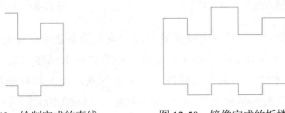

图 12-49　绘制完成的直线　　　　图 12-50　镜像完成的板楼

(8) 选择"绘图"|"块"|"创建"命令，打开"块定义"对话框，设置块的名称为"板楼 2"，以圆心为基点，选择图 12-50 所示的所有图形为对象，单击"确定"按钮完成块定义。

12.2.4　插入建筑物

建筑物绘制完成后，需要将各类建筑物插入到图形中。插入建筑物比较关键的技术就是定位，定位完成后，各类建筑物图块就可以精确地插入到平面图中。插入建筑物图块的具体操作步骤如下。

(1) 选择"修改"|"偏移"命令，设置偏移距离为 1000，将南北向主干路左下边界线向左偏移。再次选择"修改"|"偏移"命令，设置偏移距离为 800，将东西向主干路左下边界线向下偏移。

(2) 选择"绘图"|"点"命令，使用相对点输入方法，以步骤(1)中偏移的两条边界线的交点为基点，输入相对坐标(@−3000,−3000)，按 Enter 键完成点的输入，效果如图 12-51 所示。

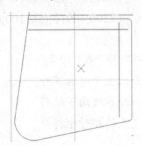

图 12-51　绘制定位点

(3) 选择"插入"|"块"命令，打开"插入"对话框，如图 12-52 所示。在"名称"下拉列表框中选择"综合楼"图块，单击"确定"按钮，命令行提示"指定插入点"，在绘图区拾取步骤(2)绘制的定位点，插入图块的效果如图 12-53 所示。

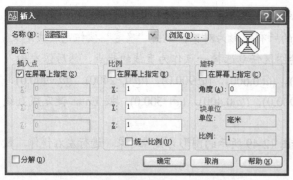

图 12-52　选择插入图块"综合楼"

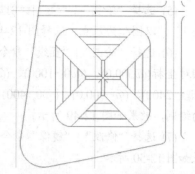

图 12-53　插入"综合楼"图块效果

(4) 对于其他建筑物的插入同样也使用定位点。在被两条主干道分开的左上区域，将南北主干道左上外界线向左偏移 1000，东西主干道左上外界线向上偏移 400。选择"绘图"|"点"命令，使用相对点输入方法，以两条偏移线的交点为基点，输入相对坐标(@-1200,1200)，按 Enter 键完成点的输入。使用同样的方法，分别输入相对坐标(@0,4000)、(@-3200,0)、(@0,-4000)，绘制其他几个定位点，效果如图 12-54 所示。

(5) 选择"插入"|"块"命令，打开"插入"对话框，在"名称"下拉列表框中选择"塔楼"图块，单击"确定"按钮，命令行提示"指定插入点"，在绘图区拾取步骤(4)绘制的定位点，插入图块的效果如图 12-55 所示。

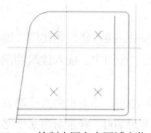

图 12-54　绘制小区左上区域定位点

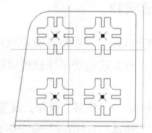

图 12-55　插入建筑物塔楼

(6) 使用同样的方法，使用"偏移"和"点"命令，绘制小区右上区域的建筑物。分别将南北主干道右上外界线向右偏移 1000，东西主干道右上外界线向上偏移 400，两个定位点相对于两条偏移线交点的相对坐标分别为(@2300,400)和(@5100,4900)，并且插入图块板楼 2 和塔楼，效果如图 12-56 所示。

(7) 使用同样的方法，使用"偏移"和"点"命令，绘制小区右下区域的建筑物。分别将南北主干道右下外界线向右偏移 1000，东西主干道右下外界线向下偏移 800，两个定位点相对于两条偏移线交点的相对坐标分别为(@2200,-2100)和(@8500, 400)。

(8) 选择"插入"|"块"命令，打开"插入"对话框，在"名称"下拉列表框中选择"板楼 2"图块，在"角度"文本框中输入 180，单击"确定"按钮，命令

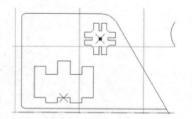

图 12-56　插入小区右上区域建筑物图块

行提示"指定插入点"，在绘图区拾取步骤(7)绘制的右侧定位点，效果如图 12-57 所示。

(9) 删除定位点，插入建筑物图块的效果如图 12-58 所示。

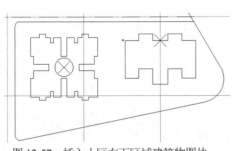

图 12-57　插入小区右下区域建筑物图块

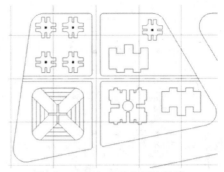

图 12-58　插入建筑物图块效果

12.2.5　插入停车场

选择"绘图"|"矩形"命令，分别绘制 3000×1500 和 1500×3000 的停车场，插入到小区右上区域的空白部分，效果如图 12-59 所示，要求上侧停车场的左侧与板楼 2 的左侧持平，下侧停车场的下侧与板楼 2 的下侧持平。

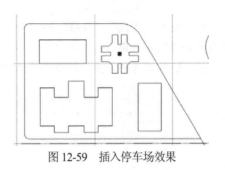

图 12-59　插入停车场效果

12.2.6　补充道路

在小区内，除了两条主干道外，还需要绘制人行道和各种连接道路，具体的绘制过程如下。

(1) 在绘制之前，将图层切换到"新建道路"图层。在小区左下区域，在综合楼的东方向和北方向开门，门前路宽 400，选择"绘图"|"直线"命令绘制直线，直线的起点为综合楼上外缘的中点，终点为东西向主干道左下边界的垂足，将绘制完成的直线使用"偏移"命令分别向左和向右偏移 200，使用"修剪"命令修剪与东西主干道的连接部。使用同样的方法，绘制东侧门的路，效果如图 12-60 所示。

(2) 使用"直线""偏移"和"修剪"命令，绘制小区左上侧区域的路，路宽 300，与东西向主干道相连接的道路效果如图 12-61 所示。

(3) 使用"直线"和"偏移"命令绘制塔楼内部的行车道路和门前路，其中门前路宽 300，汽车路宽 600，未经修剪的效果如图 12-62 所示。

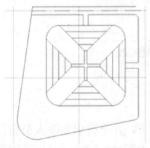

图 12-60　绘制综合楼门前路

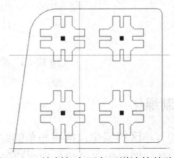

图 12-61　绘制与东西主干道连接的路

(4) 使用"修剪"和"延伸"命令，对道路进行修剪和延伸操作，并选择路中直线，设置线型为 ACAD_IS010W100，在"特性"浮动选项板中设置线型比例为 100，效果如图 12-63 所示。

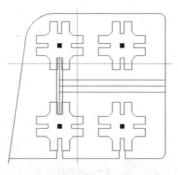

图 12-62 　绘制塔楼内部的道路

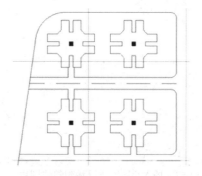

图 12-63 　修剪完成的道路

(5) 使用"直线""偏移"和"修剪"命令，补充另外两栋塔楼门前的道路，路宽为 300，效果如图 12-64 所示。

(6) 使用同样的方法，绘制小区右下区域的道路，路宽为 400，效果如图 12-65 所示。

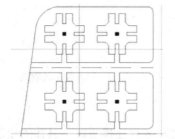

图 12-64 　绘制完成的小区左上区域道路

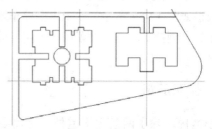

图 12-65 　绘制完成的小区右下区域的道路

(7) 使用同样的方法，绘制小区右上区域的道路，其中塔楼门前的路宽为 300，停车场路宽为 600，板楼 2 门前的路宽为 400，绘制完成的小区道路如图 12-66 所示。

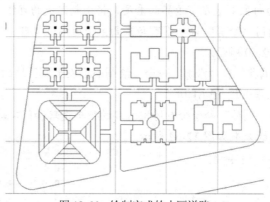

图 12-66 　绘制完成的小区道路

12.2.7　绘制绿化

一般来说，小区的绿化包括树与草的绿化。通常情况下，并不提倡制图人员自己绘制各种树木，制图人员从图库中可以找到很多已经绘制完成的树木图块。同样，草也不用制图人员自己绘制，使用 AutoCAD 自带的填充功能就能完成。具体操作步骤如下。

(1) 本例中可能用到图 12-67 所示的树木进行绿化，因此将它们保存在图块中分别命名为

"树 1"～"树 7"。需要注意的是，通常从图库中寻找的图例，都是按照绘图比例 1∶100 绘制的，因此在采用 1∶1000 比例的建筑图中，需要将其缩小到 0.1，然后定义为自己的图块来使用。

(2) 使用"直线""矩形"和"样条曲线"命令，绘制各种草坪的界线，因为没有具体的尺寸要求，用户可以根据实际情况确定草坪的大小，如图 12-68 所示。

(3) 选择"绘图"｜"图案填充"命令，打开"图案填充和渐变色"对话框，如图 12-69 所示，设置填充图案为 GRASS，比例为 10，分别拾取草坪的边界进行填充，填充效果如图 12-70 所示。

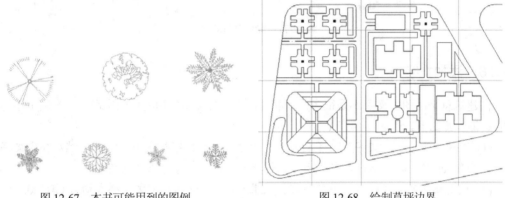

图 12-67　本书可能用到的图例　　　　　　　图 12-68　绘制草坪边界

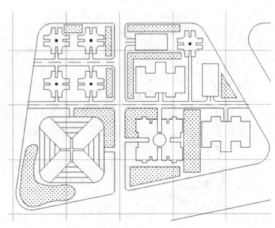

图 12-69　"图案填充和渐变色"对话框　　　　图 12-70　草坪填充效果

(4) 选择"插入"｜"块"命令，打开"插入"对话框，选择不同的树图块插入到总平面图中，位置不作严格要求，布置效果如图 12-71 所示。

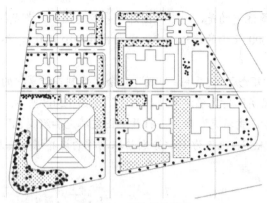

图 12-71　绿化总体效果

12.2.8　添加文字说明

在建筑总平面图中文字不是很多，一般使用"单行文字"功能就能实现。在本例中创建文字的具体步骤如下。

(1) 选择"绘图"│"文字"│"单行文字"命令，设置文字样式为 GB700，然后指定文字的起点，按 Enter 键，此时单行文字处于可编辑状态，输入文字"五四北路"。

(2) 使用相同的方法输入其他的文字，效果如图 12-72 所示，文字样式均为 GB700。

(3) 选择"修改"│"旋转"命令，选择文字"青年西路"，根据图 12-73 所示，选择箭头所指的与道路平行的直线上一点，然后选择直线上的另一点，得到的旋转效果如图 12-73 所示。

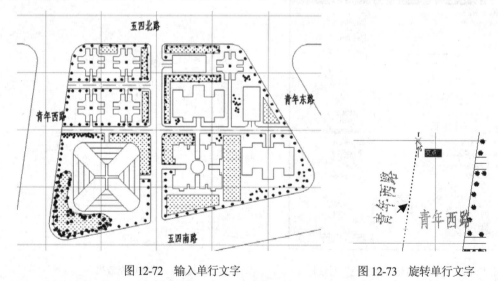

图 12-72　输入单行文字　　　　　　　　　　图 12-73　旋转单行文字

(4) 使用同样的方法，对其他文字进行旋转，使文字的方向与道路相平行，最终效果如图 12-74 所示。

(5) 为图形添加其他文字，其中"停车场"使用 GB500 样式，其他文字采用 GB350 样式，效果如图 12-75 所示。

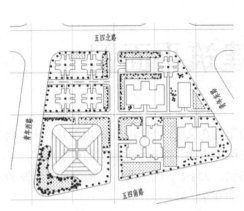

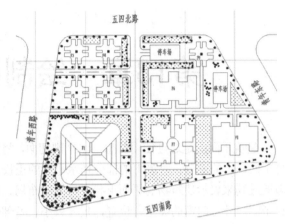

图 12-74 调整单行文字与道路平行   图 12-75 完成文字添加的建筑总平面图

12.3 思 考 练 习

1. 在建筑制图中，建筑总平面图的作用是什么？

2. 在 AutoCAD 中，建筑总平面图中通常包括哪些内容？

3. 在 AutoCAD 中，绘制建筑总平面图分为哪几个步骤？

4. 绘制图 12-76 所示的建筑总平面图。

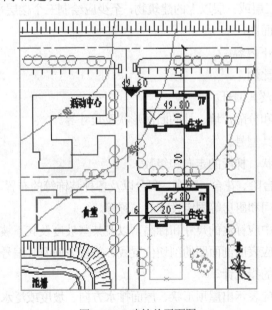

图 12-76 建筑总平面图

第13章　绘制建筑平面图

建筑平面图是通过使用假想一水平剖切面，将建筑物在某层门窗洞口范围内剖开，移去剖切平面以上的部分，对剩下的部分作水平面的正投影图形成的。建筑平面图又简称平面图，一般通过其来表示建筑物的平面形状：房间的布局、形状、大小、用途，墙、柱的位置及墙厚和柱子的尺寸，门窗的类型、位置，尺寸大小，各部分的联系。

13.1　建筑平面图概述

建筑平面图主要表示建筑物的平面形状、水平方向各部分(如出入口、走廊、楼梯、房间、阳台等)的布置和组合关系、门窗位置、墙和柱的布置以及其他建筑构配件的位置和大小等。

一般来说，多层房屋应画出各层平面图。但当有些楼层地平面布置相同，或仅有局部不同时，则只需要画出一个共同地平面图(也称为标准层平面图)，对于局部不同之处，只需另绘局部平面图。所以一栋建筑物所有平面图应包括底层平面图、标准层平面图、屋顶平面图和局部平面图。一般情况下，三层或三层以上的建筑物，至少应绘制三个楼层平面图，即一层平面图、中间层平面图和顶层平面图。

平面图通常包含以下内容：

- 层次、图名、比例。
- 纵横定位轴线及其编号。
- 各房间的组合和分隔，墙、柱的断面形状及尺寸等。
- 门、窗布置及其型号。
- 楼梯梯级的形状，梯段的走向和级数。
- 其他构件，如台阶、花台、雨棚、阳台以及各种装饰等的布置、形状和尺寸，厕所、洗手间、盥洗间和厨房等固定设施的布置等。
- 标注出平面图中应标注的尺寸和标高，以及某些坡度及其下坡方向的标注。
- 底层平面图中应表明剖面图的剖切位置线、剖视方向及其编号。
- 表示房屋朝向的指北针。
- 屋顶平面图中应表示出屋顶形状、屋面排水方向、坡度或泛水及其他构配件的位置和某些轴线。
- 详图索引符号。
- 各房间名称。

13.2　绘制二层平面图

本节将介绍双拼别墅的底层平面图和二层平面图的绘制方法。通常来讲，绘制平面图时，如果是多层建筑，通常先绘制标准层的平面图，然后在标准层平面图的基础上绘制底层平面图和屋顶平面图。本节中需要绘制的建筑为三层建筑，首先绘制二层平面图。

13.2.1　创建图层

在绘制具体的图形之前，需要创建不同的图层，以便对各种图形进行分类，方便各种操作，所有的图形绘制将在前面已经创建的 A3 模板中进行，具体操作步骤如下。

(1) 打开 A3 模板，在"面板"选项板的"图层"控制台中单击"图层特性管理器"按钮 ，打开"图层特性管理器"对话框，单击"新建图层"按钮 ，创建各个图层，效果如图 13-1 所示。

(2) 选中"轴线"图层，单击"轴线"图层中"颜色"列表中的 □ 白 图标，打开"选择颜色"对话框，设置颜色为红色，如图 13-2 所示。

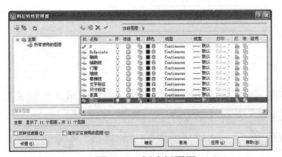

图 13-1　创建新图层

图 13-2　设置轴线层颜色

(3) 设置完成后，单击"确定"按钮，效果如图 13-3 所示。

(4) 单击"轴线"图层中"线型"列表中的 `Continuous` 图标，打开"选择线型"对话框。单击"加载"按钮，打开"加载或重载线型"对话框，如图 13-4 所示。选择 ACAD_IS010W100 线型，单击"确定"按钮，返回到"选择线型"对话框，选择刚刚加载的 ACAD_IS010W100 线型，如图 13-5 所示。单击"确定"按钮完成线型设置，效果如图 13-6 所示。

图 13-3　设置成红色的轴线图层

图 13-4　加载线型

图 13-5　选择线型

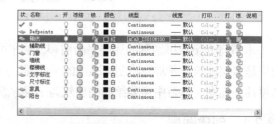

图 13-6　设置完线型的轴线图层

(5) 使用同样的方法，设置其他图层的颜色、线型以及线宽等特性，效果如图 13-7 所示。

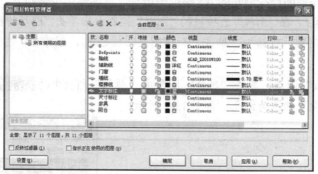

图 13-7　设置其他图层的特性

13.2.2　绘制轴线和辅助线

轴线和辅助线是平面图绘制中的定位基础，轴线和辅助线通常可以使用直线或构造线来绘制，本节采用构造线的方法来创建轴线和辅助线，具体步骤如下。

(1) 将图层切换到"轴线"图层，如图 13-8 所示。选择"绘图"|"构造线"命令，绘制一条垂直构造线作为垂直的轴线。

(2) 继续选择"绘图"|"构造线"命令，绘制水平的轴线，效果如图 13-9 所示。

图 13-8　切换到"轴线"图层

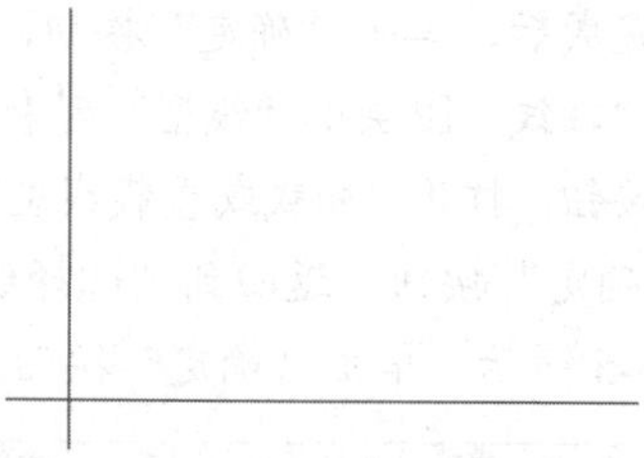

图 13-9　绘制水平和垂直轴线

(3) 选择两条构造线并右击，从弹出的快捷菜单中选择"特性"命令，打开"特性"选项板，如图 13-10 所示，设置线型比例为 50，效果如图 13-11 所示。

(4) 选择"修改"|"偏移"命令，设置偏移距离为 3600，选择步骤(1)中绘制的垂直构造线，向右偏移，效果如图 13-12 所示。

(5) 继续选择"修改"|"偏移"命令，对水平和垂直轴线进行偏移，偏移尺寸如图 13-13 所示。

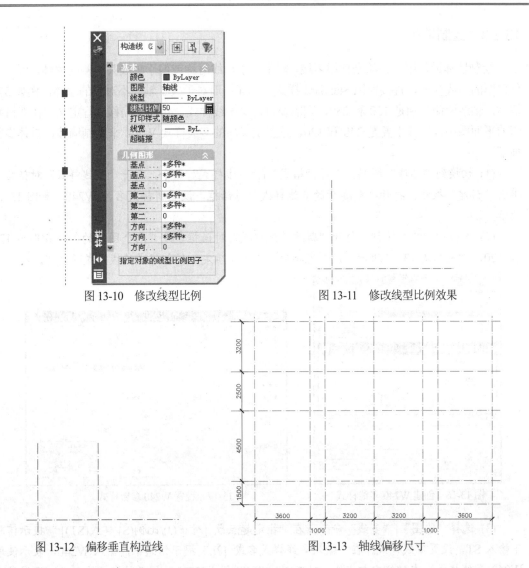

图 13-10　修改线型比例　　　　　　　　图 13-11　修改线型比例效果

图 13-12　偏移垂直构造线　　　　　　　　图 13-13　轴线偏移尺寸

(6) 切换到"辅助线"图层，选择"绘图"|"构造线"命令，以步骤(1)和步骤(2)中绘制的构造线的交点为基点，输入相对偏移距离(@2600,0)，绘制一条垂直辅助线，效果如图 13-14 所示。

(7) 按照步骤(6)的方法创建其他辅助线，尺寸如图 13-15 所示。

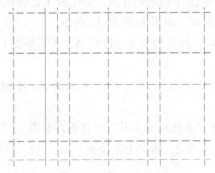

图 13-14　绘制第 1 条垂直辅助线

图 13-15　绘制其他辅助线

13.2.3　绘制墙体

绘制墙体最常用的方法是使用多线。对于关于轴线对称或偏于轴线某一侧的墙体，可以不创建新的多线样式，直接使用 Standard 样式来创建；而对于关于轴线不对称的墙体，例如 370 墙体，轴线两侧分别是 120 和 250，则需要自定义多线样式，对图元偏移进行定义。在双拼别墅的平面图中，墙体主要是 240 和 120，这里定义新的多线样式 W240 来绘制墙体，具体步骤如下。

(1) 切换到"墙线"图层，选择"格式"|"多线样式"命令，打开"多线样式"对话框。单击"新建"按钮，打开"创建新的多线样式"对话框，设置新样式名为 W240，如图 13-16 所示。

(2) 单击"继续"按钮，打开"新建多线样式"对话框，设置两个图元的偏移分别为 120 和-120，效果如图 13-17 所示。设置完毕后，单击"确定"按钮完成多线样式的创建。

图 13-16　创建 W240 多线样式

图 13-17　设置 W240 参数样式

(3) 选择"绘图"|"多线"命令，在"指定起点或 [对正(J)/比例(S)/样式(ST)]:"提示信息下输入 ST，设置多线样式。在"输入多线样式名或 [?]:"提示信息下，输入 W240，表示使用 W240 多线样式。在"指定起点或 [对正(J)/比例(S)/样式(ST)]:"提示信息下输入 S，设置多线比例。在"输入多线比例 <20.00>:"提示信息下输入 1，使用比例 1。在"指定起点或 [对正(J)/比例(S)/样式(ST)]:"提示信息下输入 J，设置对正样式。在"输入对正类型 [上(T)/无(Z)/下(B)] <上>:"提示信息下输入 Z，设置对正样式为居中。接下来依次捕捉左 2 和下 2 轴线的交点、左 1 和下 2 轴线的交点、左 1 和上 1 轴线的交点、右 1 和上 1 轴线的交点、右 1 和下 2 轴线的交点、右 2 和下 2 轴线的交点，按 Enter 键完成多线的绘制，效果如图 13-18 所示。

(4) 继续选择"绘图"|"多线"命令，绘制与步骤(3)相同的其他 240 墙线，效果如图 13-19 所示。

(5) 选择"绘图"|"多线"命令，使用多线样式 W240，比例为 0.5，对正为 Z，绘制 120 内墙墙线，效果如图 13-20 所示。

(6) 选择"修改"|"对象"|"多线"命令，打开"多线编辑工具"对话框，如图 13-21 所示，分别使用"T 形合并"工具 、"角点结合"工具 和"十字合并"工具 ，对墙线进行修改，效果如图 13-22 所示。

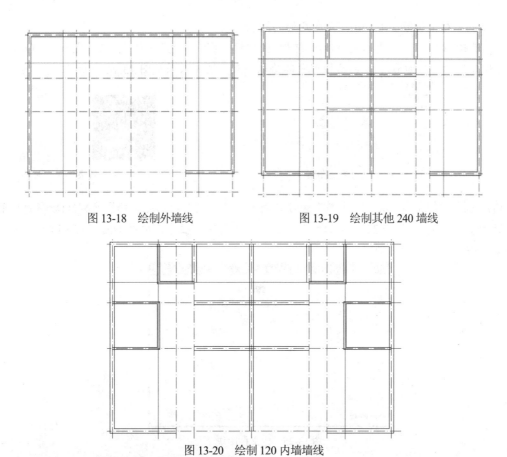

图 13-18　绘制外墙线　　　　　　　　　　图 13-19　绘制其他 240 墙线

图 13-20　绘制 120 内墙墙线

图 13-21　使用多线编辑工具

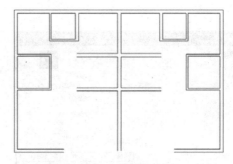

图 13-22　多线编辑效果

13.2.4　绘制柱子

柱子的绘制方法比较简单，主要使用矩形命令和图案填充命令进行绘制，同时需要把柱子定义为图块，在平面图中插入柱子时，可以一个一个地插入，也可以使用复制命令，定位的基准就是轴线的交点。具体操作步骤如下。

(1) 切换到 0 图层，选择"绘图"|"矩形"命令，在绘图区内任意选择一点，然后输入另

一个角点的相对坐标(@240,240)，完成矩形的绘制。

(2) 选择"绘图"|"图案填充"命令，打开"图案填充和渐变色"对话框，设置图案为 SOLID，如图 13-23 所示，在步骤(1)绘制的矩形内部拾取一点，填充效果如图 13-24 所示。

图 13-23　设置填充图案　　　　　　　　　图 13-24　填充效果

(3) 选择"绘图"|"块"|"创建"命令，打开"块定义"对话框，拾取步骤(1)矩形的对角线交点为基点，选择图 13-24 所示的所有图形，定义图块"柱"，设置如图 13-25 所示，单击"确定"按钮完成图块的创建。

图 13-25　定义柱图块

(4) 选择"插入"|"块"命令，打开"插入"对话框，选择"柱"图块，如图 13-26 所示。捕捉轴线的交点为插入点，插入柱图块，效果如图 13-27 所示。

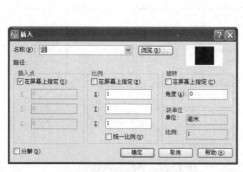

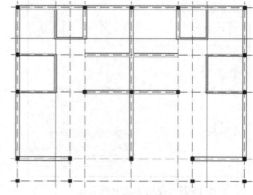

图 13-26　插入柱图块　　　　　　　　　图 13-27　插入柱图块效果

(5) 切换到"墙线"图层，选择"绘图"|"多段线"命令，以图 13-28 所示的点 1 为起点，分别输入相对坐标(@-120,0)、(@0,240)，然后捕捉图 13-28 所示的点 2，按 Enter 键完成墙线的补充。

(6) 在"图层"控制台中，关闭轴线和辅助线图层，效果如图 13-29 所示。

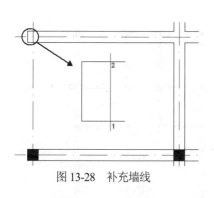

图 13-28　补充墙线

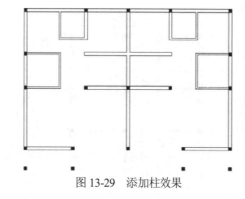

图 13-29　添加柱效果

13.2.5　创建门窗洞

绘制门窗洞是通过偏移轴线形成辅助线，使用"修剪"命令对墙线进行修剪。该绘图工作没有技术难度，主要在于定位的准确性。

创建门窗洞的具体操作步骤如下。

(1) 选择"修改" | "偏移"命令，设置偏移距离为 800，然后选择下 3 水平轴线，向上偏移。

(2) 继续选择"修改" | "偏移"命令，将上 2 水平轴线向下偏移 800，效果如图 13-30 所示。

(3) 选择"修改" | "修剪"命令，以步骤(1)和(2)偏移形成的轴线为剪切边，对墙线进行修剪，效果如图 13-31 所示。

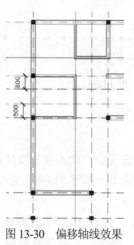

图 13-30　偏移轴线效果

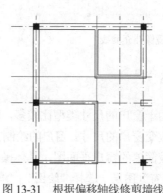

图 13-31　根据偏移轴线修剪墙线

(4) 使用同样的方法，对其他轴线和辅助线进行偏移，并使用偏移后形成的轴线和辅助线对墙线进行修剪，修剪尺寸和效果如图 13-32 所示。

(5) 切换到"墙线"图层，选择"绘图" | "直线"命令，对墙线进行修补，效果如图 13-33 所示。

(6) 选择"修改" | "镜像"命令，选择所有补充的墙线，按 Enter 键完成选择，然后捕捉中间垂直轴线上的两点作为镜像线的第一点和第二点，按 Enter 键完成镜像，效果如图 13-34 所示。

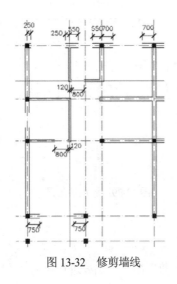

图 13-32　修剪墙线

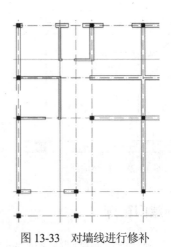

图 13-33　对墙线进行修补

(7) 选择"修改"|"修剪"命令，使用步骤(6)镜像生成的补充墙线，对右侧的墙体进行修剪，效果如图 13-35 所示。

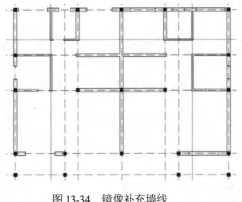

图 13-34　镜像补充墙线

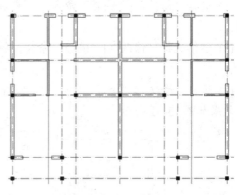

图 13-35　修剪右侧墙体

13.2.6　创建窗户

在平面图中，由于窗户的尺寸类型比较多，所以需要定义窗户动态块，以便在创建窗户时可以根据模数任意改变窗户的尺寸。窗户的绘制方法比较简单，使用"矩形"命令加上"偏移"命令就可以绘制比较简单的窗户平面图，具体操作步骤如下。

(1) 切换到"门窗"图层，选择"绘图"|"矩形"命令，绘制 2100×240 的矩形。选择"修改"|"分解"命令，将矩形分解。选择"修改"|"偏移"命令，分别将矩形的上边和下边向下和向上偏移 80，效果如图 13-36 所示。

(2) 选择"绘图"|"块"|"创建"命令，打开"块定义"对话框，拾取矩形的左下角点为基点，选择图 13-36 所示的所有图形，定义图块"动态窗"，如图 13-37 所示。

(3) 选择"在块编辑器中打开"复选框，单击"确定"按钮，进入图 13-38 所示的动态块编辑器。

(4) 在块编写选项板中，选择"参数集"选项卡，单击"线性拉伸"图标 📐线性拉伸，分别捕捉矩形的左下角点和右下角点，然后指定标签位置，效果如图 13-39 所示。

图 13-36　绘制的窗平面图　　　　　　图 13-37　创建动态窗图块

(5) 双击图 13-39 所示的动作"拉伸"，添加动作。根据图 13-40 所示使用圈交方法指定拉伸框架，根据图 13-41 所示使用圈交方法选择拉伸对象，按 Enter 键完成拉伸动作的定义。

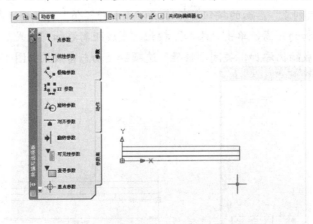

图 13-38　动态块编辑器

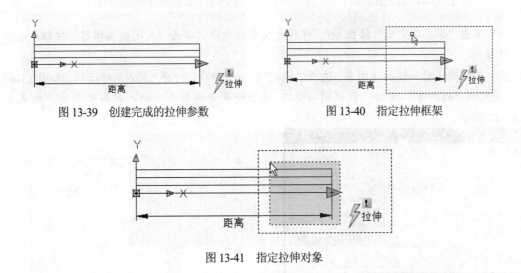

图 13-39　创建完成的拉伸参数　　　　　图 13-40　指定拉伸框架

图 13-41　指定拉伸对象

(6) 右击"距离"参数，在弹出的快捷菜单中选择"特性"命令，打开"特性"选项板，如图 13-42 所示。在"值集"卷展栏中设置"距离类型"为"列表"，如图 13-43 所示。

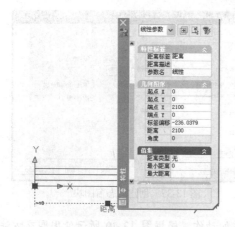

图 13-42　设置拉伸参数特性　　　　　　　　　　　图 13-43　设置距离类型

(7) 单击"距离值列表"后面的按钮 ，打开"添加距离值"对话框。在"要添加的距离"文本框中输入需要添加的距离，单击"添加"按钮，完成距离添加，效果如图 13-44 所示。单击"确定"按钮，完成距离添加，关闭"特性"选项板，动态窗效果如图 13-45 所示。

图 13-44　添加距离值　　　　　　　　　图 13-45　添加完拉伸动作的窗

(8) 单击"保存块定义"按钮 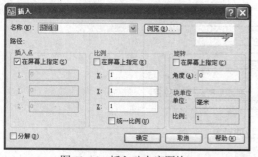，保存定义完成的块。单击"关闭块编辑器"按钮，退出动态块编辑。

(9) 关闭轴线层和辅助线图层，选择"插入"|"块"命令，打开"插入"对话框，如图 13-46 所示。选择"动态窗"图块，捕捉图 13-47 所示的点为插入点，插入动态窗图块，效果如图 13-47 所示。

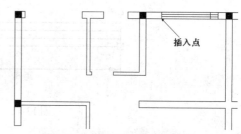

图 13-46　插入动态窗图块　　　　　　　　　图 13-47　插入动态窗图块效果

(10) 选择步骤(9)插入的动态窗图块，如图 13-48 所示，动态窗图块上出现夹点和定义距离的灰色标尺线，选择动态窗的端点夹点，将动态窗距离缩短，效果如图 13-49 所示。

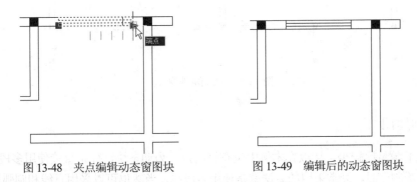

图 13-48　夹点编辑动态窗图块　　　　　　　图 13-49　编辑后的动态窗图块

(11) 使用步骤(9)和(10)同样的方法，插入水平方向上的其他窗，效果如图 13-50 所示。

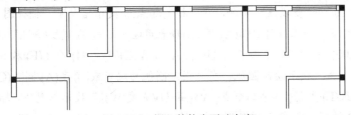

图 13-50　插入其他水平动态窗

(12) 选择"插入"|"块"命令，打开"插入"对话框，如图 13-51 所示。选择"动态窗"图块，设置旋转角度为 90°，插入点如图 13-52 所示，插入垂直的动态窗。

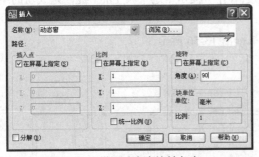
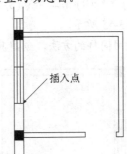

图 13-51　设置动态窗旋转角度　　　　　　　图 13-52　插入垂直动态窗

(13) 使用插入水平方向窗的方法，对垂直的窗进行调整，效果如图 13-53 所示。

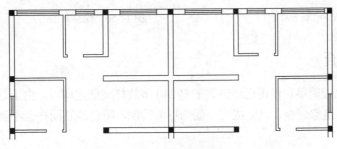

图 13-53　插入其他垂直窗

(14) 选择"绘图"|"直线"命令，绘制南外立面上的落地窗，先连接墙的角点绘制一条水平直线，然后选择"修改"|"偏移"命令，将直线向下偏移 80，效果如图 13-54 所示。

图 13-54　绘制落地窗

13.2.7　创建门

由于门的数量比较少，所以在本例中没有将门定义为动态块，而是直接使用多段线绘制。在平面图中绘制门时，最常采用的方法就是使用多段线，当然也可以采用直线和圆弧来进行绘制，具体操作步骤如下。

(1) 选择"绘图" | "多段线"命令，在"指定起点:"提示信息下，捕捉图 13-55 所示的墙线中点。在"指定下一个点或 [圆弧(A)/半宽(H)/长度(L)/放弃(U)/宽度(W)]:"提示信息下，输入相对坐标(@0,800)。在"指定下一点或 [圆弧(A)/闭合(C)/半宽(H)/长度(L)/放弃(U)/宽度(W)]:"提示信息下，输入 A，表示绘制圆弧。在"指定圆弧的端点或[角度(A)/圆心(CE)/闭合(CL)/方向(D)/半宽(H)/直线(L)/半径(R)/第二个点(S)/放弃(U)/宽度(W)]:"提示信息下，输入 CE，指定圆心。在"指定圆弧的圆心:"提示信息下，捕捉图 13-55 所示的墙线中心为圆心。在"指定圆弧的端点或 [角度(A)/长度(L)]:"提示信息下输入 A，输入角度。在"指定包含角:"提示信息下，输入 90，设置角度为 90°。在"指定圆弧的端点或[角度(A)/圆心(CE)/闭合(CL)/方向(D)/半宽(H)/直线(L)/半径(R)/第二个点(S)/放弃(U)/宽度(W)]:"提示信息下按 Enter 键，完成门的绘制，效果如图 13-55 所示。

(2) 使用同样的方法，创建其他门，效果如图 13-56 所示。

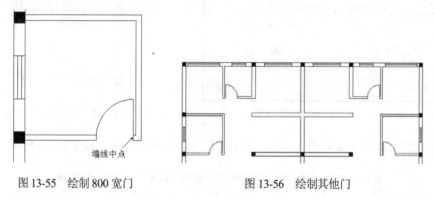

墙线中点

图 13-55　绘制 800 宽门　　　　　　　　图 13-56　绘制其他门

13.2.8　绘制阳台

阳台的绘制比较简单，使用已经创建的 W240 多线样式创建即可。由于是双拼别墅，所以本例中会多次使用镜像命令，以完成另一侧图形的绘制，阳台绘制同样也不例外，具体操作步骤如下。

(1) 选择"绘图" | "多线"命令，在"指定起点或 [对正(J)/比例(S)/样式(ST)]:"提示信息下输入 J，设置对正样式。在"输入对正类型 [上(T)/无(Z)/下(B)] <上>:"提示信息下输入 B，使用下对正样式。在"指定起点或 [对正(J)/比例(S)/样式(ST)]:"提示信息下捕捉图 13-57 所示的起点，然后依次捕捉图 13-57 所示的柱的外角，按 Enter 键完成左侧阳台的绘制。

(2) 选择"修改" | "镜像"命令，以步骤(1)绘制的阳台线为镜像对象，中间轴线为镜像线，

镜像右侧的阳台，效果如图 13-58 所示。

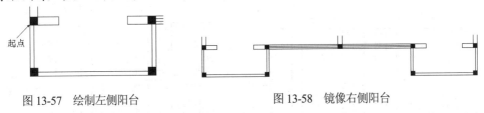

图 13-57　绘制左侧阳台　　　　　　图 13-58　镜像右侧阳台

13.2.9　绘制楼梯

楼梯的绘制是平面图绘制中比较重要的一个部分。由于需要准确定位，所以可以使用相对点法进行点的定位，同时需要使用阵列方法来绘制其他的踏步线。扶手等部分可以使用直线绘制，也可以使用多段线或多线来进行绘制。

绘制楼梯的具体步骤如下。

(1) 选择"绘图"|"直线"命令，捕捉图 13-59 所示的基点 1，输入相对偏移距离(@-980,0)，然后输入下一点的相对坐标(@0,-1030)，按 Enter 键完成直线绘制。

(2) 选择"绘图"|"直线"命令，捕捉图 13-59 所示的基点 2，输入相对偏移距离(@-980,0)，然后输入下一点的相对坐标(@0,930)，按 Enter 键完成直线绘制，效果如图 13-59 所示。

(3) 选择"修改"|"阵列"命令，打开"阵列"对话框，选择步骤(1)和(2)绘制的直线为阵列对象，其他参数设置如图 13-60 所示，单击"确定"按钮完成阵列操作，效果如图 13-61 所示。

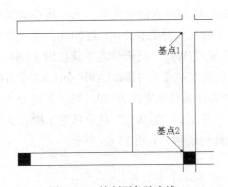

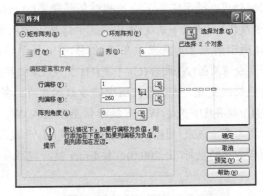

图 13-59　绘制两条踏步线　　　　　　图 13-60　设置阵列参数

(4) 选择"绘图"|"多线"命令，在"指定起点或 [对正(J)/比例(S)/样式(ST)]:"提示信息下输入 ST，设置多线的样式。在"输入多线样式名或 [?]:"提示信息下输入 standard，表示使用 standard 样式。在"指定起点或 [对正(J)/比例(S)/样式(ST)]:"提示信息下输入 S，设置多线的比例。在"输入多线比例 <0.50>:"提示信息下输入 100，设置比例为 100。在"指定起点或 [对正(J)/比例(S)/样式(ST)]:"提示信息下输入 J，设置对正样式。在"输入对正类型 [上(T)/无(Z)/下(B)] <下>:"提示信息下输入 B，设置为下对正方式。在"指定起点或 [对正(J)/比例(S)/样式(ST)]:"提示信息下捕捉图 13-62 所示的点 1、然后依次捕捉点 2、3、4，在"指定下一点或 [闭合(C)/放弃(U)]:"提示信息下输入相对坐标(@-100,0)，在"指定下一点或 [闭合(C)/放弃(U)]:"提示信息下捕捉墙线的垂足，按 Enter 键完成多线的绘制，效果如图 13-62 所示。

(5) 选择"修改"|"镜像"命令，将绘制完成的踏步线和楼梯扶手沿中心轴线镜像，

效果如图 13-63 所示。

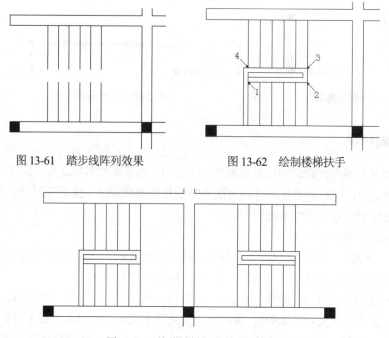

图 13-61   踏步线阵列效果   图 13-62   绘制楼梯扶手

图 13-63   镜像楼梯扶手和踏步线

    (6) 选择"绘图"|"多段线"命令，绘制楼梯方向线。以图 13-64 所示的点 1 为基点，在"<偏移>:"提示信息下输入相对偏移距离(@-6000,0)。在"指定下一个点或 [圆弧(A)/半宽(H)/长度(L)/放弃(U)/宽度(W)]:"提示信息下输入 from，以相对点法确定第二点，然后捕捉图 13-64 所示的点 2 为基点，在"<偏移>:"提示信息下输入相对偏移距离(@500,0)。在"指定下一点或 [圆弧(A)/闭合(C)/半宽(H)/长度(L)/放弃(U)/宽度(W)]:"提示信息下捕捉图 13-64 所示的延长线交点，然后捕捉图中踏步线的中点。在"指定下一点或 [圆弧(A)/闭合(C)/半宽(H)/长度(L)/放弃(U)/宽度(W)]:"提示信息下输入 W，分别设置起点宽度为 50，端点宽度为 0。在"指定下一点或[圆弧(A)/闭合(C)/半宽(H)/长度(L)/放弃(U)/宽度(W)]:"提示信息下输入多段线最后一点的坐标(@-200,0)，按 Enter 键，完成多段线的绘制，如图 13-65 所示。

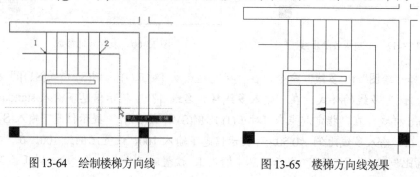

图 13-64   绘制楼梯方向线   图 13-65   楼梯方向线效果

    (7) 选择"修改"|"镜像"命令，对步骤(6)绘制的楼梯方向线执行镜像操作，效果如图 13-66 所示。

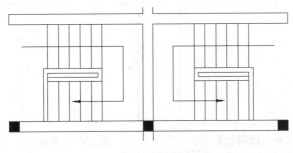

图 13-66　镜像楼梯方向线

13.2.10　绘制家具

在二层平面图中，将布置一种家具床，至于其他家具，用户有兴趣，可以向平面图中添加。床的绘制比较简单，主要采用矩形、直线、镜像、圆和偏移等命令，具体操作步骤如下。

(1) 绘制双人床，选择"绘图"|"矩形"命令，绘制 2000×1500 的矩形，第一点为绘图区任意一点，效果如图 13-67 所示。

(2) 选择"绘图"|"矩形"命令，在"指定第一个角点或 [倒角(C)/标高(E)/圆角(F)/厚度(T)/宽度(W)]:"提示信息下输入 F，设置圆角半径。在"指定矩形的圆角半径 <0.0000>:"提示信息下输入 50，设置圆角半径为 50。在"指定第一个角点或 [倒角(C)/标高(E)/圆角(F)/厚度(T)/宽度(W)]:"提示信息下输入 from，使用相对点法确定矩形的第一个角点，然后捕捉步骤(1)中绘制的矩形左下角点作为基点。在"<偏移>:"提示信息下输入相对偏移距离(@20,20)。在"指定另一个角点或 [面积(A)/尺寸(D)/旋转(R)]:"提示信息下输入另一个点的相对坐标(@1500,1460)，效果如图 13-68 所示。

　　　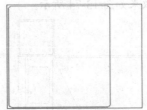

图 13-67　绘制床轮廓矩形　　　　　　图 13-68　绘制圆角矩形

(3) 选择"绘图"|"直线"命令，捕捉步骤(2)绘制的矩形的右上圆弧中点和下边中点绘制直线。

(4) 选择"绘图"|"直线"命令，捕捉步骤(2)绘制的矩形的左边中点以及步骤(3)绘制的直线的垂足，绘制直线，效果如图 13-69 所示。

(5) 选择"修改"|"分解"命令，分解步骤(1)绘制的矩形。选择"修改"|"偏移"命令，将矩形的右边向左偏移 100，效果如图 13-70 所示。

(6) 选择"绘图"|"矩形"命令，在"指定第一个角点或 [倒角(C)/标高(E)/圆角(F)/厚度(T)/宽度(W)]:"提示信息下输入 from，使用相对点法指定第一个角点，然后捕捉图 13-71 所示的点为基点。在"<偏移>:"提示信息下输入相对偏移距离为((@-40,-150)。在"指定另一个角点或 [面积(A)/尺寸(D)/旋转(R)]:"提示信息下输入另一个角点的相对坐标(@-300,-500)，效果如图 13-71 所示。

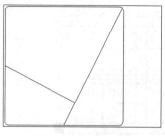
图 13-69　绘制直线

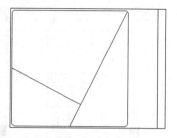
图 13-70　偏移直线

(7) 选择"修改"|"镜像"命令，将步骤(6)绘制的矩形沿步骤(1)绘制的矩形的左右两边中点的连线镜像，效果如图 13-72 所示。

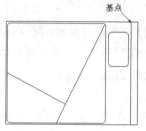
图 13-71　绘制枕头图形

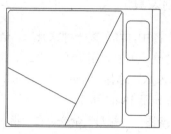
图 13-72　镜像枕头图形

(8) 选择"绘图"|"矩形"命令，绘制 500×500 的矩形，第一个角点在床外轮廓矩形的右上角点，第二个角点相对坐标为(@-500,500)。选择"修改"|"偏移"命令，将矩形向内偏移 20，效果如图 13-73 所示。

(9) 选择"绘图"|"直线"命令，绘制矩形的对角线，过对角线的中点绘制半径分别为 35、70 和 125 的圆，效果如图 13-74 所示。

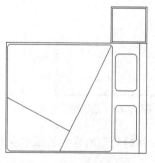
图 13-73　绘制床头柜外轮廓

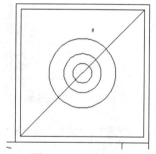
图 13-74　绘制同心圆

(10) 选择"绘图"|"直线"命令，绘制长 120 的直线，起点为半径为 35 的圆的右象限点，效果如图 13-75 所示。

(11) 选择"修改"|"阵列"命令，进行环形阵列，中心点为圆心，项目数为 4，效果如图 13-76 所示。

(12) 选择"修改"|"镜像"命令，将床头柜沿床外轮廓的左右两边中点连线镜像，效果如图 13-77 所示。

图 13-75 绘制直线

图 13-76 环形阵列直线

(13) 将以上步骤绘制完成的床平面图，定义为"双人床"图块，基点为外轮廓的右边中点。

(14) 选择"插入" | "块"命令，将创建的"双人床"图块插入到卧室房间中，效果如图 13-78 所示，要求插入点为墙线的中点。

(15) 使用同样的方法，在其他的房间插入双人床图块，旋转角度为 180°，插入点为墙线的中点。

(16) 选择"修改" | "镜像"命令，将步骤(14)和(15)插入的双人床图块镜像，镜像的中心线为垂直中心轴线所在直线，效果如图 13-79 所示。

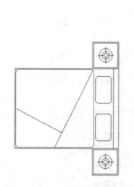

图 13-77 镜像床头柜图形

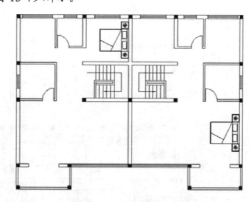

图 13-78 插入双人床图块

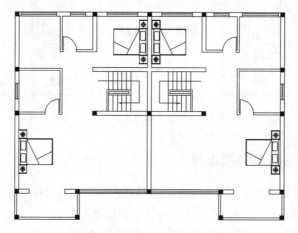

图 13-79 插入双人床平面图

13.2.11 创建说明文字

文字主要对平面图形进行补充说明。在本例中主要是添加房间功能说明文字以及楼梯的方向线说明文字。对于比较短小的说明文字，通常采用单行文字的方法创建。

创建说明文字的具体操作步骤如下。

(1) 选择"绘图"|"单行文字"命令，添加房间功能说明，文字样式为 GB500，添加效果如图 13-80 所示。

(2) 选择"绘图"|"单行文字"命令，设置对正样式为右中对齐，在"指定文字的右中点:"提示信息下捕捉楼梯方向线的起点，在"指定文字的旋转角度 <0>:"提示信息下直接按 Enter键，打开单行文字编辑框，在其中输入文字"下"。按两次 Enter 键，效果如图 13-81 所示。

(3) 选择"修改"|"镜像"命令，将说明文字镜像，效果如图 13-82 所示。

图 13-80　创建房间功能说明文字

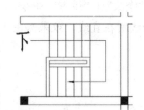

图 13-81　创建楼梯方向线说明文字

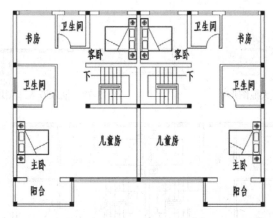

图 13-82　添加说明文字效果

13.2.12 添加尺寸标注和轴线编号

在建筑制图中，最常采用的尺寸标注主要包括线性标注和连续标注。由于本图采用 1：100比例绘制，所以采用标注样式 GB100，具体操作步骤如下。

(1) 打开"轴线"图层和"辅助线"图层，分别选择"标注"|"线性标注"和"连续标注"命令，使用 GB100 尺寸标注样式创建尺寸标注，效果如图 13-83 所示。

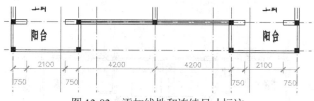

图 13-83　添加线性和连续尺寸标注

(2) 使用尺寸标注的夹点编辑功能，调整尺寸数值的位置，效果如图 13-84 所示。

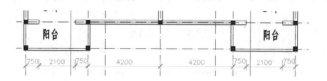

图 13-84　调整标注值位置

(3) 使用步骤(1)和(2)的方法，创建平面图下方的其他尺寸，效果如图 13-85 所示。

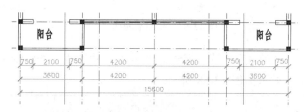

图 13-85　添加平面图下方其他尺寸标注

(4) 选择"标注" | "线性标注"和"连续标注"命令，对其他方向的尺寸进行标注，效果如图 13-86 所示。

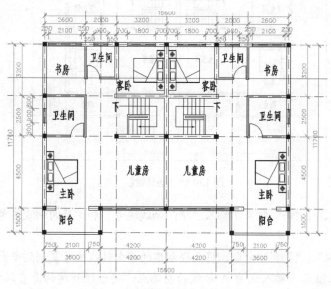

图 13-86　标注其他方向的尺寸

(5) 删除辅助线，并对轴线进行修剪，效果如图 13-87 所示。

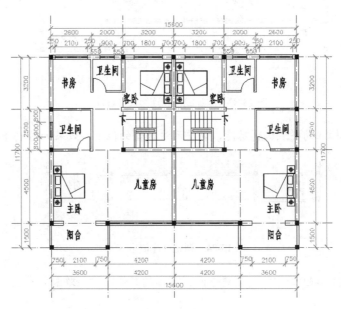

图 13-87　删除辅助线

(6) 选择"绘图"｜"构造线"命令，绘制水平和垂直构造线，并以绘制完成的构造线为剪切边，对轴线进行修剪，效果如图 13-88 所示。

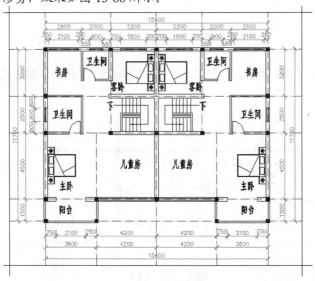

图 13-88　修剪轴线

(7) 选择"插入"｜"块"命令，插入"横向轴线编号"和"竖向轴线编号"图块，插入效果如图 13-89 所示。

(8) 选择"修改"｜"复制"命令，将已经创建的横向轴线编号复制到平面图另一侧，基点为 A 编号圆的右象限点，插入点为 A 轴线的左端点；将已经创建的垂直轴线编号 1、4 和 7 复制到平面图另一侧，基点为 1 编号圆的下象限点，插入点为 1 轴线的上端点，效果如图 13-90 所示。

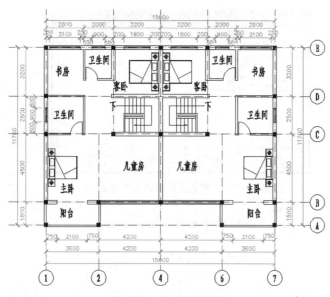

图 13-89　插入轴线编号

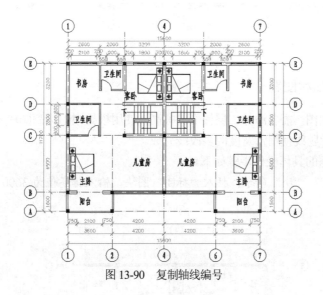

图 13-90　复制轴线编号

(9) 选择"修改"|"复制"命令，复制 4 号轴线编号，基点为圆的下象限点，插入点分别为 3 号和 5 号轴线的上端点，效果如图 13-91 所示。

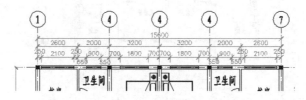

图 13-91　复制 4 号轴线编号

(10) 双击 3 号轴线上的轴线编号，打开图 13-92 所示的"增强属性编辑器"对话框，设置值为 3，单击"确定"按钮完成编号的修改，使编号与轴线相对应。

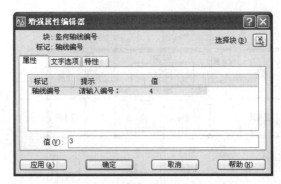

图 13-92   "增强属性编辑器"对话框

(11) 使用同样的方法，对 5 号轴线的编号值进行修改，效果如图 13-93 所示。

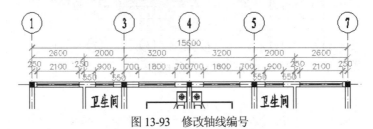

图 13-93   修改轴线编号

13.2.13   添加标高和图题

由于是二层平面图，需要添加二层楼面的标高，使用模板中的标高图块完成即可；图题使用单行文字创建；标题线使用带宽度的多段线完成。

添加标高和图题的具体操作步骤如下。

(1) 选择"插入"|"块"命令，插入"标高"图块，输入标高值为 3600，效果如图 13-94 所示。

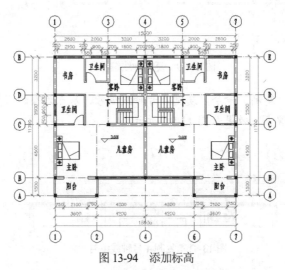

图 13-94   添加标高

(2) 选择"绘图"|"单行文字"命令，使用文字样式 GB1000，创建平面图图题，效果如图 13-95 所示。

胡杨双拼别墅二层平面图 1:100

图 13-95 创建图题文字

(3) 选择"绘图"|"多段线"命令，绘制多段线，线宽 100，效果如图 13-96 所示，多段线长度没有严格的尺寸限制，整个二层平面图绘制完毕。

胡杨双拼别墅二层平面图 1:100

图 13-96 创建完成的图题

13.3 绘制底层平面图

底层平面图的绘制在二层平面图的基础上进行，在总体框架上以及轴线的布置等方面，底层平面图与二层平面图的区别并不大，用户只要在一些细节问题上，例如窗户、房间功能等方面做一些调整和修改。

13.3.1 创建墙体

在有图形的基础上进行修改，创建新的平面图，第一步就是要修改部分墙线，对墙线进行调整，为其他图形的绘制打下良好的基础。当然，在对墙线进行修改的同时，可以删除底层平面图中没有的内容，这将影响操作的图形所在的图层。

绘制墙体的具体操作步骤如下。

(1) 打开绘制完成的二层平面图，另存为"底层平面图"，关闭"尺寸标注"图层，删除文字图层和家具图层上的房间功能文字和家具，删除楼梯线，效果如图 13-97 所示。

(2) 删除二层平面图中的部分墙体和门，效果如图 13-98 所示。

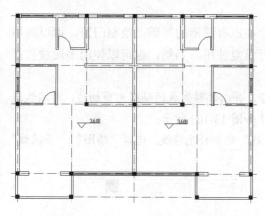

图 13-97 对二层平面图进行修改

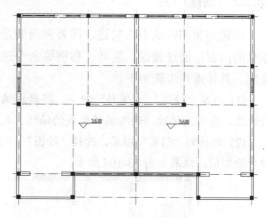

图 13-98 删除门和墙体

(3) 选择"修改"|"偏移"命令，将 3 号轴线向左偏移 2000，E 轴线向下偏移 2100，效果如图 13-99 所示。

(4) 选择"绘图"|"多线"命令，补充两条墙线，多线样式为 W240，对正为 Z，比例分别为 1 和 0.5，绘制 240 和 120 墙线，效果如图 13-100 所示。

(5) 使用多线编辑工具，对补充墙线进行编辑，执行"T 形合并"操作，效果如图 13-101 所示。

(6) 选择"绘图"|"直线"命令，使用直线修补墙体，效果如图 13-102 所示。

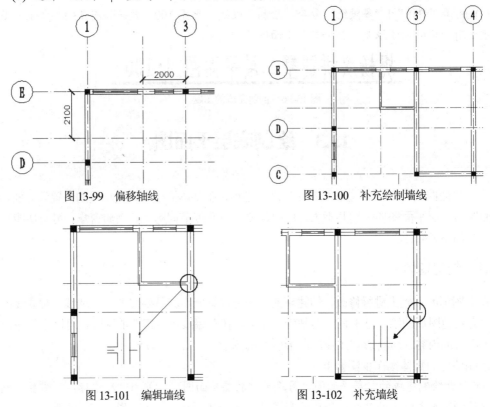

图 13-99　偏移轴线　　　　　　　　　图 13-100　补充绘制墙线

图 13-101　编辑墙线　　　　　　　　　图 13-102　补充墙线

13.3.2　创建门窗

创建门窗的方法不再赘述，需要强调的是，在原有图形的基础上绘制门窗，可以利用原来的门窗，通过镜像、旋转、移动等命令进行重复使用。当然，也可以使用多段线直接绘制，具体操作步骤如下。

(1) 选择"修改"|"偏移"命令，将轴线偏移，并以偏移生成的轴线为剪切边，对墙线进行修改，修剪完毕后，删除偏移生成的轴线，尺寸如图 13-103 所示。

(2) 切换到"门窗"图层，选择"绘图"|"直线"命令补充墙线，选择"绘图"|"多段线"命令绘制门，效果如图 13-104 所示。

图 13-103　修剪墙线

图 13-104　绘制门

(3) 使用同样的方法绘制另一侧的门，效果如图 13-105 所示。

图 13-105　绘制另一侧门

(4) 删除 900 窗户，选择"修改"|"偏移"命令偏移轴线，尺寸如图 13-106 所示。

(5) 选择"修改"|"修剪"命令，对墙线进行修剪，插入动态窗图块，夹点编辑动态块，效果如图 13-107 所示。

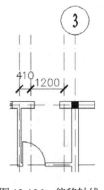

图 13-106　偏移轴线

图 13-107　插入动态窗

(6) 将 3 号轴线向右偏移 120，4 号轴线向左偏移 120，修剪墙线，效果如图 13-108 所示。

(7) 选择"修改"|"偏移"命令，偏移 D 轴线，修剪墙体，尺寸如图 13-109 所示。

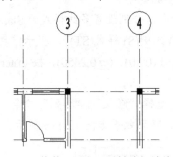

图 13-108　修剪 3 号和 4 号轴线间墙线

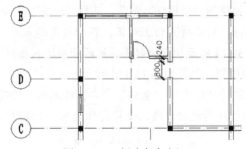

图 13-109　创建车库小门

(8) 选择阳台栏板线，选择"修改"|"分解"命令将阳台分解，并删除内侧的分解阳台线，效果如图 13-110 所示。

(9) 选择"修改"|"偏移"命令，将左右两侧的阳台线向内偏移 100，将下边的阳台线向下偏移 245 和 490 并使用直线连接，效果如图 13-111 所示。

(10) 选择"绘图"|"多段线"命令，使用多段线绘制半扇门，半扇门宽 1050，绘制效果如图 13-112 所示。

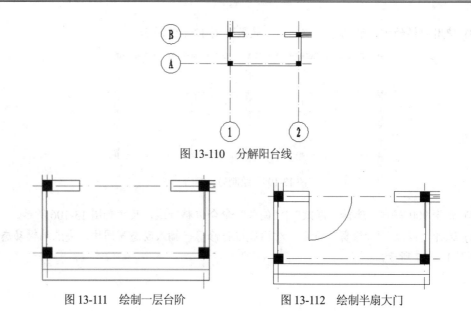

图 13-110　分解阳台线

图 13-111　绘制一层台阶　　　　　　　　图 13-112　绘制半扇大门

(11) 选择"修改"|"镜像"命令，绘制另外半扇大门。使用同样的方法，绘制另一侧的大门，效果如图 13-113 所示。

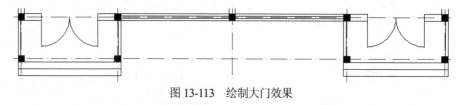

图 13-113　绘制大门效果

13.3.3　绘制楼梯

楼梯的绘制方法与二层平面图的方法类似，具体操作步骤如下。

(1) 切换到"楼梯线"图层，选择"绘图"|"多线"命令，分别设置多线样式为 Standard、比例为 100、对正样式为上对正。在"指定起点或 [对正(J)/比例(S)/样式(ST)]:"提示信息下，捕捉图 13-114 所示的点为起点，然后分别输入相对坐标(@-1100,0)、(@0,2450)，按 Enter 键完成多线的绘制，效果如图 13-114 所示。

(2) 选择"绘图"|"直线"命令，绘制第一级踏步线。选择"修改"|"阵列"命令，使用矩形阵列创建其他踏步线，设置行数为 6，行偏移为 -250，阵列效果如图 13-115 所示。

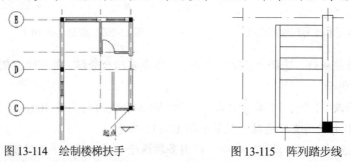

图 13-114　绘制楼梯扶手　　　　　　　　图 13-115　阵列踏步线

(3) 使用同样的方法，绘制另外一侧的其他门、窗和楼梯线，效果如图 13-116 所示。

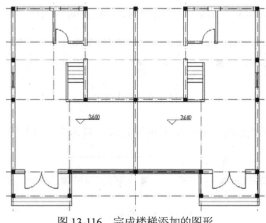

图 13-116 完成楼梯添加的图形

13.3.4 绘制散水

散水是底层平面图所特有的图形，使用轴线的偏移线绘制完成。绘制过程比较简单，具体绘制步骤如下。

(1) 选择"修改"|"偏移"命令，将轴线向外偏移 720，效果如图 13-117 所示。

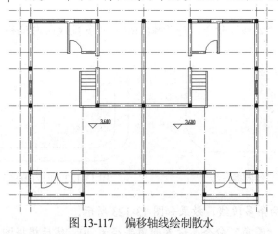

图 13-117 偏移轴线绘制散水

(2) 选择"绘图"|"直线"命令，使用直线绘制散水，效果如图 13-118 所示。

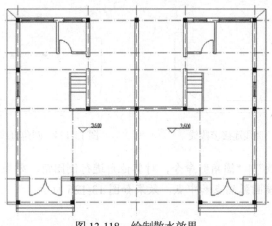

图 13-118 绘制散水效果

(3) 删除为绘制散水偏移的轴线，将上方的散水向上偏移 200，效果如图 13-119 所示。

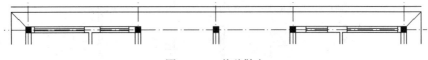

图 13-119　偏移散水

(4) 使用"修剪"和"直线"命令绘制车库斜坡，效果如图 13-120 所示。

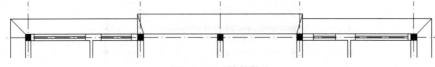

图 13-120　修剪散水

13.3.5　绘制沙发

在底层平面图中主要绘制客厅的家具。这里以沙发的绘制为例，介绍绘制方法，主要使用多段线、偏移、圆角和图案填充等命令，具体操作步骤如下。

(1) 首先绘制沙发。选择"绘图"|"多段线"命令，以绘图区内任意一点为起点，绘制图 13-121 所示的多段线。

(2) 选择"修改"|"偏移"命令，将步骤(1)绘制的多段线向内偏移 100，效果如图 13-122 所示。

图 13-121　绘制多段线　　　　　　　　图 13-122　向内偏移多段线

(3) 使用直线连接两条多段线，效果如图 13-123 所示。

(4) 选择"修改"|"圆角"命令，设置圆角半径为 40，然后根据图 13-124 所示选择圆角操作的两个对象，效果如图 13-124 所示。

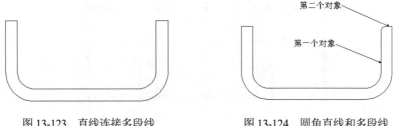

图 13-123　直线连接多段线　　　　　　图 13-124　圆角直线和多段线

(5) 继续选择"修改"|"圆角"命令，对其他角进行倒圆角，效果如图 13-125 所示。

(6) 绘制直线，连接圆弧端点和中点，效果如图 13-126 所示。

图 13-125 其他角的圆角效果

图 13-126 连接弧端点

(7) 选择"修改"|"分解"命令，分解多段线，将内侧多段线向上偏移 30，生成的直线再向上偏移 420，效果如图 13-127 所示。

(8) 使用"直线"命令，过直线中点作垂线，效果如图 13-128 所示。

图 13-127 偏移直线

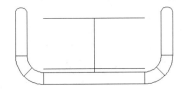

图 13-128 绘制垂线

(9) 选择"修改"|"延伸"命令，将直线延伸到两侧的多段线分界线，效果如图 13-129 所示。

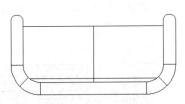

图 13-129 延伸直线

(10) 选择"绘图"|"图案填充"命令，设置填充图案参数如图 13-130 所示，对沙发进行填充，填充效果如图 13-131 所示。

图 13-130 设置填充参数

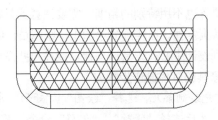

图 13-131 双人沙发填充效果

(11) 将双人沙发定义为"双人沙发"图块，基点如图 13-132 所示。

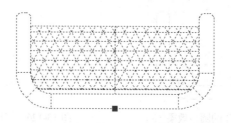

图 13-132 定义 "双人沙发" 图块

(12) 将步骤(11)定义为图块的双人沙发分解，删除填充图案。然后选择 "修改" | "拉伸" 命令，使用交叉窗口选择图 13-133 所示的区域，然后以任意一点为基点，输入相对拉伸距离 (@600,0)，按 Enter 键完成拉伸，效果如图 13-134 所示。

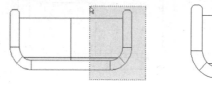

图 13-133 选择拉伸对象   图 13-134 拉伸效果

(13) 选择 "修改" | "偏移" 命令，将垂直直线向右偏移 600，效果如图 13-135 所示。

(14) 选择 "绘图" | "图案填充" 命令，填充图案，参数设置与双人沙发相同，填充效果如图 13-136 所示。

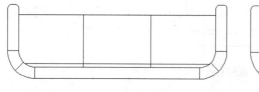

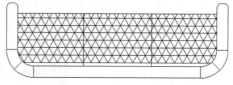

图 13-135 偏移竖向直线   图 13-136 填充三人沙发

(15) 将图 13-136 所示的图形定义为 "三人沙发" 图块，基点为外侧水平线中点。

13.3.6 插入家具

在底层平面图中插入的家具主要是本例绘制的家具以及在前面章节绘制的家具，难度不大，放置位置也不用特别的精细。需要注意的是，本节讲解了工具选项板中动态图块的使用，需要用户认真掌握。在实际的绘图中，绘图员已经非常方便绘制各种家具及其他装饰图形，通常都可以到设计中心、工具选项板，或在一些图库中查找，然后直接使用，这个非常重要。

插入家具的具体操作步骤如下。

(1) 首先绘制茶几。选择 "绘图" | "矩形" 命令，绘制圆角矩形，圆角半径为 50，尺寸为 800×1200。然后选择 "修改" | "偏移" 命令，将矩形向内偏移 50，效果如图 13-137 所示。将茶几平面图定义为 "茶几" 图块，基点为矩形的中心点。

(2) 选择 "工具" | "选项板" | "工具选项板" 命令，打开 "工具选项板"，如图 13-138 所示，在 "建筑" 选项卡中选择 "车辆-公制" 图块，拖入到绘图区并删除，则 "车辆-公制"

图块出现在图块列表中。

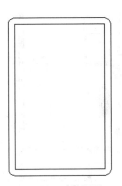

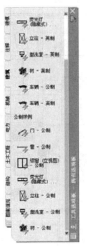

图 13-137 绘制茶几   图 13-138 工具选项板

(3) 选择"插入"|"块"命令，打开"插入"对话框，设置插入参数如图 13-139 所示。单击"确定"按钮，则插入车辆动态块，效果如图 13-140 所示。

图 13-139 设置插入参数   图 13-140 车辆动态块

(4) 选择"车辆-公制"动态块，单击夹点，在夹点快捷菜单中选择"轿车(俯视图)"命令，如图 13-141 所示，则出现车辆的俯视图，效果如图 13-142 所示。

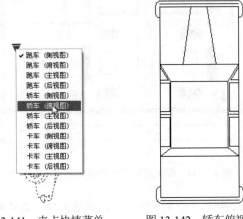

图 13-141 夹点快捷菜单   图 13-142 轿车俯视图

(5) 布置家具，插入各种家具图块，位置由用户自己调整，效果如图 13-143 所示。

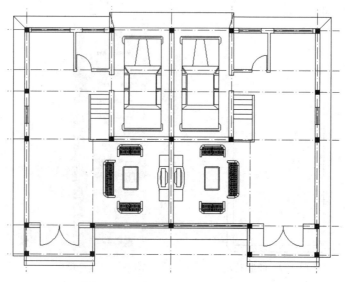

图 13-143　底层平面图插入家具效果

13.3.7　添加功能说明文字

功能说明文字的添加与二层平面图中文字的添加方法是一样的，具体操作步骤如下。

(1) 选择"绘图"｜"单行文字"命令，添加功能说明文字，文字样式为 GB500，效果如图 13-144 所示。

(2) 按照二层平面图中的方法绘制楼梯方向线，并绘制说明文字，文字样式为 GB500，对正样式为右上，效果如图 13-145 所示。

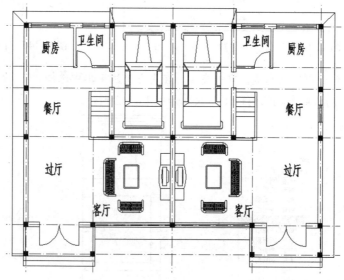

图 13-144　添加房间功能说明文字

(3) 选择"修改"｜"镜像"命令，绘制另外一侧的说明文字，效果如图 13-146 所示。

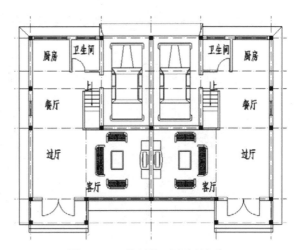

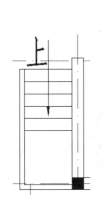

图 13-145　添加楼梯说明文字　　　　　　　　图 13-146　绘制另一侧说明文字

13.3.8　创建尺寸标注

尺寸标注的创建与二层平面图中的方法也类似，具体操作步骤如下。

(1) 打开"尺寸标注"图层，由于底层平面图比二层平面图多添加了散水线，可以看到标注值压到了图形上，如图 13-147 所示。

(2) 选择"修改"|"拉伸"命令，根据图 13-148 所示，以交叉窗口或交叉多边形方式选择拉伸的对象，然后选择任意一点为基点，输入相对拉伸距离(@-240,0)，按 Enter 键完成拉伸，效果如图 13-149 所示。

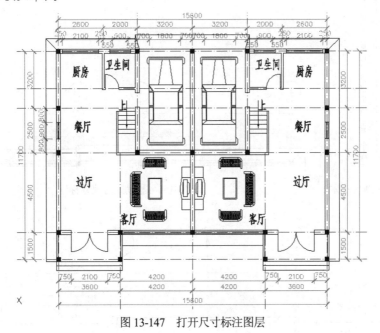

图 13-147　打开尺寸标注图层

(3) 选择"修改"|"移动"命令，将左侧的尺寸向左移动 240，效果如图 13-150 所示。

(4) 选择"修改"|"拉伸"和"移动"命令，将垂直轴线向上拉伸 600，标注向上移动 700，效果如图 13-151 所示。

(5) 由于上方部分窗户和墙线改变，所以需要修改部分标注，修改的效果如图 13-152 所示。

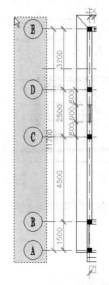

图 13-148　选择拉伸对象

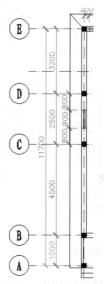

图 13-149　拉伸效果

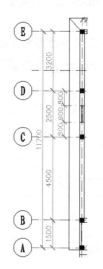

图 13-150　移动左侧尺寸标注

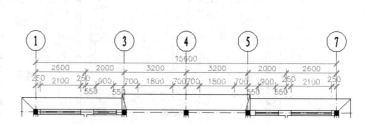

图 13-151　移动上方尺寸标注

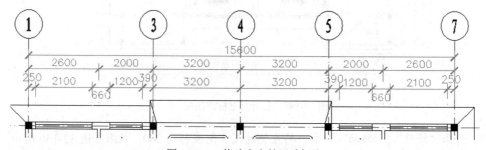

图 13-152　修改上方的尺寸标注

(6) 双击图题，对图题进行修改，将"二层"修改为"底层"，最终效果如图 13-153 所示。

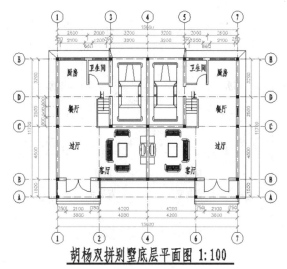

胡杨双拼别墅底层平面图 1:100

图 13-153　底层平面图最终效果

13.4　思　考　练　习

1. 在建筑制图中，建筑平面图的作用是什么？

2. 在 AutoCAD 中，建筑平面图中通常包括哪些内容？

3. 在 AutoCAD 中，绘制建筑平面图分为哪几个步骤？

4. 绘制图 13-154 所示的建筑平面图。

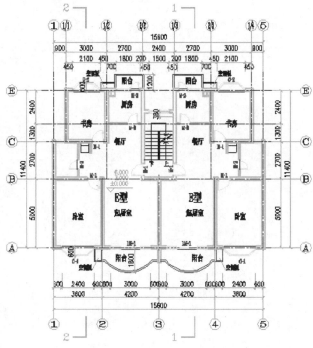

住宅一至三层平面 1:100

图 13-154　建筑平面图

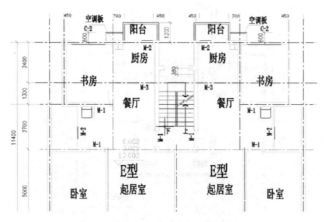

图 13-154　建筑平面图(续)

第14章 绘制建筑立面图

建筑立面图是建筑物立面的正投影图，是展示建筑物外貌特征及室外装修的工程图样，即表示建筑物从外面看是什么样子、窗户和门等是如何嵌入墙壁中的。它是建筑施工中进行高度控制与外墙装修的技术依据。绘制立面图时，要运用构图的一些基本规律，并密切联系平面设计和建筑体型设计。

14.1 建筑立面图概述

建筑立面图可以看作由很多构件组成的整体，包括墙体、梁柱、门窗、阳台、屋顶和屋檐等。建筑立面图绘制的主要任务是：恰当地确定立面中这些构件的比例和尺度，以达到体型的完整，满足建筑结构和美观的要求。建筑立面设计时应在满足使用要求、结构构造等功能和技术方面要求的前提下，使建筑尽量美观。

建筑立面图主要用来表示建筑物的立面和外形轮廓，并表明外墙装修要求。因此立面图主要为室外装修用。一个建筑物一般应绘出每一侧的立面图，但是，当各侧面较简单或有相同的立面时，可以画出主要的立面图。可以将建筑物主要出入口所在的立面或墙面装饰反映建筑物外貌特征的立面作为主立面图，称为正立面图，其余的相应称为背立面图、左侧立面图、右侧立面图。如果建筑物朝向比较正，则可以根据各侧立面的朝向命名，有南立面图、北立面图、东立面图、西立面图等，有时也按轴线编号来命名，如①~⑧立面图。

立面图中通常包含以下内容：
- 建筑物某侧立面的立面形式、外貌及大小。
- 图名和绘图比例。
- 外墙面上装修做法、材料、装饰图线、色调等。
- 外墙上投影可见的建筑构配件，例如室外台阶、梁、柱、挑檐、阳台、雨篷、室外楼梯、屋顶以及雨水管等的位置和立面形状。
- 标注建筑立面图上主要标高。
- 详图索引符号、立面图两端轴线及编号。
- 反映立面上门窗的布置、外形及开启方向(应用图例表示)。

14.2 绘制立面图

立面图的绘制主要包括外轮廓的绘制以及内部图形的绘制，同样也主要使用轴线和辅助线进行定位。立面图中很少采用多线命令，主要使用直线、多段线、偏移等命令。立面图的绘制难度在于立面图装饰的程度以及立面窗和门的复杂程度。下面以北向立面图为例来介绍绘制过程。

14.2.1　绘制辅助线和轴线

在立面图中，同样需要创建图层，绘制辅助线和轴线的方法与平面图中类似，具体操作步骤如下。

(1) 打开 A3 样板图，创建图层，图层创建效果如图 14-1 所示。

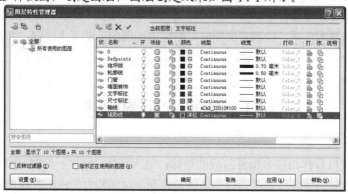

图 14-1　创建立面图图层

(2) 切换到"辅助线"图层，选择"绘图"|"构造线"命令，绘制水平构造线。

(3) 切换到"轴线"图层，绘制垂直构造线，并将构造线向右偏移，尺寸如图 14-2 所示。选择所有垂直轴线并右击，从弹出的快捷菜单中选择"特性"命令，在打开的"特性"选项板中设置线型比例为 50，效果如图 14-2 所示。

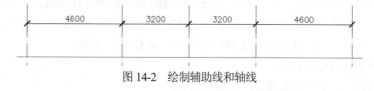

图 14-2　绘制辅助线和轴线

14.2.2　绘制地坪线和轮廓线

地坪线和轮廓线使用直线绘制，当然也可以使用多段线绘制，其定位由辅助线和轴线的偏移线完成，具体操作步骤如下。

(1) 切换到"地坪线"图层，打开"线宽"功能，选择"绘图"|"直线"命令，绘制地坪线，线长度没有严格要求，效果如图 14-3 所示。

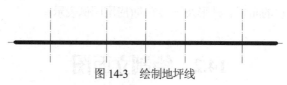

图 14-3　绘制地坪线

(2) 选择"修改"|"偏移"命令，将最外侧两条垂直轴线分别向外侧偏移 120，分别向内侧偏移 5300，将水平辅助线分别向上偏移 10500 和 13050，效果如图 14-4 所示。

(3) 选择"绘图"|"直线"命令，绘制立面图轮廓，效果如图 14-5 所示。

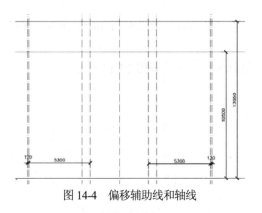

图 14-4　偏移辅助线和轴线

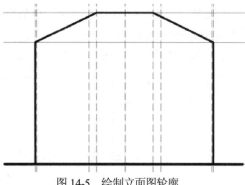

图 14-5　绘制立面图轮廓

14.2.3　绘制装饰线

墙面装饰是立面图绘制中一个比较重要的方面，由于有些立面图墙面装饰比较精致，用户通常需要花比较多的时间来绘制这些装饰。通常情况下，非常精细的装饰可以通过引出详图来进行绘制，而在立面图中只要大概绘制就行了。如果在立面图中可以表达出来，则需要注意尺寸和位置，如有特殊作法，还要添加文字说明，具体操作步骤如下。

(1) 选择"修改"|"偏移"命令，将最下方水平辅助线向上偏移 600。

(2) 选择"绘图"|"直线"命令，捕捉图 14-6 所示的起点为第一点，然后依次输入相对坐标(@-60,0)、(@0,-90)、(@60,0)，按 Enter 键完成直线绘制，效果如图 14-6 所示。

(3) 以中间垂直的轴线为镜像线，镜像步骤(2)绘制的直线，镜像效果如图 14-7 所示。

(4) 选择"修改"|"修剪"命令，分别以步骤(2)和(3)绘制的直线为剪切边，对外墙轮廓线进行修剪，效果如图 14-8 所示。

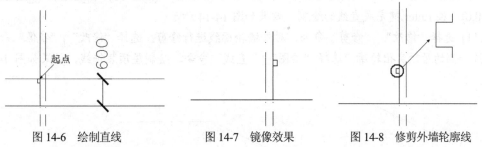

图 14-6　绘制直线　　　　图 14-7　镜像效果　　　　图 14-8　修剪外墙轮廓线

(5) 切换到"墙面装饰"图层，使用直线绘制墙面装饰线，效果如图 14-9 所示。

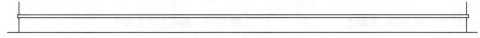

图 14-9　绘制墙面装饰线

(6) 选择"修改"|"偏移"命令，将最下方辅助线分别向上偏移 3600 和 3000，如图 14-10 所示。

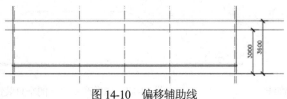

图 14-10　偏移辅助线

(7) 选择"绘图"|"直线"命令，绘制外墙突出部分轮廓线，效果如图 14-11 所示，并通过镜像得到另一侧的墙线轮廓线。

(8) 选择"修改"|"修剪"命令，对墙轮廓线进行修剪，效果如图 14-12 所示。

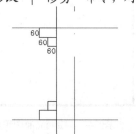 

图 14-11　绘制二层轮廓线突出部分　　　　图 14-12　修剪二层墙轮廓线

(9) 切换到"墙面装饰"图层，选择"绘图"|"直线"命令，连接墙装饰线，效果如图 14-13 所示。

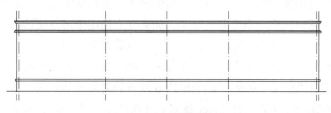

图 14-13　多线编辑效果

(10) 选择"绘图"|"直线"命令，绘制屋顶墙装饰线。首先捕捉图 14-14 所示的起点为第一点，然后依次输入相对坐标(@-520,0)、(@0,-60)、(@60,0)、(@0,-60)、(@60,0)、(@0,-380)、(@400,0)，按 Enter 键完成直线的绘制，效果如图 14-14 所示。

(11) 选择"修改"|"修剪"命令，对外墙轮廓线进行修剪。选择"修改"|"镜像"命令，创建另一侧的屋顶突出轮廓。选择"绘图"|"直线"命令，绘制屋顶装饰线，效果如图 14-15 所示。

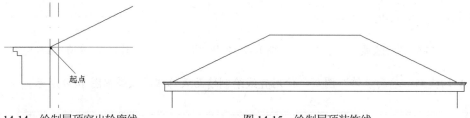

图 14-14　绘制屋顶突出轮廓线　　　　　　图 14-15　绘制屋顶装饰线

(12) 选择"绘图"|"直线"命令，绘制两条垂直的屋顶装饰线，尺寸如图 14-16 所示。

(13) 使用"镜像"命令，以中心轴线所在直线为镜像线，镜像产生另一侧的垂直屋顶装饰线，效果如图 14-17 所示。

 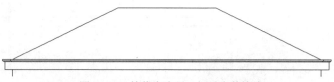

图 14-16　绘制屋顶垂直装饰线　　　　　　图 14-17　镜像产生另一侧垂直装饰线

14.2.4　绘制立面图门效果

　　门和窗也是立面图中比较重要的组成部分，绘制方法与平面图中门和窗的绘制方法没有太大的差别，只是在平面图中，门和窗是平面图，在立面图中，门和窗也要变成立面图。本例的门比较复杂一些，是一个自动控制门，还有花纹，其实属于比较细微的家具的绘制，需要结合许多命令进行绘制，具体操作步骤如下。

　　(1) 打开"轴线"图层和"辅助线"图层，效果如图 14-18 所示。

　　(2) 将中间 3 条垂直轴线分别向左和向右偏移 120，将辅助线向上偏移 150，效果如图 14-19 所示。

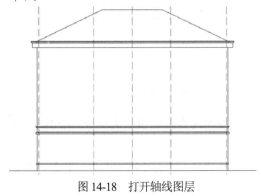

图 14-18　打开轴线图层

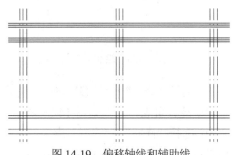

图 14-19　偏移轴线和辅助线

　　(3) 选择"绘图"|"直线"命令，连接轴线和辅助线的交点，如图 14-20 所示，关闭轴线图层，可以观察连接效果，如图 14-21 所示。

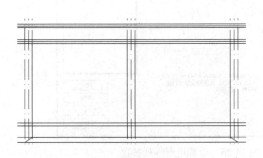

图 14-20　连接轴线和辅助线交点

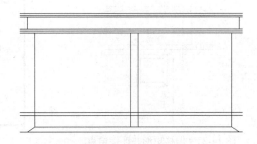

图 14-21　关闭轴线和辅助线图层效果

　　(4) 选择"绘图"|"直线"命令，绘制门上沿的装饰线，装饰线尺寸如图 14-22 所示。

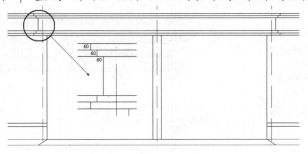

图 14-22　绘制门上沿的装饰线

　　(5) 选择"绘图"|"直线"命令绘制遥控门，采用相对点法，捕捉图 14-23 所示的基点，

然后输入相对偏移距离(@0,-850)，接下来捕捉垂足，按 Enter 键完成绘制，效果如图 14-23 所示。

(6) 选择"修改"|"偏移"命令，将步骤(5)绘制的直线向上偏移 50，效果如图 14-24 所示。

(7) 选择"绘图"|"矩形"命令，使用相对点法，捕捉图 14-23 所示的基点，输入相对偏移距离(@80,0)，然后输入另一个角点的相对坐标为(@400,-400)，效果如图 14-24 所示。

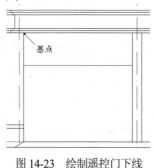

图 14-23　绘制遥控门下线

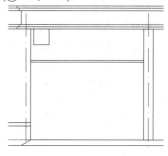

图 14-24　绘制正方形

(8) 选择"修改"|"偏移"命令，将步骤(7)绘制的矩形向内偏移 50，并选择"绘图"|"直线"命令连接角点，效果如图 14-25 所示。

(9) 选择"修改"|"阵列"命令，执行矩形阵列，参数设置如图 14-26 所示，单击"确定"按钮完成阵列，效果如图 14-27 所示。

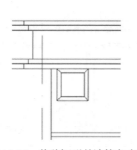

图 14-25　偏移矩形并连接角点

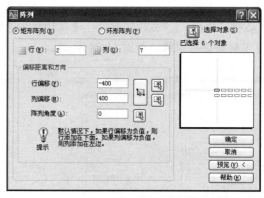

图 14-26　设置矩形阵列参数

(10) 选择"修改"|"镜像"命令，镜像图 14-27 所示的门图案，镜像线为中心轴线所在的直线，镜像效果如图 14-28 所示。

图 14-27　矩形阵列效果

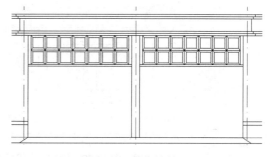

图 14-28　镜像效果

(11) 打开图 14-29 所示的工具选项板，插入"车辆-公制"动态块，并执行图 14-30 所示的夹点快捷菜单"轿车(主视图)"命令,将轿车切换到主视图。

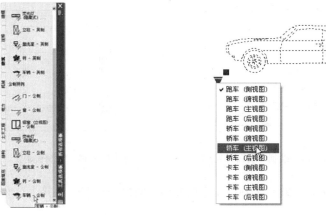

图 14-29 打开工具选项板　　　　　图 14-30 插入"车辆-公制"动态块

(12) 移动车辆动态块到立面图中的适当位置,并将车辆图块镜像,效果如图 14-31 所示。

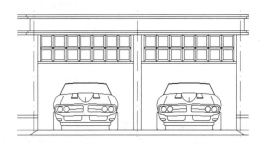

图 14-31 插入轿车图块效果

14.2.5 绘制立面图窗效果

立面窗的绘制比较简单,主要使用矩形、偏移和直线命令完成,重要的是定位准确就行,具体操作步骤如下。

(1) 选择"修改"|"偏移"命令,将左侧轴线向左偏移,尺寸如图 14-32 所示。

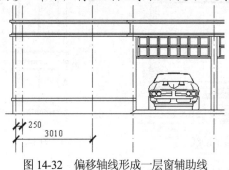

图 14-32 偏移轴线形成一层窗辅助线

(2) 选择"绘图"|"矩形"命令,绘制 2100×2100 的矩形,第一个角点如图 14-33 所示。

(3) 将步骤(2)绘制的矩形向内偏移 50,使用直线连接偏移出来的矩形的上边和下边中点,效果如图 14-34 所示。

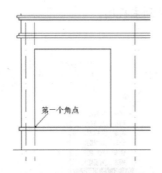

图 14-33　绘制一层窗外轮廓

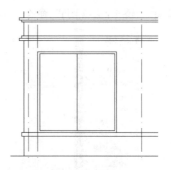

图 14-34　绘制窗扇

(4) 使用同样的方法，绘制 1200×2100 的矩形，向内偏移 50，连接上边和下边中点，效果如图 14-35 所示。

(5) 选择"修改"|"偏移"命令，按图 14-36 所示尺寸偏移轴线。

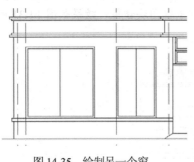

图 14-35　绘制另一个窗

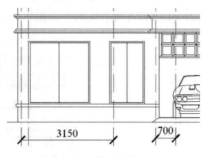

图 14-36　偏移轴线

(6) 选择"修改"|"偏移"命令，将最下方的辅助线分别向上偏移 4500 和 7800，效果如图 14-37 所示。

(7) 使用绘制一层窗户的方法绘制二层窗户，从左向右窗户的尺寸大小依次为 2100×1800、900×1800 和 1800×1800，效果如图 14-38 所示。

图 14-37　偏移辅助线

图 14-38　绘制二层窗户

(8) 选择"修改"|"复制"命令，复制二层窗户到三层窗户，基点和插入点如图 14-39 所示。

(9) 选择"修改"|"镜像"命令，创建另一侧的窗户并删除辅助线，修剪轴线，效果如图 14-40 所示。

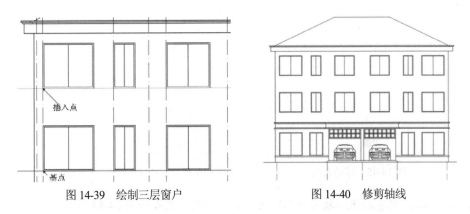

图 14-39   绘制三层窗户　　　　　　　　图 14-40   修剪轴线

(10) 选择"绘图"|"图案填充"命令，为屋顶填充图案，图案参数设置如图 14-41 所示，屋顶填充效果如图 14-42 所示。

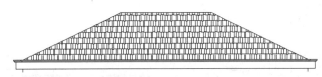

图 14-41   设置屋顶填充参数　　　　　　　　图 14-42   屋顶填充效果

(11) 使用同样的方法，填充一层墙裙装饰，填充参数设置如图 14-43 所示，填充效果如图 14-44 所示。

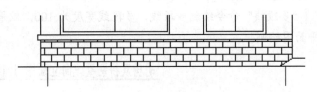

图 14-43   设置墙裙填充参数　　　　　　　　图 14-44   墙裙填充效果

14.2.6   创建标高以及其他

立面图中的标高可以使用标高底部的直线进行定位，直线的中点位于同一条垂直直线上，具体操作步骤如下。

(1) 选择"绘图"|"直线"命令，绘制长 1200 的水平直线，并将直线的一个端点移动到两条构造线的交点处，如图 14-45 所示。

(2) 选择"修改"|"复制"命令，复制步骤(1)移动的直线，基点为直线中点，复制插入点的相对坐标分别为((@0,600)、(@0,270000)、(@0,3000)、(@0,3600)、(@0,4500)、(@0,6300)、(@0,7800)、(@0,9600)、(@0,10500)和(@0,13050)，效果如图 14-46 所示。

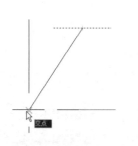

图 14-45　移动直线

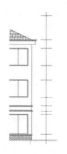

图 14-46　创建标高线

(3) 在图 14-46 的基础上，插入标高图块，添加标高，效果如图 14-47 所示。

(4) 为剖面图添加轴线编号，插入垂直轴线编号，编号值分别为 7 和 1，效果如图 14-48 所示。

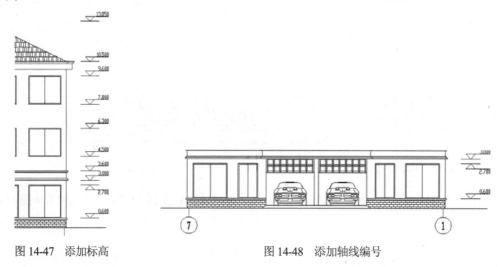

图 14-47　添加标高　　　　　　　　　　　　图 14-48　添加轴线编号

(5) 选择"绘图"|"单行文字"命令，为立面图添加图题，文字样式为 GB1000。选择"绘图"|"多段线"命令绘制多段线，多段线宽度为 100，效果如图 14-49 所示，具体绘制方法参见平面图绘制。

胡杨双拼别墅北向立面图 1:100

图 14-49　添加立面图图题

14.3　思　考　练　习

1. 在建筑制图中，建筑立面图的作用是什么？

2. 在 AutoCAD 中，建筑立面图中通常包括哪些内容？

3. 在 AutoCAD 中，绘制建筑立面图分为哪几个步骤？

4. 绘制图 14-50 所示的建筑立面图。

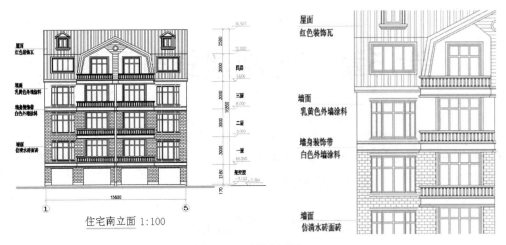

图 14-50　建筑立面图

第15章 绘制建筑剖面图

假想用一个铅垂剖切平面，沿建筑物的垂直方向切开，移去靠近观察者的一部分，其余部分的正投影图就叫作建筑剖面图，简称剖面图。切断部分用粗线表示，可见部分用细线表示。根据剖切方向的不同可分为横剖面图和纵剖面图。

15.1 建筑剖面图概述

建筑剖面图是用来表示建筑物内部的垂直方向的结构形式、分层情况、内部构造及各部位高度的图样，例如，屋顶的形式、屋顶的坡度、檐口形式、楼板的搁置方式、楼梯的形式等。

剖面图的剖切位置，应选择在内部构造和结构比较复杂与典型的部位，并应通过门窗洞的位置。剖面图的图名应与平面图上标注的剖切位置的编号一致，如 I-I 剖面图，II-II 剖面图等。如果用一个剖切平面不能满足要求时，允许将剖切平面转折后来绘制剖面图，以期在一张剖面图上表现更多的内容，但只允许转一次并用剖切符号在平面图上标明。习惯上，剖面图中可不画出基础，截面上材料图例和图中的线型选择均与平面图相同。剖面图一般从室外地坪向上直画到屋顶。通常对于一栋建筑物而言，一个剖面图是不够的，往往需要在几个有代表性的位置都绘制剖面图，才可以完整地反映楼层剖面的全貌。

建筑剖面图主要表达以下内容。

- 剖面图的比例。剖面图的比例与平面图、立面图一致，为了图示清楚，也可用较大比例画出。
- 剖切位置和剖视方向。从图名和轴线编号与平面图上的剖切位置和轴线编号相对应，可知剖面图的剖切位置和剖视方向。
- 表示被剖切到的房屋各部位，如各楼层地面、内外墙、屋顶、楼梯、阳台等的构造做法。
- 表示建筑物主要承重构件的位置及相互关系，如各层的梁、板、柱及墙体的连接关系等。
- 房屋的内外部尺寸和标高。图上应标注房屋外部、内部的尺寸和标高，外部尺寸一般应注出室外地坪、勒脚、窗台、门窗顶、檐口等处的标高和尺寸，应与立面图相一致，若房屋两侧对称时，可只在一边标注；内部尺寸一般应标出底层地面、各层楼面与楼梯平台面的标高，室内其余部分，如门窗洞、搁板和设备等，注出其位置和大小的尺寸，楼梯一般另有详图。剖面图中的高度尺寸有 3 道：第 1 道尺寸靠近外墙，从室外地面开始分段标出窗台、门、窗洞口等尺寸，第 2 道尺寸注明房屋各层层高，第 3 道尺寸为房屋建筑物的总高度。另外，剖面图中的标高是相对尺寸，而大小尺寸则是绝对尺寸。

- 坡度表示。房屋倾斜的地方，如屋面、散水、排水沟与出入口的坡道等，需用坡度来表明倾斜的程度。对于较小的坡度用百分比 $n\%$ 加箭头表示，$n\%$ 表示屋面坡度的高宽比，箭头表示流水方向。较大坡度用直角三角形表示，直角三角形的斜边应与屋面坡度平行，直角边上的数字表示坡度的高宽比。
- 材料说明。房屋的楼地面、屋面等是用多层材料构成，一般应在剖面图中加以说明。一般方法是用一条引出线指向说明的部位，并按其构造的层次顺序，逐层加以文字说明。对于需要另用详图说明的部位或构件，则在剖面图中用标志符号引出索引，以便互相查阅、核对。

15.2　绘制剖面图

应该说，剖面图绘制中需要使用的技术是平面图和立面图的结合。在剖面图中会出现墙线，也可能出现外轮廓线，有门窗剖面图也有门窗立面图的绘制，有楼梯线的绘制，有标高的标注等，所以在剖面图的绘制中将会使用很多在平面图和立面图中使用的绘图技术。

15.2.1　绘制轴线和辅助线

在绘制剖面图之前，首先要在平面图中绘制剖切符号，不同的剖切位置绘制出的剖面图是不一样的，具体操作步骤如下。

(1) 打开底层平面图，绘制剖切符号，剖切符号由多段线绘制而成，垂直和水平长度均为300，线宽为 50，剖切线布置如图 15-1 所示。

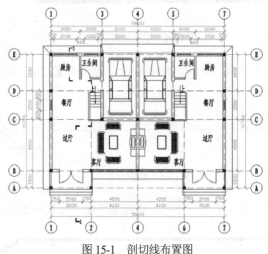

图 15-1　剖切线布置图

(2) 开始绘制剖面图，为剖面图创建图层，效果如图 15-2 所示。

(3) 切换到"轴线"图层，绘制垂直构造线，并将构造线向右偏移，尺寸如图 15-3 所示。选择所有垂直轴线并右击，在弹出的快捷菜单中选择"特性"命令，在打开的"特性"选项板中设置线型比例为 50。切换到辅助线图层，继续使用"构造线"命令绘制水平辅助线，效果如图 15-3 所示。

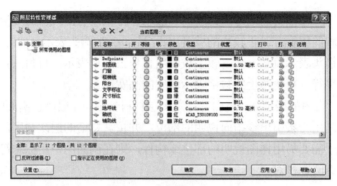

图 15-2　设置剖面图图层

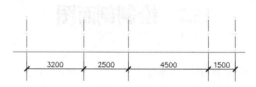

图 15-3　绘制剖面图轴线和辅助线

15.2.2　绘制地坪线

剖面图中地坪线的绘制与立面图中类似，具体操作步骤如下。

(1) 选择"绘图"｜"直线"命令，绘制地坪线一部分，效果如图 15-4 所示。

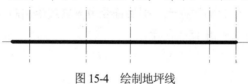

图 15-4　绘制地坪线

(2) 选择"绘图"｜"多段线"命令，绘制台阶，台阶面宽 245，高 150，效果如图 15-5 所示。

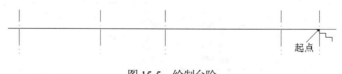

图 15-5　绘制台阶

(3) 选择"绘图"｜"直线"命令，补充其余的地坪线，效果如图 15-6 所示。

图 15-6　绘制其余的地坪线

15.2.3　绘制墙线和楼面板线

剖面图中墙线和楼面板线的绘制与平面图中墙线的绘制类似，都是用多线命令完成，具体操作步骤如下。

(1) 创建 W240 多线样式，选择"绘图"|"多线"命令，绘制墙体剖面线，起点如图 15-7 所示，第二个点坐标为(@0,10500)，效果如图 15-7 所示。

(2) 选择"修改"|"偏移"命令，将辅助线分别向上偏移 3600、6900 和 10200，效果如图 15-8 所示。

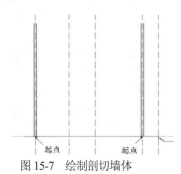

图 15-7　绘制剖切墙体

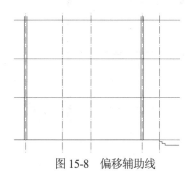

图 15-8　偏移辅助线

(3) 选择"绘图"|"多线"命令，设置多线样式为 Standard，比例为 120，对正样式为上对正。在"指定起点或 [对正(J)/比例(S)/样式(ST)]:"提示信息下捕捉图 15-9 所示的点为起点，然后捕捉另外一侧对应的点为下一点，按 Enter 键完成绘制。

(4) 使用同样的方法，绘制其他的楼层面板线，效果如图 15-10 所示。

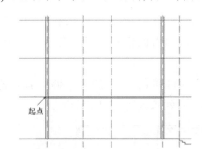

图 15-9　绘制二层楼面板

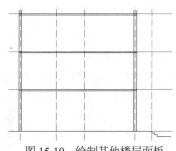

图 15-10　绘制其他楼层面板

15.2.4　绘制梁

剖面图中梁的绘制方法与平面图中柱的绘制方法类似，具体操作步骤如下。

(1) 选择"绘图"|"矩形"命令，绘制 240×400 的矩形，并填充 SOLID 图案，定义为"400 梁"图块。同样绘制 240×600 的矩形，填充 SOLID 图案，定义为"600 梁"图块，基点均为矩形上边中点，效果如图 15-11 所示。

(2) 选择"插入"|"块"命令，插入"400 梁"图块，效果如图 15-12 所示。

图 15-11　绘制梁

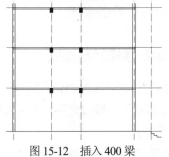

图 15-12　插入 400 梁

(3) 选择"插入"|"块"命令，插入"600 梁"图块，效果如图 15-13 所示。

(4) 选择"绘图"|"直线"命令，补充绘制未剖切到的墙线和二层被剖切到的墙线，效果如图 15-14 所示。

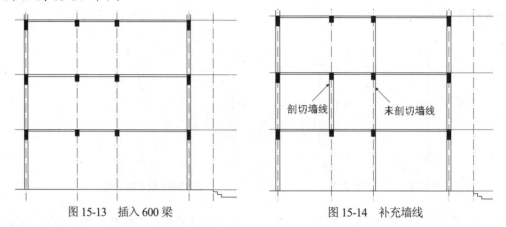

图 15-13　插入 600 梁　　　　　　　　　　　图 15-14　补充墙线

15.2.5　绘制剖面图窗

剖面图窗的绘制方法与平面图窗的绘制方法类似，具体操作步骤如下。

(1) 绘制 240×2100 的矩形并分解，将左右边向内偏移 80，定义图块名称为"2100 窗剖面"；以同样的方法，绘制窗 240×1800 的矩形并分解，左右边向内偏移 80，图块名称为"1800 窗剖面"，效果如图 15-15 所示。

(2) 选择"修改"|"偏移"命令，将辅助线向上分别偏移 600、4500 和 7800，插入窗图块，一层为"2100 窗剖面"，二、三层为"1800 窗剖面"，效果如图 15-16 所示。

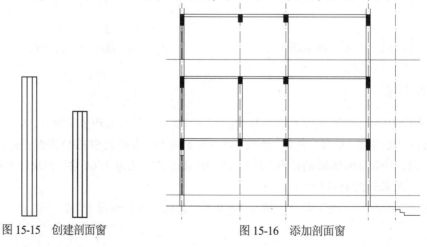

图 15-15　创建剖面窗　　　　　　　　　图 15-16　添加剖面窗

15.2.6　绘制楼梯间剖面图

楼梯间的一部分被剖切到，但另一部分没有被剖切到，所以绘制时需要注意，对于剖切楼梯的绘制通常使用多段线完成，也可以使用栅格加直线的方法完成，本节使用多段线完成，具体操作步骤如下。

(1) 选择"修改"|"偏移"命令，将自左向右的第三条轴线向右偏移 120，将偏移生成的

轴线向左偏移 1200，再将偏移生成的轴线向左偏移 1250，效果如图 15-17 所示。

　　(2) 选择"绘图"|"多段线"命令，捕捉图 15-17 所示的地坪线与偏移轴线的交点为起点，然后依次输入相对坐标(@0,165)、(@250,0)、(@0,165)、(@250,0)、(@0,165)、(@250,0)、(@0,165)、(@250,0)、(@0,165)、(@250,0)、(@0,165)、(@1100,0)、(@0,900)，接下来捕捉垂足，按 Enter 键完成多段线的绘制，效果如图 15-18 所示。

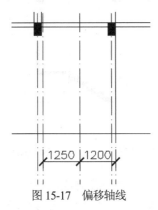
　　　　图 15-17　偏移轴线

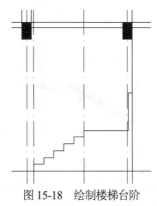
　　　　图 15-18　绘制楼梯台阶

　　(3) 选择"绘图"|"构造线"命令，过踏步线绘制构造线，将构造线向下偏移 100，效果如图 15-19 所示。

　　(4) 分解步骤(2)绘制的多段线，并将休息平台线向下偏移 100，效果如图 15-20 所示。

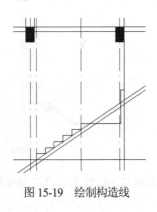
　　　　图 15-19　绘制构造线

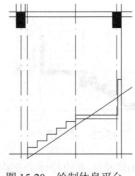
　　　　图 15-20　绘制休息平台

　　(5) 选择"绘图"|"矩形"命令，绘制楼梯梁矩形 200×400，效果如图 15-21 所示。

　　(6) 选择"修改"|"修剪"命令，对楼梯剖切面的线进行修剪，并将步骤(4)偏移生成的直线向右延伸到墙线，效果如图 15-22 所示。

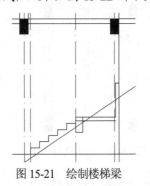
　　　　图 15-21　绘制楼梯梁

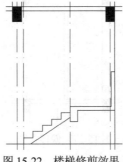
　　　　图 15-22　楼梯修剪效果

(7) 选择"绘图"｜"图案填充"命令，填充 SOLID 图案，效果如图 15-23 所示。

(8) 选择"修改"｜"偏移"命令，将轴线向右偏移 100，并过轴线绘制直线，删除轴线，效果如图 15-24 所示。

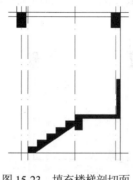

图 15-23 填充楼梯剖切面

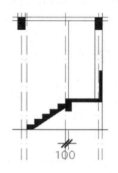

图 15-24 绘制一层楼梯间墙线

(9) 使用"直线"和"偏移"命令，绘制踏步线，尺寸如图 15-25 所示。

(10) 删除偏移的轴线，并将自左向右的第二条轴线向右偏移 1250，效果如图 15-26 所示。

图 15-25 绘制踏步线

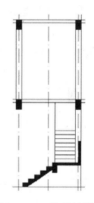

图 15-26 偏移轴线

(11) 将步骤(10)偏移生成的轴线分别向左和向右偏移 50，使用直线连接偏移轴线与楼面板交点，删除偏移轴线，效果如图 15-27 所示。

(12) 选择"修改"｜"偏移"命令，将步骤(11)绘制的直线分别向左和向右偏移 50，绘制扶手，效果如图 15-28 所示。

图 15-27 偏移直线

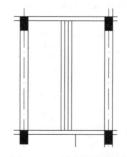

图 15-28 绘制楼梯扶手

(13) 使用"直线"和"偏移"命令绘制楼梯，尺寸如图 15-29 所示。

(14) 选择"修改"|"修剪"命令，对楼梯扶手线进行修剪，效果如图 15-30 所示。

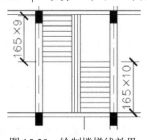

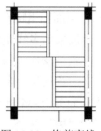

图 15-29　绘制楼梯线效果　　　　　图 15-30　修剪直线

15.2.7　绘制门

剖面图中的门也有两种，剖切到的门和未剖切到的门，一个是剖面图，一个是立面图。绘制方法在平面图和立面图的绘制中都介绍过，具体绘制步骤如下。

(1) 选择"修改"|"偏移"命令，将轴线偏移，偏移尺寸如图 15-31 所示。

(2) 选择"绘图"|"矩形"命令，绘制一层通往汽车间的门，即绘制 800×2000 的矩形，第一个角点如图 15-32 所示。

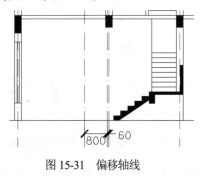
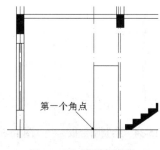

图 15-31　偏移轴线　　　　　　　图 15-32　绘制车库门

(3) 绘制 240×2700 的矩形，并将其分解，将左右边各向内偏移 80，定义图块"门剖面"，基点为矩形的左下角点。

(4) 选择"插入"|"块"命令，插入"门剖面"图块，效果如图 15-33 所示。

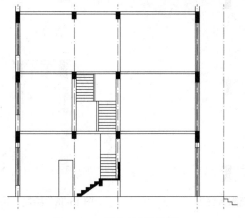

图 15-33　插入门剖面图块

15.2.8　绘制阳台剖面

阳台剖面图绘制是剖面图里特有的。一般来说，由于不同的建筑图阳台设计不一样，没有统一的画法，通常阳台板采用多线完成，其他例如栏板等内容可以根据具体情况，结合使用各种二维绘图命令完成，具体操作步骤如下。

(1) 选择"绘图"|"多线"命令，使用多线样式 Standard，比例为 120，对正样式为上对正，绘制阳台板，效果如图 15-34 所示。

(2) 选择"插入"|"块"命令，插入"600 梁"图块，效果如图 15-35 所示。

(3) 选择"绘图"|"多段线"命令，捕捉图 15-36 所示的梁的右上角点为起点，然后依次输入其他点的相对坐标(@120,0)、(@0,-60)、(@-60,0)、(@0,-60)、(@-60,0)，按 Enter 键完成多段线的绘制，效果如图 15-36 所示。

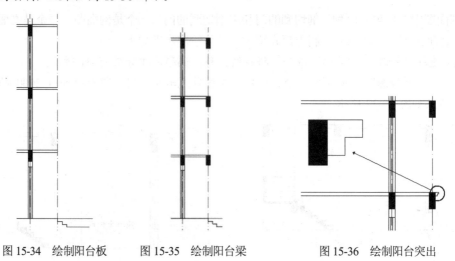

图 15-34　绘制阳台板　　　图 15-35　绘制阳台梁　　　图 15-36　绘制阳台突出

(4) 使用"镜像"和"复制"命令，绘制其他的阳台突出部分。选择"绘图"|"填充图案"命令，填充突出部分，效果如图 15-37 所示。

(5) 选择"绘图"|"直线"命令，绘制一层柱子，添加栏板线，效果如图 15-38 所示。

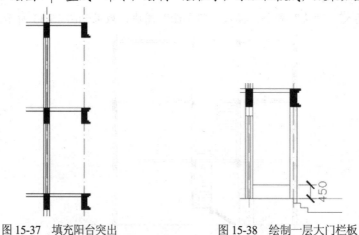

图 15-37　填充阳台突出　　　　　图 15-38　绘制一层大门栏板

(6) 使用"直线"和"偏移"命令，绘制二层栏板，尺寸如图 15-39 所示。

(7) 选择"绘图"|"图案填充"命令，对剖切部分进行填充，填充图案为 SOLID。选择"绘

图"|"直线"命令绘制阳台玻璃线,并向右偏移 80,完成的阳台窗线效果如图 15-40 所示。

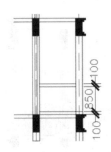

图 15-39　绘制二层阳台栏板　　　　　　图 15-40　绘制二层阳台窗线

(8) 选择"绘图"|"直线"命令,绘制二层的栏杆线,尺寸如图 15-41 所示。

(9) 选择"修改"|"阵列"命令,对步骤(8)绘制的栏杆线进行矩形阵列,设置参数如图 15-42 所示,单击"确定"按钮,阵列效果如图 15-43 所示。

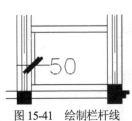

图 15-41　绘制栏杆线

图 15-42　设置阵列参数

(10) 使用同样的方法创建三层的阳台,效果如图 15-44 所示。

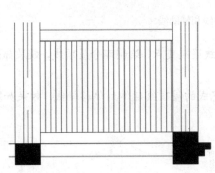

图 15-43　阵列效果

图 15-44　绘制三层阳台

15.2.9　绘制屋顶

屋顶的绘制主要使用多段线、偏移、修剪、延伸以及图案填充等命令完成,具体操作步骤如下。

(1) 选择"绘图"|"多段线"命令,捕捉图 15-45 所示的阳台梁的左上角点为起点,然后依次输入其他点的相对坐标(@0,300)、(@360,0)、(@0,-60)、(@-60,0)、(@0,-60)、(@-60,0),接下来捕捉阳台梁的右上角点,按 Enter 键完成多段线的绘制,效果如图 15-45 所示。

(2) 选择"绘图"|"图案填充"命令,将步骤(1)绘制的区域填充 SOLID 图案,效果如

图 15-46 所示。

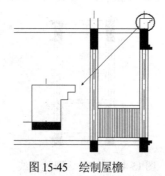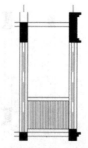

图 15-45　绘制屋檐　　　　　　　　　图 15-46　填充屋檐剖切

(3) 选择"修改"|"偏移"命令，将辅助线向上偏移 13050，左侧轴线向右偏移 5100，左右两条轴线分别向两侧偏移 500，尺寸示意如图 15-47 所示。

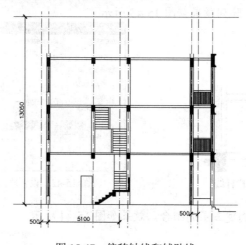

图 15-47　偏移轴线和辅助线

(4) 选择"绘图"|"多段线"命令，使用多段线连接交点，绘制部分屋顶线，效果如图 15-48 所示。

(5) 选择"修改"|"延伸"命令，将步骤(4)完成的屋顶线延伸到偏移轴线，效果如图 15-49 所示。

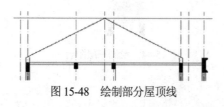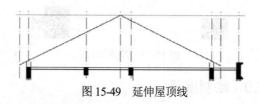

图 15-48　绘制部分屋顶线　　　　　　　图 15-49　延伸屋顶线

(6) 将步骤(5)延伸产生的多段线向下偏移 100，并用直线连接多段线，效果如图 15-50 所示。

(7) 选择"修改"|"分解"命令，分解外墙线，并对墙线进行修剪和延伸，效果如图 15-51 所示。

图 15-50　偏移并用直线连接

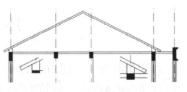

图 15-51　修剪墙线

图 15-52　填充屋顶和楼面板

(8) 关闭轴线图层，使用 SOLID 图案填充屋顶和楼面板，效果如图 15-52 所示。

15.2.10　绘制其他内容

在剖面图中，同样需要添加轴线编号、标高以及尺寸标注，方法与平面图和立面图中类似，具体操作步骤如下。

(1) 删除辅助线，选择"修改"|"修剪"命令修剪轴线，添加轴线编号，效果如图 15-53 所示。

(2) 使用创建立面图标高同样的方法创建剖面图标高，插入标高时需要注意，由于标高图块初始方向如图 15-54 所示，需要使用图块的夹点编辑，调整标高的方向，最终标高效果如图 15-55 所示。

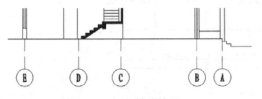

图 15-53　添加轴线编号

图 15-54　夹点编辑标高

(3) 使用"线性标注"和"连续标注"命令添加尺寸标注，并添加轴线编号，效果如图 15-56 所示。

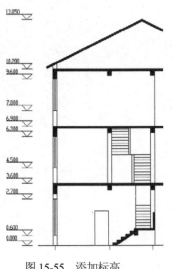

图 15-55　添加标高

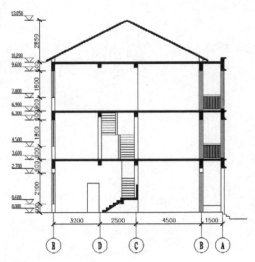

图 15-56　添加尺寸标注

15.3　思　考　练　习

1. 在建筑制图中，建筑剖面图的作用是什么？

2. 在 AutoCAD 中，建筑剖面图中通常包括哪些内容？

3. 在 AutoCAD 中，绘制建筑剖面图分为哪几个步骤？

4. 绘制图 15-57 所示的建筑剖面图。

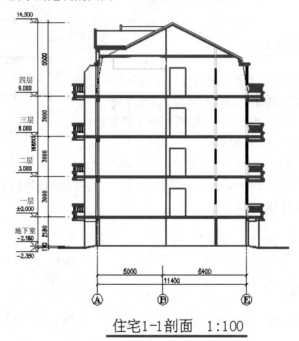

住宅1-1剖面　1:100

图 15-57　建筑剖面图

第16章　绘制建筑详图

建筑详图是建筑平面图、立面图和剖面图的重要补充，对房屋的细部、构件和配件用较大的比例将其形状、大小、材料和做法按正投影的画法详细地表述出来。一般来说，建筑详图包括外墙身详图、楼梯详图、卫生间详图、立面详图、门窗详图以及阳台、雨棚和其他固定设施的详图。

16.1　建筑详图概述

用较大的比例按照直接正投影并辅助以文字说明等必要的方法，将某些建筑构配件和某些剖视节点的具体内容表达清楚的图样，称为建筑详图。一般来说，详图的数量和图示方法，应视所表达部位的构造复杂程度而定，有时只需一个剖面详图就能表达清楚(如墙身剖面图)，有时还需另加平面详图(例如卫生间、楼梯间等)或立面详图(例如门窗)，有时还要另加一轴测图作为补充说明。

建筑详图主要有以下几类。

- 节点详图：常见的节点详图有外墙身剖面节点详图。
- 构配件详图：包括门窗详图、雨篷详图、阳台详图等。
- 房间详图：包括楼梯间详图、卫生间详图、厨房详图等。

建筑详图所表现的内容相当广泛，可以不受任何限制。一般地说，只要平、立、剖视图中没有表达清楚的地方都可用详图进行说明。因此，根据房屋复杂的程度以及建筑标准的不同，详图的数量及内容也不尽相同。一般来说，建筑详图包括外墙墙身详图、楼梯详图、卫生间详图、门窗详图以及阳台、雨棚和其他固定设施的详图。建筑详图中需要表明以下内容。

- 详图的名称和绘图比例。
- 详图符号及其编号，还需要另画详图时的索引符号。
- 建筑构配件(例如门、窗、楼梯、阳台)的形状、详细构造、连接方式、有关的详细尺寸等。
- 详细说明建筑物细部及剖面节点(例如檐口、窗台、明沟、楼梯扶手、踏步、屋顶等)的形式、做法、用料、规格及详细尺寸。
- 表示施工要求及制作方法。
- 定位轴线及其编号。
- 需要标注的标高等。

16.2　绘制外墙身详图

外墙身详图使用一个假想的垂直于墙体轴线的铅垂剖切面，将墙体某处从防潮层剖开，得到建筑剖面图的局部放大图。外墙身详图主要表达了屋面、楼面、地面、檐口构造、楼板与墙的连接、门窗顶、窗台和勒脚、散水、防潮层、墙厚等外墙各部位的尺寸、材料和做法等详细构造情况。外墙身详图与平面图、立面图、剖面图配合使用，是施工中砌墙、室内外装修、门窗立口及概算、预算的主要依据。

在建筑剖面图的绘制过程中已经绘制了外墙的大致轮廓，但是对于外墙的具体构造并不清楚，所以还需要外墙身详图来说明。

16.2.1　提取与修剪外墙轮廓

由于提取的墙身轮廓并不符合外墙身详图的要求，因此要做部分改动，删除一些不必要的部分。具体操作步骤如下。

(1) 打开第 15 章中绘制的剖面图，删除所有尺寸标注，如图 16-1 所示。

(2) 选择"绘图" | "构造线"命令，绘制图 16-2 所示的水平和垂直构造线。

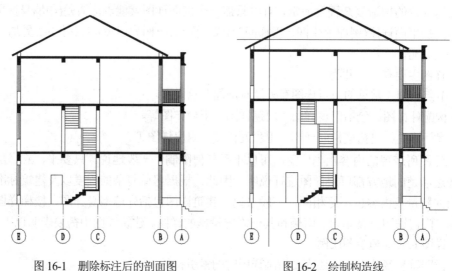

图 16-1　删除标注后的剖面图　　　　　　图 16-2　绘制构造线

(3) 使用"删除"和"修剪"命令，将构造线以外的多余部分删除，效果如图 16-3 所示。

(4) 选择"绘图" | "构造线"命令，绘制辅助线，在"指定点或 [水平(H)/垂直(V)/角度(A)/二等分(B)/偏移(O)]:"提示信息下输入 H，绘制水平线。在"指定通过点:"提示信息下输入 from，使用相对点法输入点，然后捕捉一层窗户下的顶点，并且输入相对偏移距离为(@0,200)。

(5) 使用同样的方法绘制 6 条图 16-4 所示的构造线，首先将窗图块分解，修剪构造线之间的图形，效果如图 16-5 所示。

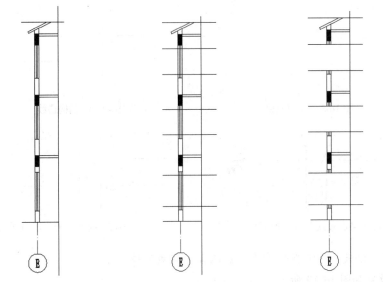

图 16-3　删除多余部分　　　图 16-4　绘制折断辅助线　　　图 16-5　折断外墙身

16.2.2　修改墙身轮廓

由于提取的墙身轮廓并不符合外墙身详图的要求，因此要做部分改动，使用折断线折断不必要的部分，具体操作步骤如下。

(1) 选择"绘图"|"直线"命令，在绘图区内任意拾取一点作为第一点，然后依次输入各个点的相对坐标(@200,0)、(@25,100)、(@50,-200)、(@25,100)、(@200,0)，按 Enter 键完成绘制，效果如图 16-6 所示。

(2) 选择"修改"|"缩放"命令，使用交叉窗口方式选择图 16-7 所示的图形，在"指定基点或[位移(D)] <位移>:"提示信息下任意选择一点。在"指定第二个点或 <使用第一个点作为位移>:"提示信息下输入相对坐标(@100,-100)，表示拉伸的位移，效果如图 16-8 所示。

图 16-6　绘制单折断线　　　　　　　图 16-7　拉伸折断线

(3) 选择"绘图"|"构造线"命令，过图 16-8 所示的长斜向线中点绘制垂直构造线，选择"修改"|"偏移"命令，将绘制完成的构造线分别向左和向右偏移 40，效果如图 16-9 所示。

(4) 使用延长线捕捉方式，绘制图 16-10 所示的直线。使用同样的方法，绘制另外半段直线，效果如图 16-11 所示。

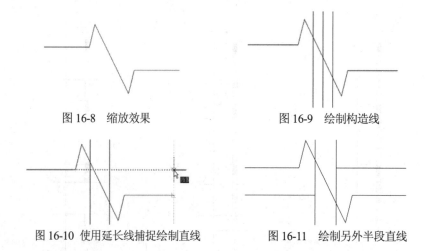

图 16-8　缩放效果　　　　　图 16-9　绘制构造线

图 16-10　使用延长线捕捉绘制直线　　　　图 16-11　绘制另外半段直线

(5) 选择"修改"|"删除"命令，删除偏移完成的辅助线，最终效果如图 16-12 所示。

(6) 选择"修改"|"复制"命令，选择图 16-12 所示的折断符号，在"指定基点或[位移(D)/模式(O)] <位移>:"提示信息下选择图 16-12 所示的⊗图标所在位置的点作为基点，然后根据图 16-13 所示依次捕捉各个点，按 Enter 键完成复制。

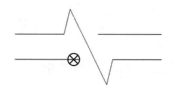

图 16-12　绘制完成的折断符号

(7) 选择"修改"|"移动"命令，选择图 16-14 所示的移动对象，在"指定基点或 [位移(D)] <位移>:"提示信息下选择图 16-14 所示的点为基点，在"指定第二个点或 <使用第一个点作为位移>:"提示信息下，选择图 16-14 所示的延长线的交点作为移动插入点，移动效果如图 16-15 所示。

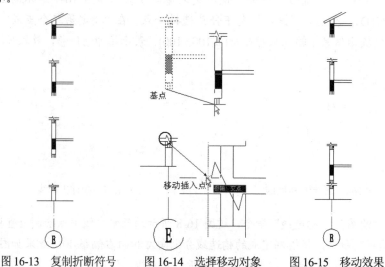

图 16-13　复制折断符号　　　图 16-14　选择移动对象　　　图 16-15　移动效果

(8) 继续选择"修改"|"移动"命令，将墙体其他部分移动至图 16-16 所示位置。选择"修改"|"修剪"命令，对墙线和窗户线进行修剪。

(9) 选择"修改"|"旋转"命令，选择图 16-16 所示的单折断线，在"指定基点:"提示信息下选择单折断线上的任意一点，在"指定旋转角度，或 [复制(C)/参照(R)] <0>:"提示信息下

输入 90，设置旋转角度为 90°。按 Enter 键完成旋转，效果如图 16-17 所示。

(10) 选择"修改"|"复制"命令，将垂直单折断线复制到外墙体的其他位置，同时把水平单折断线复制到图 16-18 所示的位置。

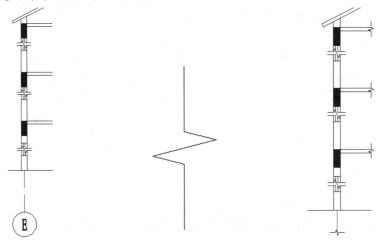

图 16-16　外墙移动后的效果　　图 16-17　垂直单折断线符号　　图 16-18　在其他部位布置折断符号

(11) 使用"延伸"和"修剪"命令，对墙体进行细部修剪，效果如图 16-19 所示。

16.2.3　修改地面

地面部分的构造非常复杂，包括防水层、室内外地面、散水、勒脚等。在剖面图中，对地面部分的绘制采用了简化处理，但是在外墙身详图中，需要详细地表示出其构造。本例介绍防水层和内外地面的绘制方法，具体操作步骤如下。

(1) 选择"修改"|"偏移"命令，将地平线和正负零线分别向下偏移 100，再将偏移完成的直线向下偏移 200，效果如图 16-20 所示。

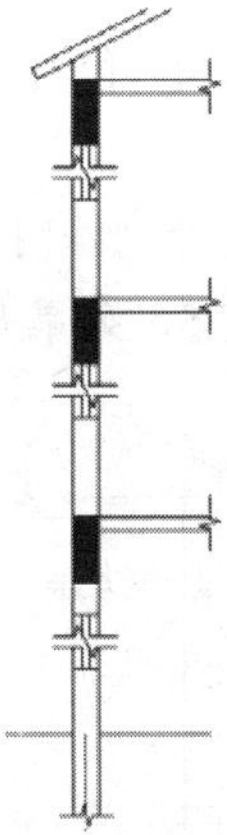

(2) 选择"绘图"|"矩形"命令，在"指定第一个角点或 [倒角(C)/标高(E)/圆角(F)/厚度(T)/宽度(W)]："提示信息下输入

图 16-19　修剪完成后的外墙体

from，使用相对点法绘制第一个角点，在"基点："提示信息下捕捉图 16-21 所示的基点，在"<偏移>："提示信息下输入相对偏移距离(@0,100)，在"指定另一个角点或 [面积(A)/尺寸(D)/旋转(R)]："提示信息下输入另一个角点的相对坐标(@240,-600)，得到的效果如图 16-21 所示。

图 16-20　偏移地平线和正负零线　　　图 16-21　绘制防水层轮廓

(3) 选择"绘图"|"直线"命令，将图形封闭，绘制隔断线，以方便填充图形。

(4) 选择"绘图" | "图案填充"命令，对图形进行填充。室内和室外地面均为混凝土，下部为灰土，防水层为防水砂浆砌砖。在"图案填充和渐变色"对话框中分别选择填充图案为 AR-CONC、AR-SAND 和 ANSI37，填充比例分别为 0.5、0.5 和 20，完成图案填充的图形如图 16-22 所示。填充完毕后删除隔断线。

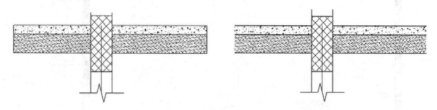

图 16-22　地面、散水和防潮层填充完成的效果

16.2.4　修改楼板

本例中的连排别墅采用的是现浇楼板，但是在剖面图中并没有表达出来，因此需要在外墙详图中将其绘制出来，具体步骤如下。

(1) 在墙的梁的底部绘制直线，选择"修改" | "删除"命令，删除梁图块，效果如图 16-23 所示。

(2) 使用"修剪"和"延伸"命令，对梁和墙的结合处进行修剪和延伸，编辑效果如图 16-24 所示。

(3) 选择"绘图" | "图案填充"命令，对梁和楼板进行填充，填充图案为 AR-CONC，填充比例为 0.5，效果如图 16-25 所示。

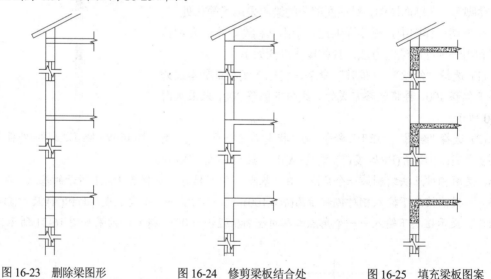

图 16-23　删除梁图形　　　　图 16-24　修剪梁板结合处　　　　图 16-25　填充梁板图案

16.2.5　填充外墙

对外墙进行填充时，可以选择"绘图" | "图案填充"命令，设置填充图案为 LINE，填充角度为 45°，比例为 20，完成对外墙的填充，填充外墙的效果如图 16-26 所示。

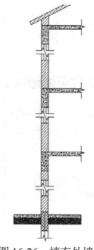

图 16-26　填充外墙

16.2.6　尺寸标注

对填充完成的外墙需要添加各种尺寸标注，具体步骤如下。

(1) 使用"标高"图块，给外墙体设置标高，标高值分别为 0.000、3.600、6.900 和 10.200，效果如图 16-27 所示。

(2) 选择"格式"|"标注样式"命令，打开"标注样式管理器"对话框，修改 GB100 标注样式的部分参数。在"线"选项卡的"尺寸界线"选项区域中，设置固定长度的尺寸界线长度为 300，如图 16-28 所示。

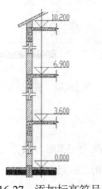

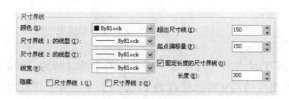

图 16-27　添加标高符号　　　　　　　图 16-28　设置尺寸界线长度

(3) 在"符号和箭头"选项卡的"箭头"选项区域中，将"箭头大小"设置为 150，如图 16-29 所示。

图 16-29　修改箭头大小

(4) 在"文字"选项卡中单击"文字样式"下拉列表后的 ⋯ 按钮，打开"文字样式"对话框，创建文字样式 GB150，各项设置如图 16-30 所示。返回到"修改标注样式"对话框，设置文字样式为 GB150，如图 16-31 所示。

图 16-30 创建文字样式 GB150   图 16-31 设置文字样式

(5) 使用"线性标注"和"连续标注"命令，对详图进行标注，标注效果如图 16-32 所示。

(6) 打开"标注"工具栏，单击工具栏上的"编辑标注"按钮 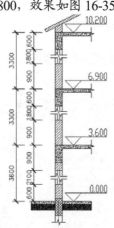 ，在"输入标注编辑类型 [默认(H)/新建(N)/旋转(R)/倾斜(O)] <默认>:"提示信息下输入 N，表示新建标注值，打开多行文字编辑器，输入新的标注值 3600，如图 16-33 所示。单击"确定"按钮，返回到命令行提示。在"选择对象:"提示信息下选择图 16-32 所示的数值为 2000 的标注，然后按 Enter 键，修改效果如图 16-34 所示。

图 16-33 多行文字编辑器

图 16-32 完成的尺寸标注

(7) 使用同样的方法，将另外两个标注值为 2000 的尺寸标注修改为 3300，最下方的标注值为 500 的尺寸标注修改为 2100，上方的两个修改为 1800，效果如图 16-35 所示。

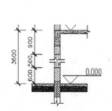

图 16-34 修改标注数值   图 16-35 修改其他标注值

16.2.7　添加文字说明

建筑详图需要输入很多文字以说明其构造、材料和做法等，包括室内外地面的材料和做法、防水层的材料和做法，以及各部位名称等，具体操作方法如下。

(1) 创建新的文字样式 GB200，设置文字样式参数如图 16-36 所示。

(2) 选择"绘图"｜"直线"命令，绘制图 16-37 所示的文字引出线，相对点分别为(@600，600)和(@300,0)。选择"绘图"｜"单行文字"命令，创建文字，文字样式为 GB200，完成效果如图 16-37 所示。

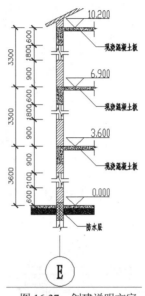

图 16-36　GB200 参数设置　　　　　图 16-37　创建说明文字

16.3　绘制楼梯详图

楼梯是多层房屋上下交通的主要设施，它一般应有足够的坚固耐久性，而且还要满足行走方便、人流疏散畅通和搬运物品的要求。梯段是联系两个不同标高平台的斜置构件。梯段上有踏步，踏步上的水平面称为脚踏面，垂直面称为脚踢面。休息平台供人们暂时休息和楼梯转换方向。

16.3.1　绘制楼梯平面详图

一般来说，在平面图中已经详细地绘制了楼梯的轮廓，绘制楼梯平面详图的最简单有效的方法是由平面图生成，对平面图进行处理得到。楼梯平面详图的创建方法与外墙身详图差不多，这里就不再赘述。下面以另一套图纸中的平面图为例，从平面图中提取楼梯，绘制楼梯详图，具体操作步骤如下。

(1) 打开建筑平面图，效果如图 16-38 所示。选择"绘图"｜"构造线"命令，绘制构造线，如图 16-39 所示。

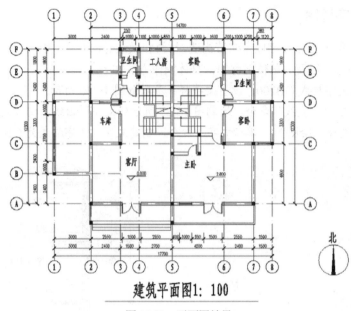

图 16-38　平面图效果

(2) 选择"绘图"|"构造线"命令，对楼梯以外的图形进行修剪，并删除构造线，效果如图 16-40 所示。

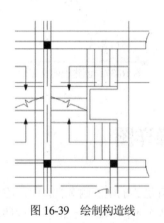

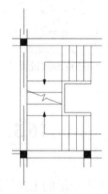

图 16-39　绘制构造线　　　　　　　　图 16-40　修剪楼梯多余线

(3) 在外墙身详图中已经讲解过单折断线的绘制，这里继续使用单折断线，效果如图 16-41 所示。

(4) 选择"绘图"|"图案填充"命令，为墙体填充相应的图案，填充图案为 LINE，比例设为 15，填充角度为 45°，填充效果如图 16-42 所示。

(5) 选择"绘图"|"直线"命令，使用相对点法，捕捉图 16-43 所示的⊗图标位置为基点，输入相对坐标(@-200,0)确定第一点，输入相对坐标(@0,-1000)确定第二点，捕捉垂直点确定第三点，按 Enter 键完成绘制，效果如图 16-43 所示。

(6) 右击"标准"工具栏，在弹出的快捷菜单中选择"特性"命令，打开"特性"工具栏。在"特性"工具栏的"线型控制"下拉列表框中选择"其他"命令，打开"线型管理器"对话框。单击"加载"按钮，在打开的"加载或重载线型"对话框中选择 DASHED 线型，如图 16-44 所示。

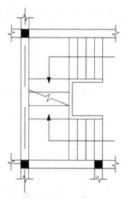

图 16-41　插入折断线

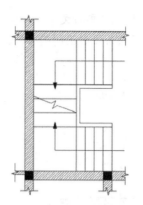

图 16-42　填充墙体

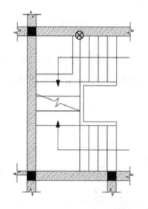

图 16-43　插入楼梯梁线

图 16-44　加载线型

(7) 选择"修改"|"镜像"命令，绘制楼梯的另一半楼梯梁，选择楼梯梁线，使用线型 DASHED，如图 16-45 所示。

(8) 打开"特性"动态选项板，设置线型比例为 10，效果如图 16-46 所示。

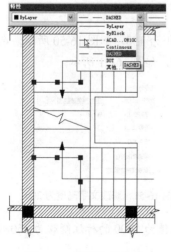

图 16-45　使用加载线型

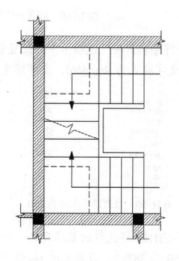

图 16-46　使用线型效果

(9) 选择"绘图"|"圆"命令，绘制半径为 200 的圆，并移动圆到图 16-47 所示的位置。

(10) 选择"绘图"|"单行文字"命令，输入轴线编号，文字样式为 GB350，采用正中对正样式，文字的中间点为轴线圆的圆心，按 Enter 键，输入文字 5，效果如图 16-48 所示。

图 16-47　绘制轴线圆 　　　　　　　　　图 16-48　输入轴线编号

(11) 选择"格式"|"标注样式"命令，打开"标注样式管理器"对话框，修改 GB100 标注样式，在"线"选项卡中设置固定长度的尺寸界线长度为 400，如图 16-49 所示。

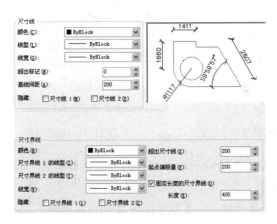

图 16-49　固定长度的尺寸界线长度为 400

(12) 在"符号和箭头"选项卡中，设置箭头大小为 150，如图 16-50 所示；在"文字"选项卡中，设置文字样式为 Standard，文字高度为 200，如图 16-51 所示。

图 16-50　修改箭头大小为 150 　　　　　　图 16-51　修改文字高度为 200

(13) 使用 GB100 样式标注长度尺寸，并将标注值为 1000 的标注修改为 250×4，标注值为 1160 的标注修改为 387×3，效果如图 16-52 所示。

(14) 选择"绘图"|"单行文字"命令，输入文字"上 5"和"下 5"，文字样式采用 GB350，效果如图 16-53 所示。

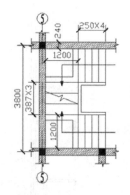
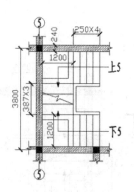

图 16-52　添加楼梯尺寸标注　　　　　　　　　图 16-53　添加文字标注

(15) 使用同样的方法，分别绘制一层楼梯平面详图和三层楼梯平面详图，效果分别如图 16-54 和图 16-55 所示。

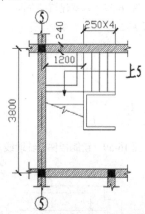
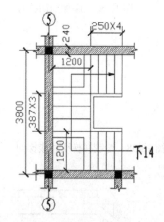

图 16-54　绘制一层楼梯详图　　　　　　　　图 16-55　绘制三层楼梯详图

16.3.2　绘制楼梯剖面详图

在楼梯平面详图中，添加图 16-56 所示的剖切线，根据剖切线绘制楼梯剖切详图，具体操作步骤如下。

(1) 打开建筑剖面图，对剖面图进行修剪，修剪后的效果如图 16-57 所示。

(2) 选择"绘图"|"直线"命令，以绘图区中的任意一点为起点，然后依次输入各个点的相对坐标(@0,200)、(@250,0)、(@0,200)、(@250,0)、(@0,200)、(@250,0)、(@0,200)、(@250,0)、(@0,200)、(@1200,0)，按 Enter 键完成楼梯面和踢脚线的绘制，效果如图 16-58 所示。

(3) 选择"绘图"|"直线"命令，绘制楼梯板的辅助线，效果如图 16-59 所示。

(4) 选择"修改"|"偏移"命令，将步骤(3)绘制的直线向右下偏移 100，最上一层踢脚线向右偏移 200，将平台板线分别向下偏移 100 和 350，效果如图 16-60 所示。

(5) 使用"修剪"和"延伸"命令，对图形进行修改，效果如图 16-61 所示。

(6) 选择"修改"|"偏移"命令，将平台板线分别向上偏移 200、400、600 和 800，效果如图 16-62 所示。

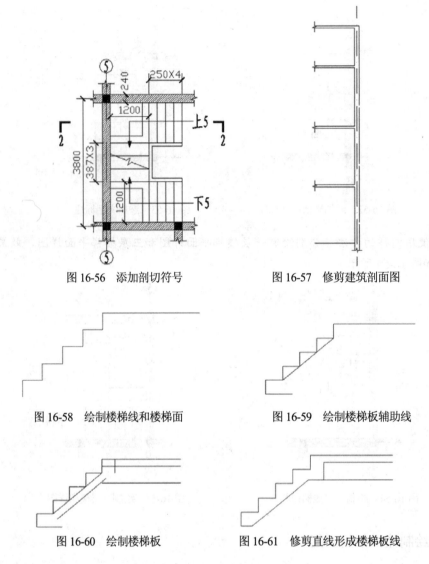

图 16-56　添加剖切符号　　　　　　　图 16-57　修剪建筑剖面图

图 16-58　绘制楼梯线和楼梯面　　　　　图 16-59　绘制楼梯板辅助线

图 16-60　绘制楼梯板　　　　　　　图 16-61　修剪直线形成楼梯板线

　　(7) 选择"修改"|"复制"命令，复制图 16-62 所示的楼梯线和踢脚线，其中基点为图 16-63 下部⊗图标所示点，复制目标点为上部⊗图标所示点。

　　(8) 选择"修改"|"镜像"命令，选择图 16-63 所示的复制完成的楼梯线和踢脚线，然后选择镜像线上的两点，在"要删除源对象吗？[是(Y)/否(N)] <N>:"提示信息下输入 y，删除源对象，效果如图 16-64 所示。

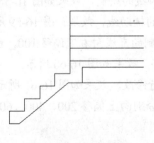

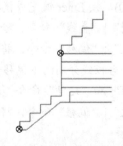

图 16-62　绘制踏步线　　　　　　　图 16-63　复制楼梯线和踢脚线

(9) 按照步骤(4)和(5)，绘制第 3 阶楼梯的楼梯板，效果如图 16-65 所示。

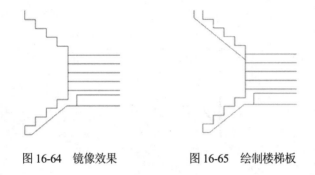

图 16-64　镜像效果　　　　　　　　图 16-65　绘制楼梯板

(10) 选择"修改"|"复制"命令，选择图 16-65 所示的图形，以图形的最左下角点为基点，在"指定第二个点或 <使用第一个点作为位移>:"提示信息下输入 from，使用相对点法确定第二个点，在"基点:"提示信息下捕捉正负零线与墙体的交点，在"<偏移>:"提示信息下输入相对偏移距离(@-2200,0)，在"指定第二个点或 [退出(E)/放弃(U)] <退出>:"提示信息下输入 from，使用相对点法确定第二个点，在"基点:"提示信息下捕捉二层楼面线与墙体的交点，在"<偏移>:"提示信息下输入相对偏移距离(@-2200,0)，按 Enter 键完成复制，效果如图 16-66 所示。

(11) 选择"绘图"|"直线"命令，绘制三层的墙体投影线，效果如图 16-67 所示。

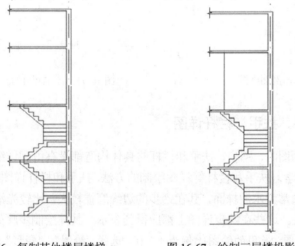

图 16-66　复制其他楼层楼梯　　　　　　图 16-67　绘制三层楼投影线

(12) 选择"绘图"|"图案填充"命令，为剖切到的楼梯板填充材质。由于楼梯为钢筋混凝土结构，因此需选择填充的图案为 LINE 和 AR-CONC。第 1 种图案的填充比例为 50，角度为 135°；第 2 种图案的比例为 1，效果如图 16-68 所示。

(13) 绘制楼梯扶手，扶手高度为 800，扶手宽为 100，具体绘制过程不再赘述，效果如图 16-69 所示。

(14) 使用"修剪"和"延伸"命令对绘制完成的楼梯剖面图进行修改，效果如图 16-70 所示，主要的处理在于修剪被挡住的对象。

(15) 使用"线性"尺寸标注添加长度尺寸标注，使用"标高"图块添加楼层标高，同时添加轴线编号，效果如图 16-71 所示。

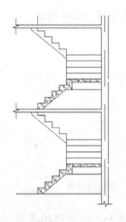

图 16-68　对楼梯剖切部分进行填充

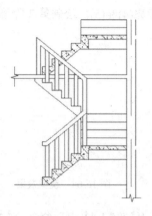

图 16-69　绘制扶手

图 16-70　修剪剖面详图

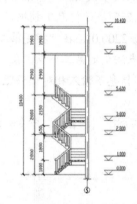

图 16-71　添加尺寸标注和文字标注

16.3.3　绘制踏手、扶手、栏杆详图

在绘制楼梯剖面图时，踏步、扶手和栏杆的具体构造都没有得到详细的表示。下面将通过对踏步详图的绘制，学习扶手和栏杆等详图绘制的方法，扶手和栏杆详图的绘制步骤不再赘述。

楼梯踏步表层通常为水泥抹面，其在踏步的边缘磨损较大，比较光滑，因此在踏步边沿沿水平线应设置防滑条。这些在踏步详图上都应得到表示，具体绘制步骤如下。

(1) 绘制踏步详图，采用的绘图比例为 1∶10，选择"绘图" | "矩形"命令，绘制 2500×2000矩形，如图 16-72 所示。选择"修改" | "分解"命令分解矩形，并将上边向下偏移 200，左边向右偏移 200，并进行修剪，效果如图 16-73 所示。

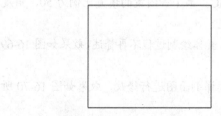

图 16-72　绘制矩形

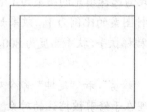

图 16-73　绘制踏步抹面层

(2) 选择"绘图" | "矩形"命令，在"指定第一个角点或 [倒角(C)/标高(E)/圆角(F)/厚度(T)/

宽度(W)]:" 提示信息下输入 from,使用相对点法确定点,在 "基点:" 提示信息下选择图 16-74 所示的 ⊗ 图标所示的点,在 "<偏移>:" 提示信息下输入相对偏移距离(@400,-100),在 "指定 另一个角点或 [面积(A)/尺寸(D)/旋转(R)]:" 提示信息下输入另一个点的相对坐标(@200,200), 效果如图 16-74 所示。

(3) 选择 "修改" | "修剪" 命令,对抹面进行修剪,效果如图 16-75 所示。

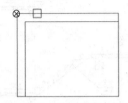　　　　　　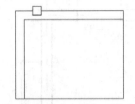

图 16-74　绘制防滑条矩形　　　　　图 16-75　修剪经过矩形的直线

(4) 选择 "绘图" | "图案填充" 命令填充踏步,其中水泥抹面部分和防滑条的填充图案采用 AR-SAND,比例为 2;踏步主体部分为钢筋混凝土,设置填充图案为 LINE 和 AR-CONC。第 1 种图案的填充比例为 200,角度为 135°;第 2 种图案的填充比例为 2,效果如图 16-76 所示。

(5) 创建新的标注样式 GB10,基础样式为 GB100,如图 16-77 所示。

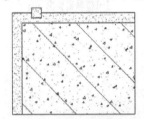　　　　　　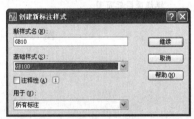

图 16-76　使用图案填充踏步　　　　图 16-77　创建 GB10 标注样式

(6) 单击 "继续" 按钮,打开 "创建新标注样式" 对话框,在 "主单位" 选项卡中设置比 例因子为 0.1,如图 16-78 所示。

(7) 将 GB10 置为当前标注样式,对踏步进行标注,效果如图 16-79 所示。

图 16-78　修改比例因子　　　　　图 16-79　添加尺寸和文字标注

16.4　思　考　练　习

1. 在建筑制图中,建筑详图的作用是什么?

2. 在 AutoCAD 中,建筑详图中通常包括哪些内容?

3. 在 AutoCAD 中,绘制建筑详图分为哪几个步骤?

4. 绘制图 16-80 所示的楼梯详图。

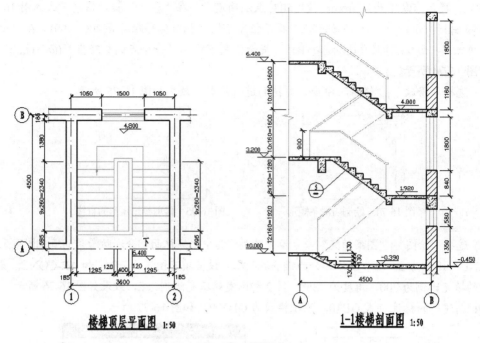

图 16-80　楼梯详图

第17章 输出建筑图形

在 AutoCAD 2008 中完成建筑图形的绘制工作后，最后要完成的操作是输出建筑图形。AutoCAD 2008 提供了图形输入与输出接口，不仅可以将其他应用程序中处理好的数据传送给 AutoCAD，以显示其图形，还可以将在 AutoCAD 中绘制好的图形打印出来，或者把它们的信息传送给其他应用程序。

此外，为适应互联网的快速发展，使用户能够快速有效地共享设计信息，AutoCAD 2008 强化了其 Internet 功能，使其与互联网相关的操作更加方便、高效，可以创建 Web 格式的文件 (DWF)，以及发布 AutoCAD 图形文件到 Web 页。

17.1 创建和管理布局

在 AutoCAD 2008 中，可以创建多种布局，每个布局都代表一张单独的打印输出图纸。创建新布局后就可以在布局中创建浮动视口。视口中的各个视图可以使用不同的打印比例，并能够控制视口中图层的可见性。

17.1.1 在模型空间与图形空间之间切换

模型空间是完成绘图和设计工作的工作空间。使用在模型空间中建立的模型可以完成二维或三维物体的造型，并且可以根据需求用多个二维或三维视图来表示物体，同时配有必要的尺寸标注和注释等来完成所需要的全部绘图工作。在模型空间中，用户可以创建多个不重叠的(平铺)视口以展示图形的不同视图，如图 17-1 所示。

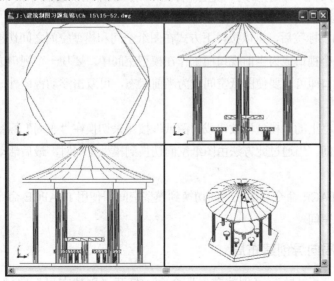

图 17-1   在模型空间中同时显示 4 个视图

图纸空间用于图形排列、绘制局部放大图及绘制视图，如图 17-2 所示。通过移动或改变视口的尺寸，可在图纸空间中排列视图。在图纸空间中，视口被作为对象来看待，并且可用 AutoCAD 的标准编辑命令对其进行编辑。这样可以在同一绘图页进行不同视图的放置和绘制(在模型空间中，只能在当前活动的视口中绘制)。每个视口能展现模型不同部分的视图或不同视点的视图。每个视口中的视图可以独立编辑、画成不同的比例、冻结和解冻特定的图层、给出不同的标注或注释。在图纸空间中，还可以用 MSPACE 命令和 PSPACE 命令在模型空间与图形空间之间切换。这样，在图纸空间中可以更灵活更方便地编辑、安排及标注视图，以得到一幅内容详尽的图。

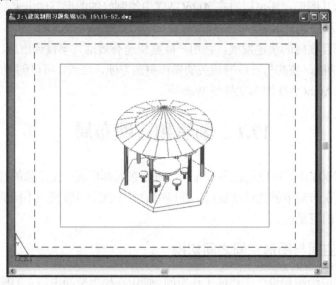

图 17-2　在图纸空间中显示视图

使用系统变量 TILEMODE 可以控制模型空间和图纸空间之间的切换。当系统变量 TILEMODE 设置为 1 时，将切换到"模型"标签，用户工作在模型空间中(平铺视口)。当系统变量 TILEMODE 设置为 0 时，将打开"布局"标签，用户工作在图纸空间中。

在打开"布局"标签后，可以按以下方式在图纸空间和模型空间之间切换。

● 通过使一个视口成为当前视口而工作在模型空间中。要使一个视口成为当前视口，双击该视口即可。要使图纸空间成为当前状态，可双击浮动视口外，布局内的任何地方。

● 通过状态栏上的"模型"按钮或"图纸"按钮来切换在"布局"标签中的模型空间和图纸空间。当通过此方法由图纸空间切换到模型空间时，最后活动的视口成为当前视口。

● 使用 MSPACE 命令从图纸空间切换到模型空间，使用 PSAPCE 命令从模型空间切换到图纸空间。

17.1.2　使用布局向导创建布局

选择"工具"|"向导"|"创建布局"命令，打开"创建布局"向导，可以指定打印设备、确定相应的图纸尺寸和图形的打印方向、选择布局中使用的标题栏或确定视口设置。

【练习 17-1】使用布局向导，图 17-3 所示为图形创建布局。

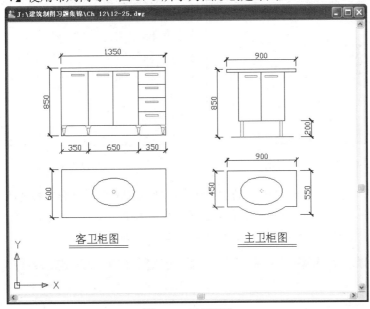

图 17-3　示例图形

(1) 选择"工具"|"向导"|"创建布局"命令，打开"创建布局-开始"对话框，并在"输入新布局的名称"文本框中输入新创建的布局的名称，如 Mylayout，如图 17-4 所示。

(2) 单击"下一步"按钮，在打开的"创建布局-打印机"对话框中，选择当前配置的打印机，如图 17-5 所示。

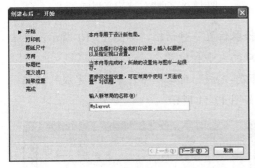

图 17-4　布局的命名

图 17-5　设置打印机

(3) 单击"下一步"按钮，在打开的"创建布局-图纸尺寸"对话框中选择打印图纸的大小并选择所用的单位。图形单位可以是毫米、英寸或像素。这里选择绘图单位为毫米，纸张大小为 A4，如图 17-6 所示。

(4) 单击"下一步"按钮，在打开的"创建布局-方向"对话框中设置打印的方向，可以是横向打印，也可以是纵向打印，这里选择"横向"单选按钮，如图 17-7 所示。

(5) 单击"下一步"按钮，在打开的"创建布局-标题栏"对话框中，选择图纸的边框和标题栏的样式。对话框右边的预览框中给出了所选样式的预览图像。在"类型"选项区域中，可以指定所选择的标题栏图形文件是作为块还是作为外部参照插入到当前图形中，如图 17-8 所示。

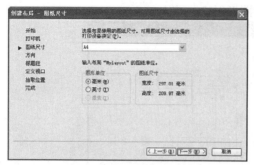

图 17-6　图形图纸的设定

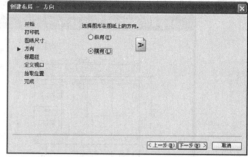

图 17-7　设置布局方向

(6) 单击"下一步"按钮，在打开的"创建布局-定义视口"对话框中指定新创建布局的默认视口的设置和比例等。在"视口设置"选项区域中选择"单个"单选按钮，在"视口比例"下拉列表框中选择"按图纸空间缩放"选项，如图 17-9 所示。

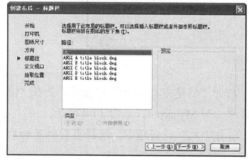

图 17-8　创建布局-标题栏　　　　　　　　　　图 17-9　创建布局-定义视口

(7) 单击"下一步"按钮，打开"创建布局-拾取位置"对话框，如图 17-10 所示。单击"选择位置"按钮，切换到绘图窗口，并指定视口的大小和位置。

(8) 单击"下一步"按钮，在打开的"创建布局-完成"对话框中，单击"完成"按钮，完成新布局及默认的视口创建。创建的打印布局如图 17-11 所示。

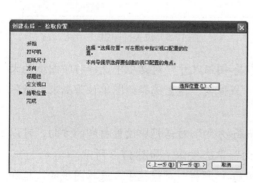

图 17-10　创建布局-拾取位置

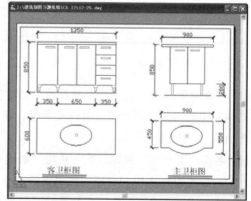

图 17-11　创建的 Mylayout 布局

17.1.3　管理布局

右击"布局"标签，使用弹出的快捷菜单中的命令，可以删除、新建、重命名、移动或复制布局，如图 17-12 所示。

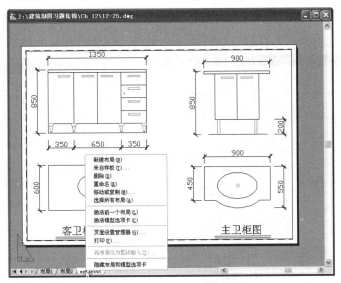

图 17-12　管理布局快捷菜单

默认情况下，单击某个布局选项卡时，系统将自动显示"页面设置"对话框，用来设置页面布局。如果以后要修改页面布局，可从快捷菜单中选择"页面设置管理器"命令，通过修改布局的页面设置，将图形按不同比例打印到不同尺寸的图纸中。

17.1.4　布局的页面设置

选择"文件"|"页面设置管理器"命令，打开"页面设置管理器"对话框，如图 17-13 所示。单击"新建"按钮，打开"新建页面设置"对话框，可以在其中创建新的布局，如图 17-14 所示。

图 17-13　"页面设置管理器"对话框

图 17-14　"新建页面设置"对话框

单击"修改"按钮，打开"页面设置"对话框，如图 17-15 所示。其中主要选项的功能如下。

- “打印机/绘图仪”选项区域：指定打印机的名称、位置和说明。在“名称”下拉列表框中，可以选择当前配置的打印机。如果要查看或修改打印机的配置信息，可单击“特性”按钮，在打开的“绘图仪配置编辑器”对话框中进行设置，如图 17-16 所示。

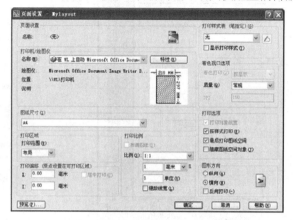

图 17-15　“页面设置”对话框　　　　图 17-16　“绘图仪配置编辑器”对话框

- “打印样式表”选项区域：为当前布局指定打印样式和打印样式表。当在下拉列表框中选择一个打印样式后，单击“编辑”按钮，可以使用打开的“打印样式表编辑器”对话框(如图 17-17 所示)查看或修改打印样式(与附着的打印样式表相关联的打印样式)。当在下拉列表框中选择“新建”选项时，将打开“添加颜色相关打印样式表”向导，用于创建新的打印样式表，如图 17-18 所示。另外，在“打印样式表”选项区域中，“显示打印样式”复选框用于确定是否在布局中显示打印样式。

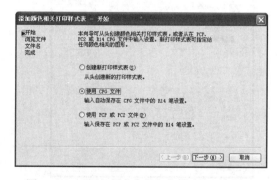

图 17-17　“打印样式表编辑器”对话框　　　图 17-18　“添加颜色相关打印样式表”向导

- “图纸尺寸”选项区域：指定图纸的尺寸大小。
- “打印区域”选项区域：设置布局的打印区域。在“打印范围”下拉列表框中，可以选择要打印的区域，包括布局、视图、显示和窗口。默认设置为布局，表示针对“布局”选项卡，打印图纸尺寸边界内的所有图形，或表示针对“模型”选项卡，打印绘图区中所有显示的几何图形。

- "打印偏移"选项区域：显示相对于介质源左下角的打印偏移值的设置。在布局中，可打印区域的左下角点，由图纸的左下边距决定，用户可以在 X 和 Y 文本框中输入偏移量。如果选中"居中打印"复选框，则可以自动计算输入的偏移值，以便居中打印。

- "打印比例"选项区域：设置打印比例。在"比例"下拉列表框中可以选择标准缩放比例，或者输入自定义值。布局空间的默认比例为 1 ∶ 1，模型空间的默认比例为"按图纸空间缩放"。如果要按打印比例缩放线宽，可选中"缩放线宽"复选框。布局空间的打印比例一般为 1 ∶ 1。如果要缩小为原尺寸的一半，则打印比例为 1 ∶ 2，线宽也随比例缩放。

- "着色视口选项"选项区域：指定着色和渲染视口的打印方式，并确定它们的分辨率大小和 DPI 值。其中，在"着色打印"下拉列表框中，可以指定视图的打印方式。要将布局选项卡上的视口指定为此设置，应在选择视口后选择"工具" | "特性"命令；在"质量"下拉列表框中，可以指定着色和渲染视口的打印分辨率；在 DPI 文本框中，可以指定渲染和着色视图每英寸的点数，最大可为当前打印设备分辨率的最大值，该选项只有在"质量"下拉列表框中选择"自定义"选项后才可用。

- "打印选项"选项区域：设置打印选项。例如打印线宽、显示打印样式和打印几何图形的次序等。如果选中"打印对象线宽"复选框，可以打印对象和图层的线宽；选中"按样式打印"复选框，可以打印应用于对象和图层的打印样式；选中"最后打印图纸空间"复选框，可以先打印模型空间几何图形，通常先打印图纸空间几何图形，然后再打印模型空间几何图形；选中"隐藏图纸空间对象"复选框，可以指定"消隐"操作应用于图纸空间视口中的对象，该选项仅在"布局"选项卡中可用。并且，该设置的效果反映在打印预览中，而不反映在布局中。

- "图形方向"选项区域：指定图形方向是横向还是纵向。选中"反向打印"复选框，还可以指定图形在图纸页上倒置打印，相当于旋转 180° 打印。

17.2 使用浮动视口

在构造布局图时，可以将浮动视口视为图纸空间的图形对象，并对其进行移动和调整。浮动视口可以相互重叠或分离。在图纸空间中无法编辑模型空间中的对象，如果要编辑模型，必须激活浮动视口，进入浮动模型空间。激活浮动视口的方法有多种，如可执行 MSPACE 命令、单击状态栏上的"图纸"按钮或双击浮动视口区域中的任意位置。

17.2.1 删除、新建和调整浮动视口

在布局图中，选择浮动视口边界，然后按 Delete 键即可删除浮动视口。删除浮动视口后，使用"视图" | "视口" | "新建视口"命令，可以创建新的浮动视口，此时需要指定创建浮动视口的数量和区域。图 17-19 所示是在图纸空间中新建的 3 个浮动视口。

相对于图纸空间，浮动视口和一般的图形对象没什么区别。每个浮动视口均被绘制在当前层上，且采用当前层的颜色和线型。因此，可使用通常的图形编辑方法来编辑浮动视口。例如，可以通过拉伸和移动夹点来调整浮动视口的边界。

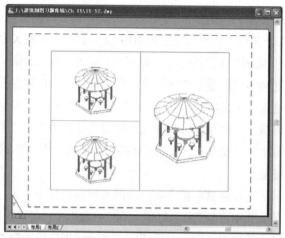

图 17-19　新建浮动视口

17.2.2　相对图纸空间比例缩放视图

如果布局图中使用了多个浮动视口时，可以为这些视口中的视图建立相同的缩放比例。这时可选择要修改其缩放比例的浮动视口，在"特性"窗口的"标准比例"下拉列表框中选择某一比例，然后对其他的所有浮动视口执行同样的操作，可以设置一个相同的比例值，如图 17-20 所示。

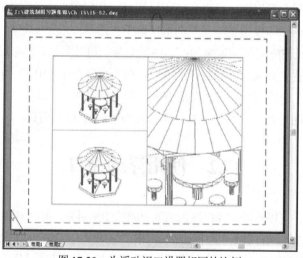

图 17-20　为浮动视口设置相同的比例

在 AutoCAD 中，通过对齐两个浮动视口中的视图，可以排列图形中的元素。要采用角度、水平和垂直对齐方式，可以相对一个视口中指定的基点平移另一个视口中的视图。

17.2.3　在浮动视口中旋转视图

在浮动视口中，执行 MVSETUP 命令可以旋转整个视图。该功能与 ROTATE 命令不同，ROTATE 命令只能旋转单个对象。

【练习 17-2】在浮动视口中将图 17-21 所示图形旋转 30°。

(1) 在命令行输入 MVSETUP 命令。

(2) 在命令行的"输入选项 [对齐(A)/创建(C)/缩放视口(S)/选项(O)/标题栏(T)/放弃(U)]:"提示信息下输入 A，选择对齐方式。

(3) 在命令行的"输入选项 [角度(A)/水平(H)/垂直对齐(V)/旋转视图(R)/放弃(U)]:"提示信息下输入 R，以旋转视图。

(4) 在命令行的"指定视口中要旋转视图的基点:"提示信息下，指定视口中要旋转视图的基点坐标为(0,0,0)。

(5) 在命令行的"指定相对基点的角度:"提示信息下，指定旋转角度为30°，然后按 Enter 键，旋转结果如图 17-22 所示。

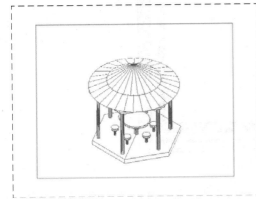

图 17-21 在浮动视口中旋转视图前的效果

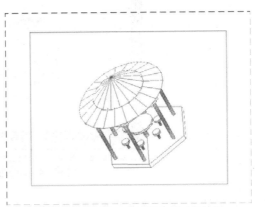

图 17-22 在浮动视口中旋转视图后的效果

17.2.4 创建特殊形状的浮动视口

在删除浮动视口后，可以选择"视图"|"视口"|"多边形视口"命令，创建多边形形状的浮动视口，如图 17-23 所示。

也可以将图纸空间中绘制的封闭多段线、圆、面域、样条或椭圆等对象设置为视口边界，这时可选择"视图"|"视口"|"对象"命令来创建。

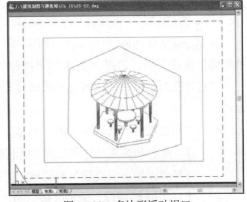

图 17-23 多边形浮动视口

17.3 打印图形

创建完图形之后，通常要打印到图纸上，也可以生成一份电子图纸，以便从互联网上进行访问。打印的图形可以包含图形的单一视图，或者更为复杂的视图排列。根据不同的需要，可以打印一个或多个视口，或设置选项以决定打印的内容和图像在图纸上的布置。

17.3.1 打印预览

在打印输出图形之前可以预览输出结果，以检查设置是否正确。例如，图形是否都在有效

输出区域内等。选择"文件" | "打印预览"命令(PREVIEW)，或在"标准注释"工具栏中单击"打印预览"按钮 🔍 ，可以预览输出结果。

AutoCAD 将按照当前的页面设置、绘图设备设置及绘图样式表等在屏幕上绘制最终要输出的图纸，如图 17-24 所示。

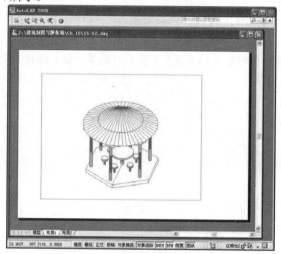

图 17-24　绘图输出结果预览

在预览窗口中，光标变成了带有加号和减号的放大镜状，向上拖动光标可以放大图像，向下拖动光标可以缩小图像。要结束全部的预览操作，可直接按 Esc 键。

17.3.2　输出图形

在 AutoCAD 2008 中，可以使用"打印"对话框打印图形。当在绘图窗口中选择一个"布局"选项卡后，选择"文件" | "打印"命令，打开"打印"对话框，如图 17-25 所示。

"打印"对话框中的内容与"页面设置"对话框中的内容基本相同，此外还可以设置以下选项。

- "页面设置"选项区域的"名称"下拉列表框：可以选择打印设置，并能够随时保存、命名和恢复"打印"和"页面设置"对话框中的所有设置。单击"添加"按钮，打开"添加页面设置"对话框，可以从中添加新的页面设置，如图 17-26 所示。

- "打印机/绘图仪"选项区域中的"打印到文件"复选框：可以指示将选定的布局发送到打印文件，而不是发送到打印机。

- "打印份数"文本框：可以设置每次打印图纸的份数。

- "打印选项"选项区域中，选中"后台打印"复选框，可以在后台打印图形；选中"将修改保存到布局"复选框，可以将打印对话框中改变的设置保存到布局中；选

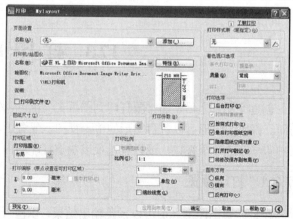

图 17-25　"打印"对话框

中"打开打印戳记"复选框，可以在每个输出图形的某个角落上显示绘图标记，以及生成日志文件。此时单击其后的"打印戳记设置"按钮 ▣，将打开"打印戳记"对话框，可以设置打印戳记字段，包括图形名称、布局名称、日期和时间、打印比例、绘图设备及纸张尺寸等，还可以定义自己的字段，如图 17-27 所示。

　　各部分都设置完成之后，在"打印"对话框中单击"确定"按钮，AutoCAD 将开始输出图形并动态显示绘图进度。如果图形输出时出现错误或要中断绘图，可按 Esc 键，AutoCAD 将结束图形输出。

图 17-26　"添加页面设置"对话框　　　　　　　图 17-27　"打印戳记"对话框

17.4　发布 DWF 文件

　　现在，国际上通常采用 DWF(Drawing Web Format，图形网络格式)图形文件格式。DWF 文件可在任何装有网络浏览器和 Autodesk WHIP! 插件的计算机中打开、查看和输出。

　　DWF 文件支持图形文件的实时移动和缩放，并支持控制图层、命名视图和嵌入链接显示效果。DWF 文件是矢量压缩格式的文件，可提高图形文件打开和传输的速度，缩短下载时间。以矢量格式保存的 DWF 文件，完整地保留了打印输出属性和超链接信息，并且在进行局部放大时，基本能够保持图形的准确性。

17.4.1　输出 DWF 文件

　　要输出 DWF 文件，必须先创建 DWF 文件，在这之前还应创建 ePlot 配置文件。使用配置文件 ePlot.pc3 可创建带有白色背景和纸张边界的 DWF 文件。

　　通过 AutoCAD 的 ePlot 功能，可将电子图形文件发布到 Internet 上，所创建的文件以 Web 图形格式(DWF)保存。用户可在安装了 Internet 浏览器和 Autodesk WHIP! 4.0 插件的任何计算机中打开、查看和打印 DWF 文件。

　　在使用 ePlot 功能时，系统先按建议的名称创建一个虚拟电子出图。通过 ePlot 可指定多种设置，如指定画笔、旋转和图纸尺寸等，所有这些设置都会影响 DWF 文件的打印外观。

　　【练习 17-3】为图 17-2 所示的图形创建 DWF 文件。

　　(1) 选择"文件" | "打印"命令，打开"打印"对话框。

　　(2) 在"打印机/绘图仪"选项区域的"名称"下拉列表框中，选择 DWF6 ePlot.pc3 选项。

　　(3) 单击"确定"按钮，在打开的"浏览打印文件"对话框中设置 ePlot 文件的名称和路径，如 E:\ 8-58-Mylayout.dwf。

(4) 单击“确定”按钮，完成 DWF 文件的创建操作，创建的 DWF 文件如图 17-28 所示。

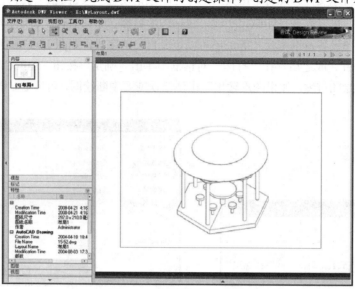

图 17-28　创建的 DWF 文件

17.4.2　在外部浏览器中浏览 DWF 文件

如果在计算机系统中安装了 4.0 或以上版本的 WHIP!插件和浏览器，则可在 Internet Explorer 或 Netscape Communicator 浏览器中查看 DWF 文件。如果 DWF 文件包含图层和命名视图，还可在浏览器中控制其显示特征，如图 17-29 所示。

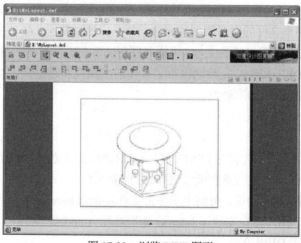

图 17-29　浏览 DWF 图形

17.5　将图形发布到 Web 页

在 AutoCAD 2008 中，选择“文件”|“网上发布”命令，即使不熟悉 HTML 代码，也可以方便、迅速地创建格式化 Web 页，该 Web 页包含 AutoCAD 图形的 DWF、PNG 或 JPEG

等格式图像。一旦创建了 Web 页，就可以将其发布到 Internet。

【练习 17-4】将图 17-30 所示图形发布到 Web 页。

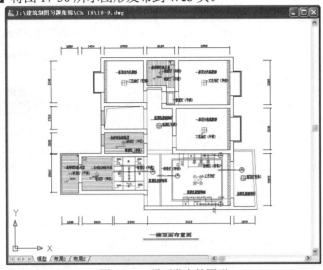

图 17-30 需要发布的图形

(1) 选择"文件"|"网上发布"命令，打开"网上发布-开始"对话框，如图 17-31 所示。使用"创建新 Web 页"和"编辑现有的 Web"单选按钮，可以选择是创建新 Web 页还是编辑已有的 Web 页。此处选中"创建新 Web 页"单选按钮，创建新 Web 页。

(2) 单击"下一步"按钮，打开"网上发布-创建 Web 页"对话框，如图 17-32 所示。在"指定 Web 页的名称"文本框中输入 Web 页的名称 MyWeb。也可以指定文件的存放位置。

(3) 单击"下一步"按钮，打开"网上发布-选择图像类型"对话框，如图 17-33 所示。可以选择将在 Web 页上显示的图形图像的类型，即通过左面的下拉列表框在 DWF、JPG 和 PNG 之间选择。确定文件类型后，使用右面的下拉列表框可以确定 Web 页中显示图像的大小，包括"小""中""大"和"极大"4 个选项。

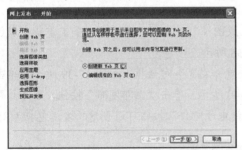

图 17-31 "网上发布-开始"对话框

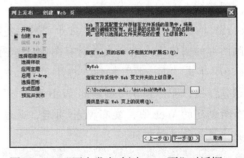

图 17-32 "网上发布-创建 Web 页"对话框

(4) 单击"下一步"按钮，打开"网上发布-选择样板"对话框，设置 Web 页样板，如图 17-34 所示。当选择对应选项后，在预览框中将显示出相应的样板示例。

(5) 单击"下一步"按钮，打开"网上发布-应用主题"对话框，如图 17-35 所示。可以在该对话框选择 Web 页面上各元素的外观样式，如字体及颜色等。在该对话框的下拉列表框中选择好样式后，在预览框中将显示出相应的样式。

(6) 单击"下一步"按钮，打开"网上发布-启用 i-drop"对话框，如图 17-36 所示。系统将询问是否要创建 i-drop 有效的 Web 页。选中"启用 i-drop"复选框，即可创建 i-drop 有效的 Web 页。

图 17-33 "网上发布-选择图像类型"对话框

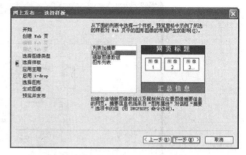

图 17-34 "网上发布-选择样板"对话框

注意：

i-drop 有效的 Web 页会在该页上随生成的图像一起发送 DWG 文件的备份。利用此功能，访问 Web 页的用户可以将图形文件拖放到 AutoCAD 绘图环境中。

图 17-35 "网上发布-应用主题"对话框

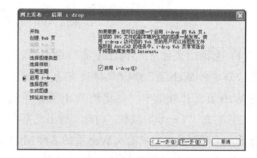

图 17-36 "网上发布-启用 i-drop"对话框

(7) 单击"下一步"按钮，打开"网上发布-选择图形"对话框，可以确定在 Web 页上要显示成图像的图形文件，如图 17-37 所示。设置好图像后单击"添加"按钮，即可将文件添加到"图像列表"列表框中。

(8) 单击"下一步"按钮，打开"网上发布-生成图像"对话框，可以从中确定重新生成已修改图形的图像还是重新生成所有图像，如图 17-38 所示。

(9) 单击"下一步"按钮，打开"网上发布-预览并发布"对话框，如图 17-39 所示。单击"预览"按钮即可预览所创建的 Web 页，如图 17-40 所示。单击"立即发布"按钮，则可立即发布新创建的 Web 页。发布 Web 页后，通过"发送电子邮件"按钮可以创建、发送包括 URL 及其位置等信息的邮件。

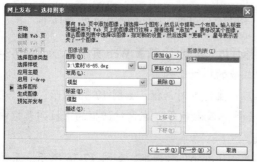

图 17-37 "网上发布-选择图形"对话框

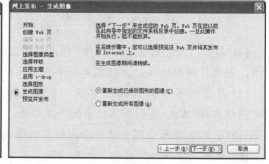

图 17-38 "网上发布-生成图像"对话框

图 17-39　"网上发布-预览并发布"对话框

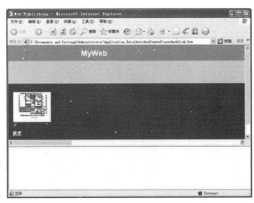

图 17-40　预览网上发布效果

17.6　思考练习

1. 在 AutoCAD 2008 中，如何使用"打印"对话框设置打印环境？

2. 在打印输出图形之前，可以预览输出结果，检查设置是否正确。预览输出结果的方法有哪些？

3. 在 AutoCAD 2008 中，如何将图形发布为 DWF 文件？

4. 在 AutoCAD 2008 中，如何使用布局向导创建布局？

5. 在 AutoCAD 2008 中，如何在模型空间与图形空间之间切换？

6. 试用打印机或绘图仪打印本书各章习题中的图形。

7. 绘制图 17-41 所示的图形并将其发布为 DWF 文件，然后使用 Autodesk DWF Viewer 预览发布的图形。

8. 绘制图 17-42 所示的图形并将其发布到 Web 页上。

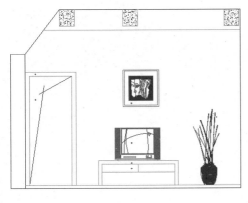

图 17-41　绘图练习 1

图 17-42　绘图练习 2